はじめに

ICTは、今や幅広く普及し、様々な目的で使用されています。特にビジネスにおいてインターネットや電子メールなどのICTスキルは必須条件となっており、ICTをうまく活用することで作業を効率化し、仕事を円滑に進めることができます。

本書は、ICT初心者の方を対象に、コンピュータの構成、ハードウェアやソフトウェアに関する基本用語、Windowsの基本操作、電子メールの送受信の方法、Webページの閲覧方法、セキュリティ上の注意点などを記載しています。ICT全般の基礎知識を習得していただくことを目的としており、企業や学校などの情報リテラシー教育にご利用いただけます。
また、各章末には学習した内容の理解を深めるための練習問題を用意しています。

本書を通して、ICTに必要な知っておきたい基礎知識を習得し、実務にいかしていただければ幸いです。

2018年10月1日
FOM出版

CONTENTS

本書をご利用いただく前に……1

第1章　ハードウェア……4

1-1　コンピュータの概要……5
1-2　ハードウェアの目的と機能……8
1-3　コンピュータの処理……26
1-4　ハードウェアの保護……30
1-5　ハードウェアのトラブルとメンテナンス……35
1-6　コンピュータの購入と修理……44
1-7　練習問題……49

第2章　ソフトウェア……52

2-1　ソフトウェアの基礎知識……53
2-2　アプリケーションソフト……55
2-3　ソフトウェアの配布と更新……72
2-4　練習問題……80

第3章　OS（オペレーティングシステム）……84

3-1　OSの基礎知識……85
3-2　Windows 10の基本操作……91
3-3　ファイルとフォルダの基本操作……111
3-4　設定の基本操作……132
3-5　練習問題……152

第4章　ネットワーク……156

4-1　ネットワークの基礎知識……157
4-2　インターネットとWWWの概要……172
4-3　クラウドコンピューティング……182

4-4　モバイルコンピューティング　188
4-5　ネットワークのリスクとセキュリティ　192
4-6　練習問題　198

第5章　ICTの活用　202

5-1　社会におけるICTの利用　203
5-2　ICTを利用したコミュニケーション　210
5-3　電子メールの仕組み・使い方　214
5-4　電子メールの送受信　217
5-5　Webページの閲覧　246
5-6　情報の検索　254
5-7　SNS　260
5-8　Web会議・インスタントメッセージソフト　266
5-9　ICT利用者のセキュリティ上の注意点　269
5-10　機密情報の漏えい対策　275
5-11　機密情報の取り扱い　279
5-12　情報の配信　284
5-13　練習問題　290

第6章　ICTと社会　294

6-1　これからの社会におけるICTの利用　295
6-2　ICT社会のリスク　298
6-3　練習問題　303

練習問題 解答と解説　306

第1章 ハードウェア　307
第2章 ソフトウェア　308
第3章 OS（オペレーティングシステム）　309
第4章 ネットワーク　311
第5章 ICTの活用　313
第6章 ICTと社会　315

索引　316

本書をご利用いただく前に

1 本書の構成について

本書は、次のような構成になっています。

第1章　ハードウェア
コンピュータの種類や構成要素、選定方法、メンテナンス方法など、ハードウェアの基礎知識について解説します。

第2章　ソフトウェア
ソフトウェアの入手方法やアプリケーションソフトの種類など、ソフトウェアの基礎知識について解説します。

第3章　OS（オペレーティングシステム）
OSの種類やOS（Windows 10）の基本操作、ファイルとフォルダ、「設定」の操作について解説します。

第4章　ネットワーク
ネットワークやインターネットの基礎知識、クラウドコンピューティングなどについて解説します。

第5章　ICTの活用とリテラシー
電子メールの使用方法、Webページの閲覧、情報の検索、ICT利用者のセキュリティ上の注意点、機密情報の漏えい対策などについて解説します。

第6章　ICTと社会
AI、IoTなどこれからの社会におけるICTの利用、コンピュータの安全対策などについて解説します。

解答と解説
各章末の練習問題の解答と解説を記載しています。

2 本書の記述について

操作の説明のために使用している記号には、次のような意味があります。

記　述	意　味	例
[ ]	キーボード上のキーを示します。	[Ctrl]　[Esc]
[ ]+[ ]	複数のキーを押す操作を示します。	[Alt]+[Tab] （[Alt]を押しながら[Tab]を押す）
《　》	ダイアログボックス名やタブ名、項目名など画面の表示を示します。	《名前を付けて保存》ダイアログボックスが表示されます。 《ファイル》タブを選択します。
「　」	重要な語句や機能名、画面の表示、入力する文字などを示します。	「ハードウェア」といいます。

Lesson	パソコンで実習する内容
参考	用語の解説や知っていると便利な内容
その他の方法	Lesson以外の操作方法
※	補足的な内容や注意すべき内容

3 製品名の記載について

本書では、次の略称を使用しています。
※主な製品を挙げています。その他の製品も略称を使用しています。

名 称	略 称
Microsoft Windows 10	Windows 10　または　Windows
Microsoft Office 2016	Microsoft Office
Microsoft Word 2016	Microsoft Word　または　Word 2016　または　Word
Microsoft Excel 2016	Microsoft Excel　または　Excel 2016　または　Excel

4 学習環境について

本書を学習するには、次のソフトウェアが必要です。

Windows 10

本書を開発した環境は、次のとおりです。
・OS：Windows 10（ビルド17134.191）
・電子メールソフト：Windows 10付属の「メール」アプリ
・Webブラウザ：Windows 10付属の「Microsoft Edge」
・ディスプレイ：画面解像度　1366×768ピクセル
※インターネットに接続できる環境で学習することを前提に記述しています。
※環境によっては、画面の表示が異なる場合や記載の機能が操作できない場合があります。

◆画面解像度の設定

画面解像度を本書と同様に設定する方法は、次のとおりです。

①デスクトップの空き領域を右クリックします。

②**《ディスプレイ設定》**をクリックします。

③**《解像度》**のをクリックし、一覧から**《1366×768》**を選択します。

※ 確認メッセージが表示される場合は、《変更の維持》をクリックします。

5 本書の最新情報について

本書に関する最新のQ&A情報や訂正情報、重要なお知らせなどについては、
FOM出版のホームページでご確認ください。

ホームページ・アドレス

http://www.fom.fujitsu.com/goods/

ホームページ検索用キーワード

FOM出版

第1章

ハードウェア

1-1 コンピュータの概要 ………………… 5
1-2 ハードウェアの目的と機能 ………… 8
1-3 コンピュータの処理 ……………… 26
1-4 ハードウェアの保護 ……………… 30
1-5 ハードウェアのトラブルとメンテナンス … 35
1-6 コンピュータの購入と修理 ……… 44
1-7 練習問題 ……………………… 49

1-1 コンピュータの概要

ここでは、コンピュータの種類や特徴などについて学習します。

1-1-1　コンピュータの種類

「コンピュータ」は、パソコンだけでなく、携帯電話や産業用機器、家電製品などの多くの分野に使われており、現在の日常生活に不可欠な存在となっています。

❶ 主な機器（パソコン）

個人用で多目的に使用されるコンピュータを、**「パソコン」**（**「パーソナルコンピュータ」**の略称）、**「PC」**といいます。インターネットや文書作成、表計算など、趣味や仕事に様々な用途で使用されています。
パソコンには、本体の形態や大きさによって、いくつかの種類があります。主なパソコンの形態は、次のとおりです。

形　態	特　徴
デスクトップ型パソコン	基本的にモニタと本体が別になり、電源コンセントへの接続が必要なため設置場所が固定されるパソコン。本体が縦置き型で比較的大きなものを「タワー型」、本体が薄く場所をとらないものを「省スペース型」、本体とモニタが1つにまとまったものを「一体型」という。
ノート型パソコン	キーボードとモニタが一体化しており、ノートのように折りたたんだ形状のパソコン。軽量、小型なので持ち運びが容易。内蔵バッテリーで動かせるので、電源コンセントのない場所でも使用できる。

❷ その他の機器

コンピュータはパソコンだけでなく、様々な機器に組み込まれています。コンピュータが組み込まれている機器には、次のようなものがあります。

参考

サーバとクライアント

コンピュータ同士を接続した環境を「ネットワーク」という。複数のコンピュータ間でプリンターを共有したり、コンピュータ同士で電子メールを送受信したりすることができる。
このとき、ネットワークで、中心的な役割を持つコンピュータを「サーバ」という。サーバの例として電子メールを送受信するときに使われる「送信サーバ」や「受信サーバ」、インターネットに接続するときに使われる「Webサーバ」などがある。
それに対して、サーバにサービスを要求し、サービスを受けるコンピュータを「クライアント」という。
サーバとクライアントについて、詳しくはP.164を参照。

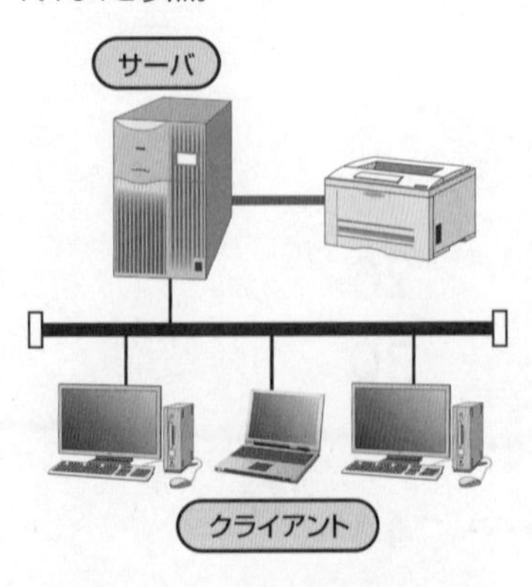

形　態	特　徴
タブレット端末	タッチパネル式の携帯情報端末。指で触れたりペン入力で操作したりして、モニタをなぞることによって、文字入力やマウスと同様の操作が可能。
スマートフォン	従来の携帯電話に比べ、パソコンに近い性質を持った機器で、タッチ操作が基本。手のひらサイズなので、手軽に持ち運びができる。「**スマホ**」ともいう。
携帯電話	携帯して持ち歩ける小型の無線電話機。本来の通話という枠を超えて、電子メールの送受信、Webページの閲覧、音楽・動画の再生、テレビ電話、デジタルカメラでの撮影、アプリケーションソフトの実行などが可能。
コンピュータゲームシステム	コンピュータゲームを動かすためのハードウェアの総称。ネットワークに接続できる製品や携帯型の製品が普及し、ゲーム機の高性能化が進んでいる。
電子ブックリーダー	印刷物ではなく、電子書籍を閲覧する専用の電子機器。直接インターネットから電子書籍をダウンロードして閲覧する形態が普及している。
電卓 	四則演算などを瞬時に行う小型の計算機。

参考

携帯情報端末

持ち運びを前提とした小型のコンピュータのこと。

参考

組み込みシステム

特定の目的を実現するために設計されたコンピュータシステムのこと。パソコンなどのコンピュータとは異なり、特定の機能を実現することを目的として開発されている。洗濯機や冷蔵庫、炊飯器などの家電製品をはじめ、自動車や飛行機、船などの輸送機器、工作機械や産業用ロボットなどの産業機器、商店や飲食店などで使われているPOSシステムなど、身の回りにある様々な機械に組み込まれている。

参考

POSシステム

「Point Of Sales system」の略で、日本語では「販売時点情報管理システム」という。店舗のレジ（POSレジスター）で、商品の販売と同時に商品名・数量・金額などの商品の情報をバーコードリーダーなどの読み取り装置で収集し、情報を分析して在庫管理や販売動向の把握に役立てるシステム。

1-1-2 コンピュータで使用する単位

コンピュータの内部では、電流の有無や電圧の高低などによって、データを認識し、処理しています。電流の有無や電圧の高低などによって認識されたデータは、0と1で組み合わされた数値で表現されます。この表現を**「2進数」**（バイナリ）といい、すべてのコンピュータで2進数が使用されています。

2進数の0や1は**「1ビット」**で表現され、8ビット（1バイト）でアルファベットや数字の1文字を表現することができます。

コンピュータで情報量を表す場合に使用する単位には、次のようなものがあります。

単 位		読み方
B（Byte）	1B =8ビット	バイト
KB	1KB =1024B	キロバイト
MB	1MB=1024KB = 約100万B	メガバイト
GB	1GB =1024MB = 約10億B	ギガバイト
TB	1TB =1024GB = 約1兆B	テラバイト

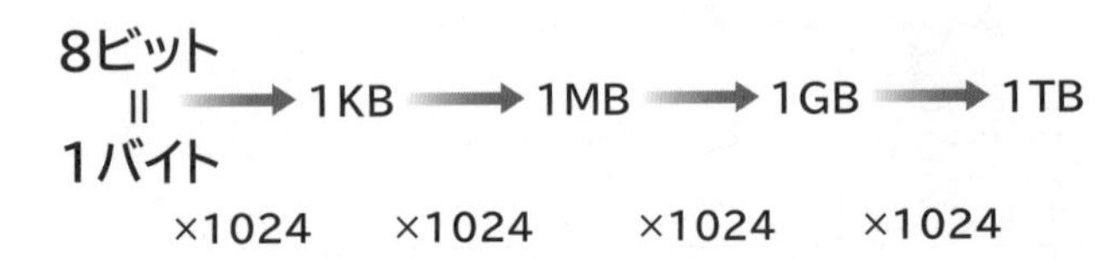

参考

ビット

コンピュータで扱う情報量の最小単位。

参考

バイト

byte。コンピュータの情報の量を表す単位。8ビットが1バイト。8桁の0と1の組み合わせ。

参考

文字コード

文字や記号などには、2進数で処理を行うコンピュータが識別できるように文字コード（番号）が割り当てられている。一般的には、英数字や記号などの半角文字は1バイト（8ビット）で表し、ひらがなやカタカナ、漢字などの全角文字は2バイト（16ビット）で表す。

参考

ファイルサイズ

コンピュータでは、文書や画像などのデータは「ファイル」として保存される。ファイルには、ファイル内の情報量を示す「ファイルサイズ」がある。ファイルサイズは、文書のファイルであればファイル内の文字の量など、画像のファイルであれば画像の大きさや色数などの情報量で決まる。

特に文字だけで構成されたテキストファイルの場合には、フォントサイズなどの書式情報は含まれないため、純粋にファイル内の文字量だけでファイルサイズが決まる。100文字分の半角文字だけで構成されるファイルのサイズは、100バイトになる。

なお、画像ファイルによって「フルカラー」として表現できる色数は約1670万色。RGB（青、緑、赤）の各色を8ビットで表現する。

1-2 ハードウェアの目的と機能

ここでは、ハードウェアの構成要素、CPU、メモリ、記憶媒体、入出力装置などについて学習します。

1-2-1 ハードウェアの構成要素

コンピュータのモニタや本体、キーボード、マウス、プリンターなど、物理的な機器そのもののことを**「ハードウェア」**といいます。
コンピュータを構成するハードウェアは、次の5つの装置に分類されます。

装置	機能
制御装置	プログラムを解読し、各装置を管理・制御する。
演算装置	プログラムに従って計算や処理を行う。制御装置と演算装置を合わせて「CPU」という。
記憶装置	プログラムやデータを記憶する。「メインメモリ」（主記憶装置）と「外部記憶装置」に分かれる。
入力装置	データを入力したり、指示を与えたりする。キーボードやマウスなどがある。
出力装置	計算・処理結果を表示する。プリンターやモニタなどがある。

CPU

参考

ソフトウェア

ハードウェアに対して、コンピュータを動作させるためのプログラムを「ソフトウェア」という。コンピュータで様々な処理を行うには、ハードウェアとソフトウェアの両方が必要である。

参考

プログラム

コンピュータを動作させる手順・命令をコンピュータが理解できる形で記述したもの。

1-2-2 CPU

❶ CPUの概要

「CPU」とは、人間でいえば頭脳に当たるところです。**「演算」**と**「制御」**の機能を持つ装置のことで、コンピュータの中枢部分です。**「中央演算処理装置」**ともいわれます。
例えば、命令通りに足し算や引き算などの計算をしたり、各周辺機器に命令を出したりします。
CPUの主な役割は、次のとおりです。

●演算処理

プログラムの実行や計算をします。

●制御処理

周辺機器の動作を制御します。

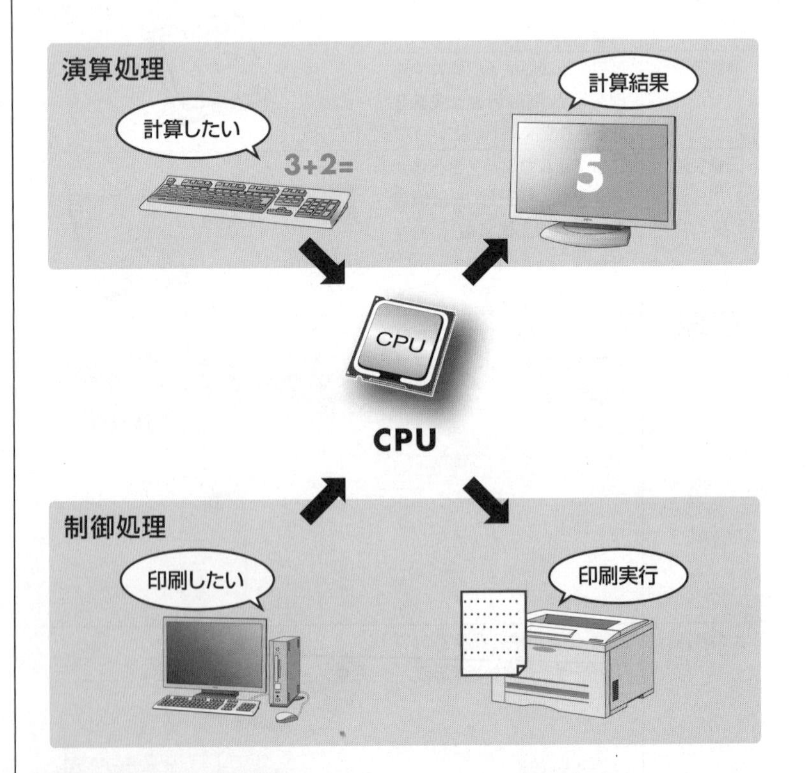

❷ CPUの種類

CPUの種類には、主に次のようなものがあります。

参考

CPU
「Central Processing Unit」の略称。

参考

マイクロプロセッサ
初期のコンピュータのCPUは、複数の「チップ」から構成されていたが、技術の進歩に伴い、1つのチップに集積されるようになった。このように、1つのチップで構成されるCPUを「マイクロプロセッサ」という。
マイクロプロセッサの処理速度は、コンピュータの処理能力に大きく影響し、マイクロプロセッサの処理速度が速いと、コンピュータの処理能力も高まる。

参考

チップ
CPUなどの電子部品を構成する部品のこと。一辺が数ミリ程度の小さなもので、電子回路が組み込まれている。

ブランド名	開発元	説　明
Core i9	インテル社	Core iシリーズのハイエンドモデル。ゲームやクリエイティブ作業などに適したCPU。
Core i7	インテル社	Core iシリーズのミドルレンジモデル。現在の主流となっているCPU。
Core i5	インテル社	Core iシリーズのエントリーモデル。
Core i3	インテル社	Core iシリーズの廉価版にあたるCPU。
Pentium	インテル社	広く普及しているCPU。Pentium Gold、Pentium Gなどがある。
Celeron	インテル社	低価格なパソコン向けのCPU。Celeron G、Celeron Jなどがある。
Ryzen 7	AMD社	高性能なパソコン向けのCPU。インテル社のCore i7に対抗する商品。
Ryzen 5	AMD社	高性能なパソコン向けのCPU。インテル社のCore i5に対抗する商品。
Ryzen 3	AMD社	低価格なパソコン向けのCPU。インテル社のCore i3に対抗する商品。

❸ CPUの処理能力

「CPU」の速度は、演算スピードに大きく影響します。
CPUの速度を上げると演算スピードが向上し、コンピュータの全体的な処理速度が向上します。
CPUは、一度に処理できる情報量が多ければ多いほど性能のよいCPUといえます。CPUの性能を判断する基準として、**「ビット数」**と**「クロック周波数」**があります。

●ビット数

「ビット数」とは、CPUが一度に処理できる情報量のことです。ビット数が大きいほど、処理能力が高くなります。処理能力によって、16ビットCPU、32ビットCPU、64ビットCPUなどがあります。

ビット数が大きいほど、処理能力が高い

参考

インテル社
CPUを開発しているメーカー。

参考

AMD社
インテル社のCPUと互換性のある製品などを開発しているメーカー。

参考

周波数

電波が1秒間に何回振動するかを表す。単位には、「Hz」が使用される。

参考

メモリ

コンピュータで単に「メモリ」というと、メインメモリ（主記憶装置）のことを指す。RAMだけを指すこともある。

参考

ROM

「Read Only Memory」の略称。

参考

RAM

「Random Access Memory」の略称。RAMの種類には「DRAM」（Dynamic RAM）と「SRAM」（Static RAM）などがある。処理速度が低速なDRAMはメインメモリ、高速なSRAMはキャッシュメモリとして主に利用される。

参考

キャッシュメモリ

CPUとメインメモリのデータのやり取りを高速化するためのメモリ。使用頻度の高いデータをキャッシュメモリに置くことにより、低速なメインメモリへのアクセスを減らし、処理を高速化できる。

参考

ビデオメモリ

モニタに表示するデータを保存するメモリ。大容量のビデオメモリを使用すると、たくさんの色数で表示できるため、DVDやCDで提供される動画やゲームなどを鮮やかな色で楽しめる。

●クロック周波数

「クロック周波数」とは、CPUを含むコンピュータ内部の各部品間でデータを処理するために同期をとるテンポのことです。クロック周波数が高いほど処理速度は速くなりますが、CPUの種類によって、同じクロック周波数でも処理速度は異なります。

クロック周波数の単位は、次のとおりです。

単　位		読み方
KHz	1KHz＝1000Hz	キロヘルツ
MHz	1MHz＝1000KHz	メガヘルツ
GHz	1GHz＝1000MHz	ギガヘルツ

現在の主流のクロック周波数は、2GHz ～ 4GHz です。

1-2-3　メモリ

❶ メモリの概要

「メモリ」は、コンピュータ本体の中にあり、コンピュータを動作させるうえで、プログラムや処理に必要なデータを記憶する装置のことです。CPUに処理させるプログラムやデータをやり取りします。

❷ メモリの種類

メモリの種類は、記憶する方法によって**「ROM」**と**「RAM」**に分類されます。

種　類	特　徴
ROM	読み出し専用のメモリ。コンピュータの電源を切ってもROMのデータが消えることはない。（不揮発性） コンピュータを動作させる基本的なプログラムを保存するのに用いられる。
RAM	データの読み出しと書き込みが可能なメモリ。コンピュータの電源を切ると、RAMのデータはすべて消える。（揮発性） データを一時的に記憶するのに用いられる。

❸ メモリの処理能力

「RAM」は、プログラムやデータを一時的に記憶しておく領域で、マルチタスクの実行に大きく影響します。
RAMの容量が多ければ多いほど、マイクロプロセッサのデータ処理効率が向上し、マルチタスクが実行しやすくなります。メモリを増設したり、仮想メモリを利用してRAMとして使用できる領域を増やしたりすると、処理効率を向上することができます。
※ただし、RAMの容量が少ないコンピュータでは仮想メモリを増やしてもスワッピングが頻繁に起こるため、処理速度が落ちる場合があります。

> **参考**
> **マルチタスク**
> CPUが同時に複数のプログラムを実行できること。

> **参考**
> **仮想メモリ**
> メモリ内のデータの一部をハードディスク/SSDに移動し、あたかもメモリのように利用すること。

> **参考**
> **スワッピング**
> メモリの内容をハードディスク/SSDに退避したり(スワップアウト)、ハードディスク/SSDに退避した内容をメモリに戻したり(スワップイン)すること。

1-2-4　外部記憶装置

「外部記憶装置」とは、プログラムや処理に必要なデータを記憶するための媒体のことです。RAMと違って、電源を切断しても記憶内容を保存しています。**「補助記憶装置」**ともいわれます。
外部記憶装置には、次のようなものがあります。

❶ ハードディスク

「ハードディスク」とは、プログラムやコンピュータで作成した文書や画像などのデータを記憶する装置のことです。ほかの外部記憶装置に比べて、記憶容量が非常に大きく、データやプログラムを高速に読み書きすることが可能です。

●ハードディスクの種類

ハードディスクの種類は、設置形態により、**「内蔵型ハードディスク」**と**「外付け型ハードディスク」**に分類されます。

種　類	説　明
内蔵型ハードディスク	コンピュータ本体の中に内蔵されているハードディスク。
外付け型ハードディスク	コンピュータ本体の外に設置されているハードディスク。

●ハードディスクの容量

ハードディスクの容量は、多ければ多いほど文書や画像などのデータやプログラムなどをたくさん保存しておくことができます。現在のハード

> **参考**
> **ハードディスクの耐用年数**
> ハードディスクは湿気や磁気に加え、熱の影響を受けやすく、極端な高温や低温の場所で保管すると耐用年数を短くする要因になってしまう。また、使用中に突然電源を切断したり、強い衝撃を与えたりすると、故障する場合もある。一般的にハードディスクの耐用年数は、約3~5年といわれているが、保管場所の環境や使い方などによって大きく左右される。

ディスク容量は、デスクトップ型パソコンは500GB～3TB、ノート型パソコンは256GB～1TBが主流です。

●ハードディスクの処理能力

ハードディスクは、容量が多ければ多いほど、大量のデータを保存できます。必要な容量はユーザーによって異なりますが、様々な種類のアプリケーションソフトをインストールしたり、動画データを大量に保存したりする場合、大容量のハードディスクが必要になります。ハードディスクの空き容量が極端に少なくなると動作が不安定になるので注意しましょう。

また、ハードディスクの回転速度はデータの読み込み速度に影響します。ハードディスクの回転速度を上げると、OSやアプリケーションソフトの読み込みがスムーズに行われ、処理速度が向上します。

❷ SSD

「SSD」とは、ハードディスクに変わる次世代の記憶装置です。ハードディスクに比べ、書き込みや読み込みなどの処理速度が速く、耐衝撃性の高さなどに特徴があります。また、駆動部分がないため、動作音がなく静かです。電力を多く必要としないため、省エネ効果も高いとされています。

●SSDの容量

ハードディスクに比べると容量は少なく、256GB～512GBが主流です。ただし、近年では1TBを超えるものも増えてきています。

●SSDの処理能力

SSDは、フラッシュメモリと呼ばれるデータの読み書き特性に優れた半導体メモリを利用しており、ハードディスクの約5倍の処理能力があります。また、NVMeと呼ばれる最新の規格に対応したSSDであれば、さらに高速なデータ処理が可能です。

❸ 光学式メディア

「光学式メディア」とは、レーザー光を利用してデータを読み書きする外部記憶装置です。

参考

ハードディスクの処理速度

ハードディスクは、複数の金属の円盤によって構成され、その円盤が高速回転し、磁気ヘッドによりデータやプログラムが読み書きされる。回転速度が速ければ、OSやアプリケーションソフトなどの読み込みがスムーズに行われる。回転速度は、「rpm」（1分あたりの回転数）という単位で表し、数字が大きいほど処理速度が速い。現在は、5400rpmや7200rpmが主流。

参考

OS

コンピュータを動かす上で最低限必要なプログラム。「Operating System」の略称。

OSについて、詳しくはP.85を参照。

参考

SSD

フラッシュメモリを利用した記録媒体のこと。「Solid State Drive」の略称。

参考

メディア

データの記録や保管などに用いられる物や装置全般を指す。情報媒体などと訳されることもある。

主な光学式メディアには、DVDやCD、BDなどがあります。

●DVD

「DVD」は、直径12cmまたは8cmの形状で、記録容量には4.7GB、9.4GBがあります。動画や音声などの大容量のデジタルデータを記憶するときによく使用されます。

DVDには、主に次のようなものがあります。

種　類	記憶容量	説　明
DVD-ROM	片面1層 4.7GB 両面1層 9.4GB	読み出し(再生)専用で、データの書き込みや消去はできない。映画などの動画像ソフトの流通媒体として多く利用される。
DVD-R	片面4.7GB	1回だけ書き込みできる。書き込んだデータは読み出し専用となり、消去できない。ただし、空き容量があれば、追記は何度でもできる。 DVD-Rに記録されたデータは、DVD-ROM対応ドライブやDVDビデオプレーヤーでも読み出すことができる。書き込みには専用のドライブが必要。
DVD-RW	片面4.7GB	約1000回書き換えできる。ただし、データを削除するときは、一部のフォルダやファイルだけを削除することはできず、DVD内のすべてのデータが削除される。 空き容量があれば、追記は何度でもできる。 読み出し・書き込み共に専用のドライブが必要。

●CD

「CD」は、DVDと同じ形状で、記憶容量には650MB、700MBなどがあります。汎用性があり、比較的安価なことから、データの受け渡しやバックアップ用に使用されています。

参考

DVD-ROM

「Digital Versatile Disk Read Only Memory」の略称。

参考

DVD-R

「Digital Versatile Disk Recordable」の略称。

参考

DVD-RW

「Digital Versatile Disk ReWritable」の略称。

参考

ドライブ

ハードディスク／SSDやDVD、CDなどのメディアを動かす装置。

参考

光学式メディアの耐用年数

光学式メディアは、データが記憶されている記録層の上に薄い樹脂の保護膜がありデータを保護している。光学式メディアを長年使用すると、この保護膜が劣化したり、指紋やほこりなどが付着したりして、ドライブで読み込めなくなることがある。また、直射日光を長時間当てたり、高温・多湿の環境で保管したりすると記憶内容が失われてしまうこともある。光学式メディアの耐用年数は、使い方や保管方法によって大きく左右される。

CDには、主に次のようなものがあります。

種　類	説　明
CD-ROM	読み出し専用で、データの書き込みや消去はできない。ソフトウェアパッケージの流通媒体として利用される。
CD-R	1回だけ書き込みできる。書き込んだデータは読み出し専用となり、消去できない。ただし、空き容量があれば、追記は何度でもできる。 CD-Rに記録されたデータは通常のCDドライブで読み出すことができる。書き込みには専用のドライブが必要。 大容量で安価なため、データのバックアップや画像データの保存のために使用することが多い。
CD-RW	約1000回書き換えできる。ただし、データを削除するときは、一部のフォルダやファイルだけを削除することはできず、CD内のすべてのデータが削除される。 読み出し・書き込み共に専用のドライブが必要。 CD-Rと同様に、大容量で安価なため、データのバックアップや画像データの保存のために使用することが多い。

CDのデータを読み込む速度は**「倍速」**という単位で表します。1倍速（等倍速）でおよそ150KB/秒です。数値が大きくなるほど、読み込み速度は速くなります。

48倍速　＞　32倍速　＞　12倍速　＞　8倍速

●BD

「BD」も、DVDやCDと同じ形状の媒体です。ソニー、パナソニックなど9社が共同策定した新しい媒体で、記憶容量には、1層25GB、2層50GBなどがあり、DVDの約5倍以上のデータが保存できるため、動画像などの大容量記憶媒体として利用されています。
読み出し・書き込み共に専用のドライブが必要です。

❹ 携帯型メディア

「携帯型メディア」は、小型で持ち運びに便利な外部記憶装置です。
主な携帯型メディアには、USBメモリやメモリカードなどがあります。

●USBメモリ

「USBメモリ」は、フラッシュメモリを利用してデータを読み書きする媒体です。コンピュータに接続するためのコネクターと一体化しており、USBポートに接続するだけで簡単に使用できます。また、小型で可搬性にもすぐれています。サイズや形状は様々で、記憶容量も、数百MBから数百GBまで様々な種類が提供されています。

参考

CD-ROM
「Compact Disk Read Only Memory」の略称。

参考

CD-R
「Compact Disk Recordable」の略称。

参考

CD-RW
「Compact Disk ReWritable」の略称。

参考

倍速
音楽CDの読み込み速度を基準として、コンピュータで使用するCDが何倍速いかを表している。

参考

BD
「Blu-ray Disc」の略称。

参考

USBポート
USBコネクターを接続するための端子。
USBについて、詳しくはP.24を参照。

参考

フラッシュメモリ
コンピュータの電源を切ってもデータが消えないメモリの一種。何回でもデータを書き換えることができる。

参考

携帯型メディアの耐用年数
フラッシュメモリを使用した携帯型メディアは、強い磁気や電気の影響を受けると、簡単に故障してしまう。コネクター部分の摩耗や破損などが原因で耐用年数を短くしてしまう場合もあるので、データを長期に保存したり、頻繁にデータを書き換えたりする用途には適していない。使い方や保管方法により、耐用年数は左右される。

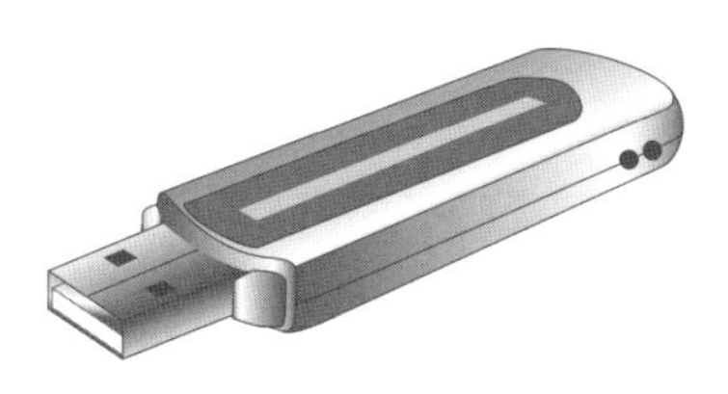

●メモリカード

「メモリカード」は、フラッシュメモリを搭載しており、これにデータを記憶する媒体です。非常に小型で、電力もほとんど消費しないため、ノート型パソコンやデジタルカメラ、携帯電話、携帯型音楽プレーヤーなどのメディアとして利用されています。記憶容量は、数百MBから数十GBまで様々な種類が提供されています。
メモリカードには、主に次のようなものがあります。

種　類	説　明
microSD	11mm×13mm×1mm。 パナソニック、SanDisk、東芝が開発。
SDカード	32.0mm×24.0mm×2.1mm。 SanDisk、パナソニック、東芝が開発。
コンパクトフラッシュ	42.8mm×36.4mm×3.3mmと42.8mm×36.4mm×5mmの2タイプ。 SanDiskが開発。
メモリースティック	21.5mm×50.0mm×2.8mm。 ソニーが開発。

❺ その他の外部記憶装置

その他の外部記憶装置には、主に次のようなものがあります。

●ネットワークドライブ

ネットワーク上で複数のユーザーが利用できるように共有されている共有フォルダや共有ドライブを**「ネットワークドライブ」**といい、自分のコンピュータのドライブのように使用できます。

●オンラインストレージ

WANやインターネット上に仮想のハードディスクを用意して、ファイルの保存場所として使用します。ワイドエリアネットワークやインターネットが使用できれば、どこからでもファイルのアップロードやダウンロードが行えます。
「オンラインストレージ」は、運営企業と契約するなどして利用できます。有料、無料があり、保存できる容量も異なります。

参考

フロッピーディスク
磁気を利用してデータを読み書きする外部記憶装置。サイズは、3.5インチ、5インチ、8インチがある。また、記憶容量によって、2HD（1.2MB／1.44MBフォーマット用）や2DD（640KB／720KBフォーマット用）がある。しかし、記憶容量が小さく、アクセス速度も遅いため、最近ではほとんど利用されない。

参考

WAN
離れたネットワーク同士を相互に接続した広域のネットワークのこと。例えば、企業において本社と各支社のネットワークを接続する場合などに利用される。
WANについて、詳しくはP.162を参照。

参考

アップロード
自分のコンピュータにあるデータをネットワーク上にコピーすること。

参考

ダウンロード
ネットワーク上にあるデータを自分のコンピュータにコピーすること。

1-2-5　入力装置

「入力装置」とは、文字や画像などのデータを入力したり、コンピュータに命令を与えたりする**「入力」**機能を持つ装置のことです。

❶ よく使われる入力装置

よく使われる入力装置には、主に次のようなものがあります。

●キーボード

「キーボード」とは、ボード上に配置されているキーを押すことで、文字や数値、記号などを入力する標準的な装置のことです。

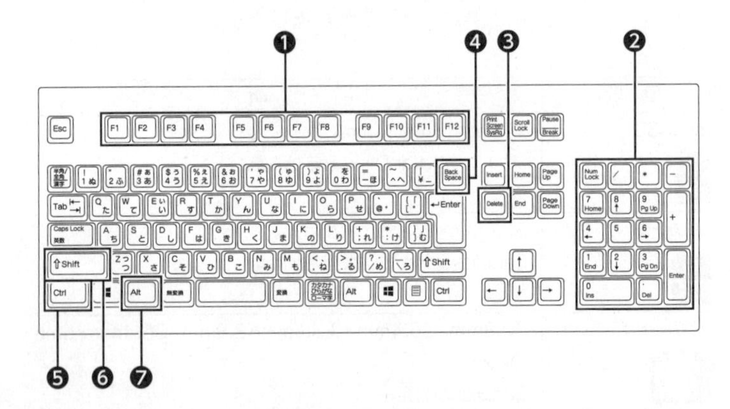

キーボード上のキーには、次のような機能があります。

キー	説　明
❶ファンクションキー	特定の機能（function）が割り当てられているキーのこと。「PFキー」ともいわれる。キーボードの種類によって、「F1」または「PF1」などと表記される。アプリケーションソフトによっては、各キーに機能を設定している。
❷テンキー	主に数字や演算記号（「＊（アスタリスク）」や「／（スラッシュ）」など）を入力するキー。 ※コンピュータによっては、テンキーがないものもある。
❸[Delete]	カーソルの右側の文字を削除する。
❹[Back Space]	カーソルの左側の文字を削除する。
❺[Ctrl]	ほかのキーと組み合わせて使う。
❻[Shift]	ほかのキーと組み合わせて使う。英小文字の入力状態で[Shift]を押しながら、アルファベットを入力すると、英大文字が入力できる。
❼[Alt]	ほかのキーと組み合わせて使う。

参考

キーボード

キーボードの種類には、主に次のようなものがある。

●106キーボード

キーの数が106あるキーボード。

●109キーボード

106キーボードにWindowsの操作を効率よく行えるキーを3個追加したキーボード。

●ポインティングデバイス

「ポインティングデバイス」とは、画面上の操作対象にポインターを合わせて操作することで、指示を行う装置のことです。
ポインティングデバイスには、主に次のようなものがあります。

種　類	説　明
マウス	机上で滑らすように動かすことで、画面上のポインターを操作する装置。底面にボールが付いているタイプと光学式のタイプがある。また、マウスの左右のボタンの間にある「スクロールボタン」で画面の表示を移動することもできる。本体とマウスとの間にケーブル（有線）が付いているものや、電波や赤外線を使うことで、無線で操作できる「ワイヤレスマウス」がある。
トラックボール	半球状に飛び出したボールを指などで回転させることにより、画面上のポインターを操作する装置。ノート型パソコンに内蔵されていることがある。
タッチパッド	板状のセンサーを指などでなぞり、画面上のポインターを操作する装置。主にノート型パソコンに内蔵されている。 メーカーによっては「トラックパッド」「スライドパッド」とも呼ばれる。

●マイク

「マイク」とは、パソコンにつなげる場合は、音声をデジタルデータとしてコンピュータに取り込む装置を指します。音声認識ソフトと組み合わせると、音声でコンピュータを操作したり、音声を文字データに変換したりできます。

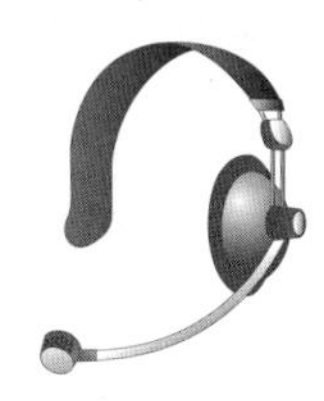

❷ その他の入力装置

入力装置には、特定の用途に使用される装置もあります。
その他の入力装置には、主に次のようなものがあります。

種　類	説　明
デジタルカメラ	風景や静物・人物の静止画を撮影し、画像データとして記憶する画像入力装置。「デジタルスチルカメラ」ともいう。
デジタルビデオカメラ	風景や静物・人物の動画を撮影し、動画データとして記憶する動画入力装置。

参考

OCR

「Optical Character Reader」の略称。

参考

ジョイスティック

スティックを前後左右に倒して方向指示を行ったり、ボタンを押したりして操作する装置。主にコンピュータでゲームソフトを利用する場合などに使う。

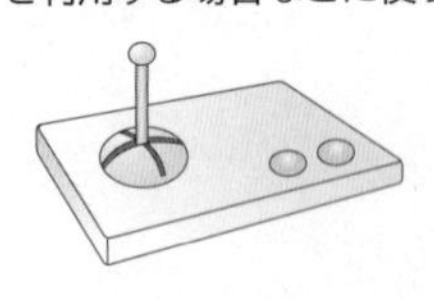

種類	説明
Webカメラ	撮影した動画をリアルタイムに配信する小型のビデオカメラ。テレビ電話などに使用されることが多い。
スキャナ	写真・絵・印刷物・手書き文字などを読み取る装置。読み取ったものは、画像データとしてコンピュータに取り込むことができる。
OCR	手書き文字や印刷された文字を光学式に読み取る装置。読み取った文字は、文字データとしてコンピュータに取り込むことができる。
バーコードリーダー	バーコードを読み取って、数値データに変換する装置。ペンに似たものでバーコードを読み取るペン形式や、ハンディータイプでバーコードに押し付けるタッチ形式などがある。
ゲームコントローラー	テレビゲームやコンピュータゲームを操作するために設計された専用の装置。
リモコン	音楽、動画、テレビ、DVDなどを離れたところから操作する装置。ポインティングデバイスの機能を持つリモコンもある。
タッチパネル	画面に表示されているメニューなどを直接、指やペン（スタイラスペン）で触れて、コンピュータに命令を与える装置。駅の自動券売機や銀行のATMなどで使用されていることが多い。
セキュリティ装置	顔、声、指紋、静脈などの身体的な特徴を個人認証に使いセキュリティを強化する装置。生体スキャナや本人を識別できるセキュリティカードリーダーなどがある。例えば、指紋スキャナは指紋によって個人認証を行い、コンピュータの使用やドアの開閉を許可するためなどに使用される。

種　類	説　明
環境感知器	音や熱、煙などの様々な変化を監視する装置。異常を早期に発見し、警告などを発して知らせることを目的としている。
科学探査機	宇宙探査機や火星探査機など、科学探査を目的とした観測機。
特殊キーボード	体の不自由な人のための入力装置。キーが大きい大型キーボードなどがある。

1-2-6　出力装置

「出力装置」とは、文字や画像などのデータをモニタに表示したり、プリンターで印刷したりする**「出力」**機能を持つ装置のことです。

❶ よく使われる出力装置

よく使われる出力装置には、主に次のようなものがあります。

●モニタ

「モニタ」とは、マイクロプロセッサで処理された内容（文字や絵など）を画面に表示する装置のことです。**「ディスプレイ」**（以下**「モニタ」**と記載）ともいわれます。
主に使われているのは、液晶を使用した表示装置（LCD）です。高価なTFT形式と、視野角が狭く、表示速度は遅いが、比較的安価なSTN形式があります。

参考

LCD
「Liquid Crystal Display」の略称。

参考

TFT
「Thin Film Transistor」の略称。

参考

STN
「Super Twisted Nematic」の略称。

参考

リフレッシュレート
モニタが1秒間に画面を書き換える回数。単位は「Hz」で表される。リフレッシュレートが高ければ高いほど、画面の解像度や同時に発色する数を上げることができ、画面のちらつきが少なくなる。

●プリンター

「プリンター」とは、コンピュータで作成したデータ（文書や画像など）を印刷する装置のことです。よく使われるプリンターは、**「レーザープリンター」**と**「インクジェットプリンター」**です。

種　類	説　明
レーザープリンター	感光ドラムにレーザー光を当てることによりトナーを紙に焼き付けて印刷するプリンター。印刷は高速で、品質も高く、オフィスで利用されるプリンターの主流である。
インクジェットプリンター	ノズルの先から霧状にインクを吹き付けて印刷するプリンター。安価でカラー印刷も鮮明であることから個人で利用されるプリンターの主流である。

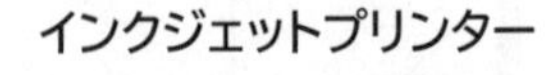

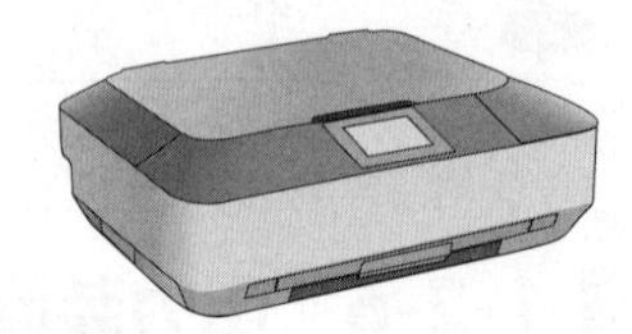

●スピーカー

「スピーカー」とは、音声を出力するための装置のことです。デスクトップ型パソコンでは、スピーカーと本体が別になっているものもありますが、一体型やノート型パソコンでは、本体にスピーカーが組み込まれているものがほとんどです。

内蔵型

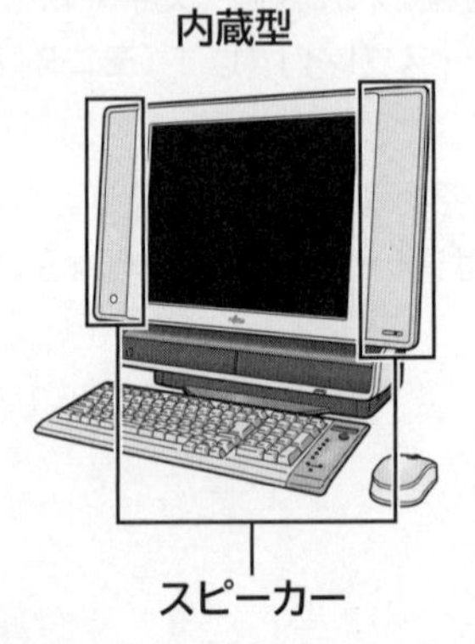

外付け型

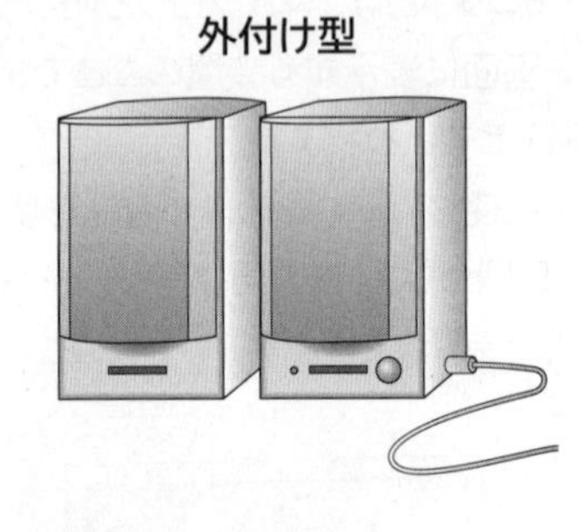

❷ その他の出力装置

出力装置には、特定の用途に使用される装置もあります。
その他の出力装置には、主に次のようなものがあります。

種　類	説　明
プロジェクター	モニタに出力されたデータをスクリーンなどに投影する装置。モニタより大型のスクリーンに投影できるため、多人数に対する講習会やプレゼンテーションなどに使用される。
フォトプリンター	写真印刷を目的とした小型のプリンター。コンピュータに接続しなくてもデジタル画像を出力できる。
大判プリンター	大判の紙に印刷するためのプリンター。主にポスターや設計図などを出力するために使用される。
プロッター	建築や機械の設計図などを出力するための大型の装置。専用のペンを移動させながら、用紙に描画していく方式のものや、インクを吹き付ける方式、カッターでカッティングしていく方式のものなど、様々な種類がある。
制御ロボット	様々な動作をする装置。工場などで使用されているアーム型や二足歩行の産業用ロボットなどがある。
音声合成装置	デジタル処理をして、人工的に音声を作成する装置。ATMや電話サービスなど、様々な分野で使用されている。また、視力の不自由な人に、出力されたデータを音声合成などを行って読み上げる音声出力装置などがある。

1-2-7 ボード

「ボード」とは、コンピュータの各要素を取り付け、各要素を連携して動かすための電子回路基板のことです。

❶ マザーボード

「マザーボード」は、パソコンが処理を行うためのCPUやメモリ、バッテリーなどの様々な部品を接続します。**「メインボード」**や**「ロジックボード」**ともいわれます。

●マザーボード上のパーツ

マザーボードに搭載されるパーツの主要な構成は、次のとおりです。

種 類	説 明
CPU	コンピュータの中枢部分。プログラムの実行や機器の制御を行う。
メモリスロット	メモリを接続する。
チップセット	CPUとほかのパーツとの間でデータを橋渡しする。
UEFI	マザーボード上のROMに内蔵されているプログラムで、OSが起動するまで、キーボード、マウス、CPU、ハードディスクなどの制御を担う。
バッテリー	UEFIのデータの保持や、コンピュータの内部時計を動かし続けるために使用される。
拡張スロット	コンピュータの機能を拡張するための各種カードの差込口。PCI Expressスロットや、PCIスロットなどがある。
各種端子	各種ハードウェアなどをマザーボードに接続するための接続口。LANケーブルをつなげるイーサネット端子や、ハードディスク/SSDなどをつなげるSATA端子、オーディオ端子などがある。

❷ グラフィックボード

「グラフィックボード」は、画面描画を専門にする機能拡張用の基板です。**「ビデオカード」**ともいわれます。高速な反応が必要な3Dゲームや、高精細で多数の発色が必要なグラフィック関連での利用には、グラフィックボードをコンピュータに搭載する必要があります。

参考

チップセット
本来は複数のIC(半導体)で1つの機能を実現している集積回路のことを指す。

参考

UEFI
「Unified Extensible Firmware Interface」の略称。旧式のものは「BIOS」(Basic Input Output System、バイオス)という。

参考

オンボード
多くの機能を実現するチップが最初からマザーボードに直接取り付けられた状態のこと。これまではマザーボードに最初から付いている機能は少なかったが、マザーボードの高機能化とコンパクト化が進んだことで実現した。

参考

PCI Express
入出力規格の1つで、高速なデータ転送が可能。

参考

GPU
グラフィックボードの性能を左右する核となるチップを「GPU」という。画像処理用に高速で大量の計算が可能であることから、最近ではAIのディープラーニングにも利用されている。
ディープラーニングについて、詳しくはP.295を参照。

1-2-8　ハードウェアの接続

コンピュータ本体に、外部記憶装置や入出力装置などのハードウェアを新たに接続するためには、ハードウェアをコンピュータ本体の適切なポートに接続することと、コンピュータにハードウェアを認識させることが必要です。

❶ 適切なポートへの接続

コンピュータ本体に、ハードウェアを接続するには、適切なケーブルで正しい**「ポート」**に接続する必要があります。ポートとは、コンピュータ本体と周辺機器などを接続する端子のことです。

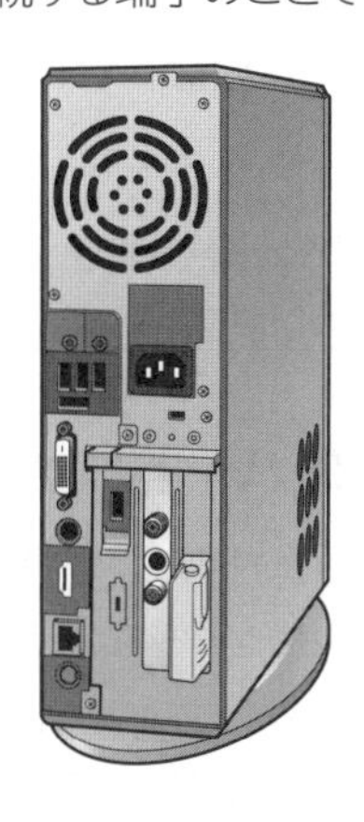

主なポートの名称と接続できる周辺機器は、次のとおりです。

名　称	ポートの形状	接続可能な周辺機器
PS/2		マウス、キーボード。
HDMI		デジタル用モニタ、メディアプレーヤーなど。
RJ-45		ネットワーク回線（8ピン）。
DVI		デジタル用モニタ。
USB		デジタルカメラ、外付け型ハードディスクドライブ、マウス、プリンターなど。

参考

DVI

「Digital Visual Interface」の略称。

参考

USB

パソコンと周辺機器を接続するための規格。電源を入れたままでも接続できる。最近では多くの周辺機器がUSB対応になっている。

❷ ワイヤレスインタフェース

「ワイヤレスインタフェース」とは、無線伝送技術や赤外線を利用してデータ伝送を行うインタフェースのことです。ワイヤレスインタフェースを内蔵しているハードウェアであれば、互いにケーブルなしで電波や赤外線を使って接続できます。転送速度は低速から高速までありますが、伝送距離は数十mと短く、室内などの狭い範囲での伝送に向いています。
「無線インタフェース」ともいわれます。
ワイヤレスインタフェースには、主に次のような規格があります。

規　格	特　徴
Bluetooth	2.4GHz帯を使用して、10m以内で1Mbpsの伝送速度を実現する無線通信のインタフェース。コンピュータやプリンター、携帯電話、スマートフォン、さらには家電製品の間でデータ通信をする技術として注目を集めている。
赤外線（IrDA）	赤外線通信のインタフェース。伝送距離が30cm～1m程度と短い。キーボードやマウス、またコンピュータゲームシステムや携帯電話同士の情報交換などに利用されている。

❸ コンピュータでのハードウェアの認識

コンピュータ本体に、新しくハードウェアを接続して使用するためには、追加したハードウェアをコンピュータに認識させて、ドライバをインストールする必要があります。ハードウェアには、コンピュータ本体に接続しただけで自動的に認識できるものと、接続しただけでは認識できないものがあります。
コンピュータに接続しただけで、OSが自動的に新しいハードウェアを認識する機能のことを**「プラグアンドプレイ」**といいます。OSにより認識された新しいハードウェアは、その後ドライバをインストールすることで利用できるようになります。
それに対し、OSがプラグアンドプレイに対応していない場合は、新しいハードウェアを接続しただけでは、コンピュータに認識されません。その場合は、ハードウェアに認識させる作業をユーザーが手動で行い、その後ドライバをインストールします。

参考

bps
データ通信速度の単位。1秒間に転送できるビット量を表す。
「Bits Per Second」の略称。

単　位	
Kbps	1Kbps=1000bps
Mbps	1Mbps=1000Kbps
Gbps	1Gbps=1000Mbps

参考

接続するときの注意
ハードウェアを接続するときに、コンピュータの電源を切った状態で接続するハードウェアと、電源を入れたままで接続するハードウェアがある。正しい状態で接続しないと故障の原因にもなるため、ハードウェアに付属しているマニュアルを参照し、作業する必要がある。

参考

ドライバ
ハードウェアとコンピュータを結ぶソフトウェアのこと。「デバイスドライバ」ともいう。
ドライバは、メーカーのWebページ上で公開されているドライバをダウンロードしたり、ハードウェアに付属しているCDからインストールしたりして使用する。

参考

OS
コンピュータを動かすうえで最低限必要なプログラム。「Operating System」の略称。
OSについて、詳しくはP.85を参照。

1-3 コンピュータの処理

ここでは、コンピュータ内部で処理されるデータの流れとコンピュータの処理能力について学習します。

 1-3-1 コンピュータ内部の処理の流れ

コンピュータ内部では、CPUを中心としてデータのやり取りが行われています。CPUは、外部記憶装置のデータをRAMに読み込み、処理します。処理した結果は、RAMに記憶させ、必要に応じて外部記憶装置に書き込みます。

●装置間でのデータや制御の流れ

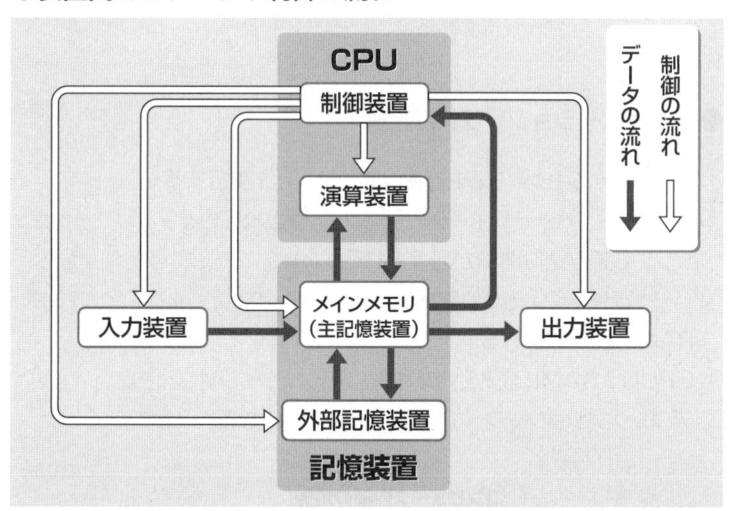

コンピュータの起動やそのほかの操作に関わるデータの流れは、次のとおりです。

●コンピュータの起動

① 電源を入れる
② CPUは、ROMのUEFI（起動プログラム）を読み込み実行する
③ CPUから、ハードディスク／SSDに記憶されているOSを読み込む命令が伝えられる
④ ハードディスク／SSDに記憶されているOSが、RAMに読み込まれる
⑤ CPUは、RAMに読み込まれたOSを実行する
⑥ コンピュータが操作可能な状態になる

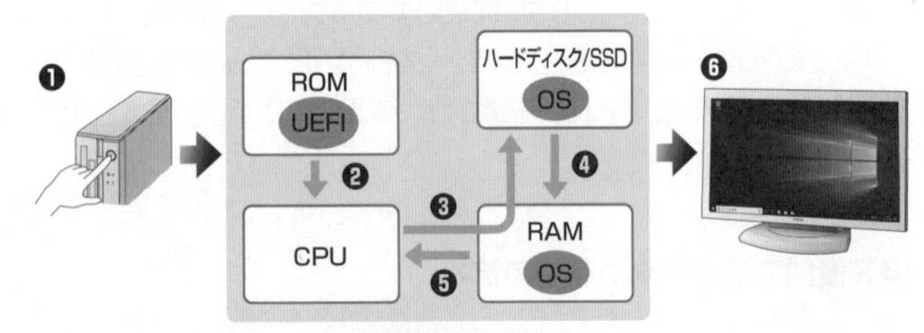

参考

アプリケーションソフト
文書作成や表計算など、特定の処理を行うプログラム。

●アプリケーションソフトの起動

① アプリケーションソフトを起動するコマンドを実行する
② CPUから、ハードディスク／SSDに記憶されているアプリケーションソフトを読み込む命令が伝えられる
③ ハードディスク／SSDに記憶されているアプリケーションソフトが、RAMに読み込まれる
④ CPUは、RAMに読み込まれたアプリケーションソフトを実行する
⑤ アプリケーションソフトが操作可能な状態になる

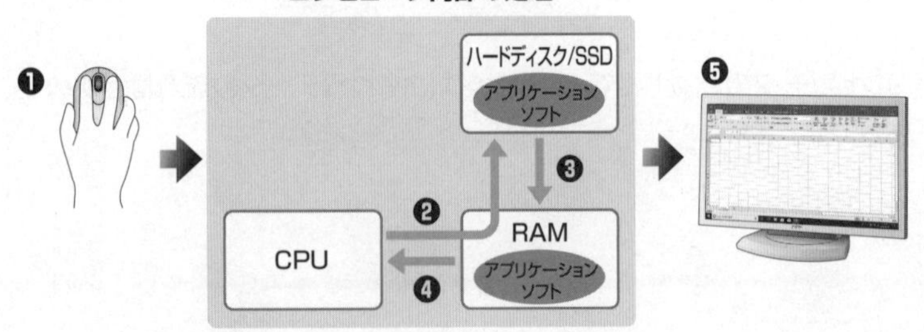

●ファイルを開く

① ファイルを開くコマンドを実行する
② CPUから、ハードディスク／SSDに記憶されているファイルを読み込む命令が伝えられる
③ ハードディスク／SSDに記憶されているファイルが、RAMに読み込まれる
④ CPUは、RAMに読み込まれたファイルを実行する
⑤ ファイルが操作可能な状態になる

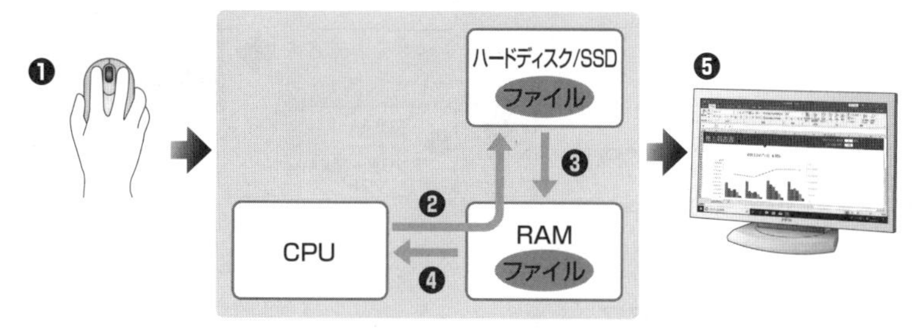

●ファイルの保存

① ファイルを保存するコマンドを実行する
② CPUから、RAMに記憶されているファイルをハードディスク／SSDに書き込む命令が伝えられる
③ RAMに記憶されているファイルがハードディスク／SSDに書き込まれ、ファイルが保存される

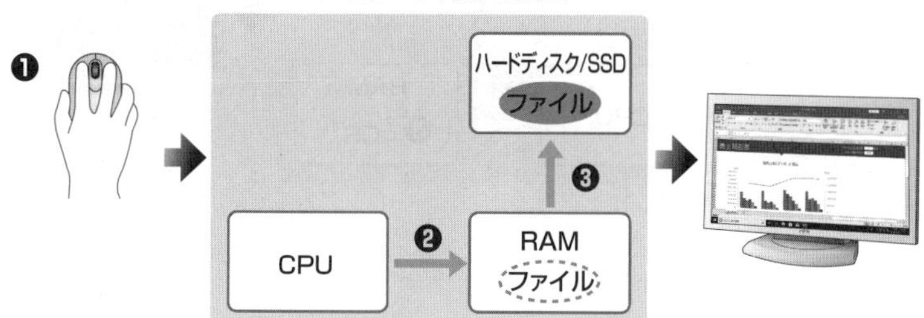

●アプリケーションソフトの終了

① アプリケーションソフトを終了するコマンドを実行する
② CPUから、RAMに読み込まれたアプリケーションソフトを削除する命令が伝えられる
③ RAMに読み込まれたアプリケーションソフトが削除される
④ アプリケーションソフトが終了する

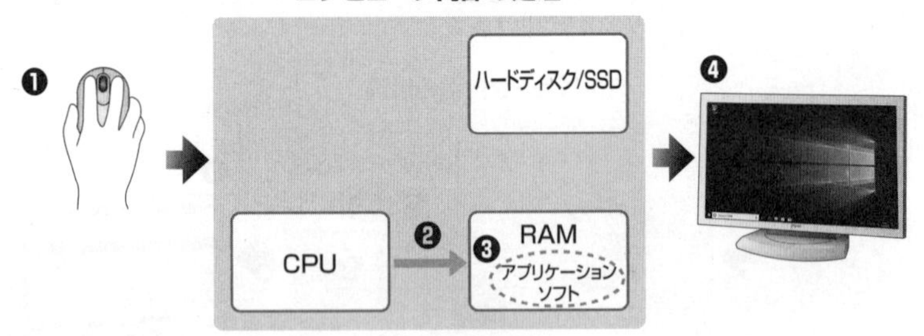

●コンピュータの終了

① コンピュータを終了するコマンドを実行する
② CPUから、RAMに読み込まれたOSを削除する命令が伝えられる
③ RAMに読み込まれたOSが削除される
④ コンピュータが終了する

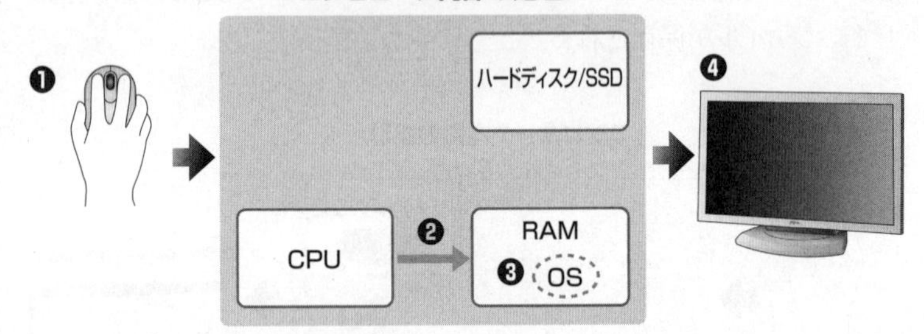

1-4 ハードウェアの保護

ここでは、ハードウェアが故障しないように保護する方法について学習します。

1-4-1 ハードウェアの盗難対策

コンピュータは、日頃からしっかりとした盗難対策をしておかないと、簡単に盗まれてしまいます。ノート型パソコンなどの持ち運びに便利なハードウェアは、特に注意が必要です。ハードウェアの盗難を防ぐために、ハードウェアに盗難防止用の鍵やワイヤーを付けるようにします。本体背面にセキュリティ施錠金具（デスクトップ型パソコンの場合）やセキュリティスロット（ノート型パソコンの場合）など、あらかじめ盗難防止用の鍵やワイヤーを付けるための取り付け口が用意されている場合があります。これらの取り付け口から、動かない机などにワイヤーで固定・施錠し、本体そのものの盗難を防止します。
また、デスクトップ型パソコンによっては、本体カバーが開閉しないように本体背面に鍵付のコネクタカバーが標準で用意されているものもあります。その場合は施錠をすることで、USBポートなどに接続している周辺機器の盗難や、不正アクセスによる情報漏えいを防ぐことができます。
そのほかの普段使用しないハードウェアは、鍵のかかるロッカーなどに保管し、重要なデータが保存されているハードウェアは、鍵のかかる部屋や監視カメラの設置してある部屋に置くようにします。

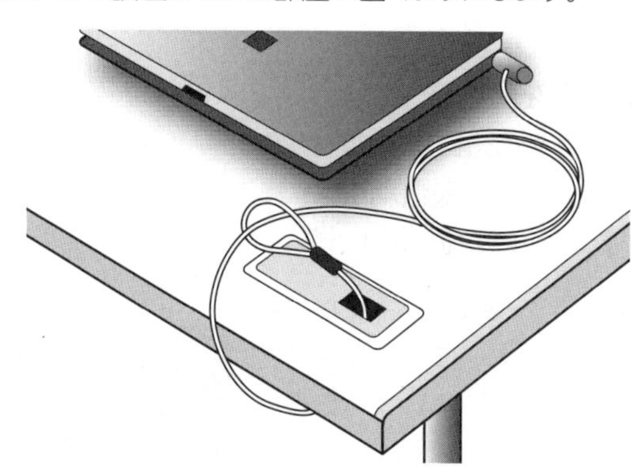

1-4-2　ハードウェアの故障の原因

コンピュータ本体はもちろん、ハードディスク／SSDやDVDなどのメディアは、高温や湿気、磁気などにより損傷することがあります。また、ハードウェアを移動させたときの衝撃で故障する場合もあります。
ハードウェアの設置場所やメディアの保管場所を決めたり、ハードウェアを移動したりする際には、次の点を考慮します。

❶ ハードウェアの設置場所

コンピュータ本体や周辺機器の設置場所、メディアの保管場所は、次の点を考慮して決定し、設置後も適切な環境を維持するようにします。

●高温や低温を避ける

極端に高温や低温の場所や温度変化が激しい場所には保管しないようにします。窓際や直射日光が当たる場所、暖房機が近くに置いてある場所などは避けます。
また、ハードウェアを設置した周辺に十分な空間を確保します。壁際などの場合には、少なくとも5cm程度は隙間を空けて設置します。あまり近付けすぎると空気の循環がうまくいかず、熱がこもり故障の原因になります。

●多湿を避ける

湿度が高いとコンピュータ本体だけでなく、ハードディスク／SSDやDVDなどのメディア、その他の周辺機器の故障の原因になるため、湿度が80％を超えるような場所は避けるようにします。また、コンピュータの近くに加湿器を置いたり、飲み物などを近くに置いたりするのも避けてください。ハードウェアは水に弱く、飲み物をこぼしてしまうと故障の原因になります。

●ほこりやごみを避ける

コンピュータ本体や周辺機器、メディアなどの隙間にほこりが溜まると故障の原因になります。設置場所は、ほこりやごみが少ない場所を選び、清潔に保つように心掛けます。

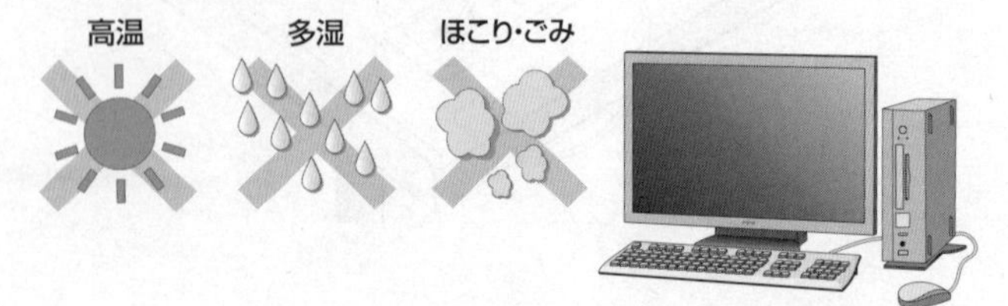

●磁気を避ける

磁気はハードディスクなど、データを書き込んでいるメディアに大きな影響を及ぼします。磁気によってディスクの内容が一切読み取れなくなることも珍しくはありません。ハードウェアの周りやメディアを保管する場所の近くには磁気を帯びた機器などは置かないようにし、持ち運ぶ際には磁気を帯びた携帯電話や磁気カードなどと一緒に長い時間同じ袋や箱に入れないように気を付けます。

●不安定な場所を避ける

コンピュータ本体やハードディスク/SSDは水平な場所に設置します。振動などは故障の原因になるため、安定した台の上に置くようにします。

❷ ケーブルの管理

ケーブルには、周辺機器をつなぐための**「接続ケーブル」**や**「電源ケーブル」**、または電源ケーブルを延長するための**「延長コード」**などがあります。ケーブルを扱うときには、次のような点に注意します。

●ほこりと湿気を避ける

電源コンセントにほこりと湿気があると、発火する危険があります。コンピュータと同様、コンセントやケーブルの差し込み部分などのほこりと湿気に注意する必要があります。

●適度な長さのケーブルを使用する

むやみに長いケーブルを使用し、余ったケーブルが絡まった状態で放置すると、ケーブルの損傷を早めることになります。また、電源ケーブルが大量に絡まっている場合には、発火する可能性もあります。
コンピュータや周辺機器の配置を考慮し、適度な長さのケーブルを用意するようにします。

●アース付きの延長コードを使用する

電源の延長コードはなるべく使用しないようにするべきですが、どうしても使用する必要がある場合には、アース付きの3穴のものを使用するようにします。また、タコ足配線は避けるようにします。

❸ ハードウェア移動時の注意点

コンピュータ本体や周辺機器を移動するときは、次のような点に注意します。

●電源を切断する

電源を入れた状態で持ち運ぶと、その振動によりハードディスク／SSDが破損する可能性があります。移動のときは、必ず電源を切断するようにします。

●ケーブルや周辺機器を取り外す

たとえ距離が近くても、周辺機器を接続した状態で移動することは不安定な状態になるため危険です。手間がかかってもケーブル類や周辺機器は取り外してから移動するようにします。

●ケースに入れる

長い距離の移動時には、購入時に梱包されていた箱を利用したり、業者に依頼したりするようにします。
また、ノート型パソコンは携帯性にすぐれるという特性上、そのままの状態でかばんなどに入れて持ち運んでしまいがちですが、落下や振動などによって破損する可能性があります。衝撃を和らげるために必ず専用のケース（かばん）を利用し、落下や振動がないように注意して持ち運びます。

参考
スマートフォン
スマートフォンは小型なので、衣類のポケットなどに入れて持ち運んでしまいがちだが、ポケットから落として破損する可能性がある。スマートフォンもかばんに入れて持ち運ぶとよい。

1-4-3　ハードウェアを保護する機器

コンピュータは不安定な電力供給に対して脆弱なため、落雷や停電によってハードディスク／SSDやコンピュータの部品が破損することがあります。その場合は、重要なデータも壊れて使用できなくなる可能性があります。

❶ サージプロテクター

「サージ」とは、瞬間的に発生する異常に高い電圧のことです。落雷が原因で起こるサージを**「雷サージ」**といい、近くに落雷があった場合、電流が逆流したことによる負荷の急上昇でコンピュータが壊れてしまうことがあります。**「サージプロテクト機能」**の付いたOAタップやモデムを使用することで、サージの被害を防ぐことができます。このように、サージからコンピュータを守る装置を**「サージプロテクター」**（避雷器）といいます。

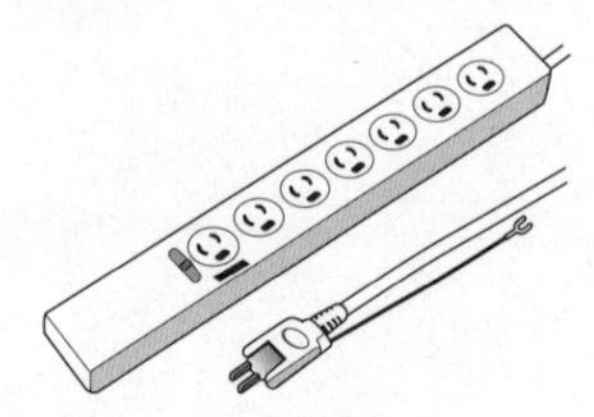

❷ 無停電電源装置

「無停電電源装置」（UPS）とは、停電や瞬間的な電圧の低下（瞬電）などで電源の供給が途絶えるといった不測の事態に備えて準備しておく予備の電源装置のことです。通常の電力の供給が行われなくなると、瞬時に電源を蓄電池（バッテリー）に切り替え、コンピュータの電源が落ちることを防ぎます。電力の供給可能な時間は無停電電源装置の性能により様々ですが、すみやかに作業中のデータを保存したり、システムを停止したりする必要があります。

❸ 変圧器

コンセントから供給される電気は交流ですが、コンピュータでは直流が利用されます。そのため、コンピュータ内で利用される電圧はコンセントから供給される電圧とは異なります。そこで、コンセントから供給される電気をコンピュータが利用できる形に変換する役割を持つ**「変圧器」**が必要になります。この変圧器は、デスクトップ型パソコンでは本体内部に内蔵されていますが、ノート型パソコンでは本体内部に内蔵されず、ACアダプタとして提供されるのが一般的です。

●デスクトップ型パソコンの電源

日本では電気の電圧は100Vです。デスクトップ型パソコンに内蔵される電源装置には、電圧が115Vと230Vの場合で切り替えるスイッチが付いていて、日本で販売されているコンピュータは100Vに近い115Vに設定されています。コンピュータを海外で使用する際には、提供される電圧を確認し、必要なら電源装置のスイッチで230Vに切り替えます。

●ノート型パソコンの電源

ノート型パソコンには、変圧器が内蔵されているACアダプタが提供されます。デスクトップ型パソコンに内蔵されている電源装置と同様にコンセントから供給される電気をコンピュータが利用できる形に変換します。ACアダプタの場合、最初から対応可能な電圧として**「100-240V」**と表記されているものが多くあります。このようなACアダプタで接続するノート型パソコンは、日本でも海外でもそのまま使用できます。

参考

UPS

「Uninterruptible Power Supply」の略称。

参考

作業中のデータの保存

落雷や停電などの原因で、コンピュータなどの電源が突然切断されると、作業中のデータの内容は保障されない。通常は前回保存した内容しか復元できないので、作業中のデータはこまめに保存することが重要である。

参考

電源ケーブルの保護

電源ケーブルにつまずいてコンピュータの電源を誤って切断してしまうことがある。電源ケーブルがコンセントから抜けてしまうと、コンピュータの電源が切れてしまい、ハードディスク／SSDやコンピュータが破損してしまう可能性がある。また、直前まで作業していたデータは保存されないため、復元できない。誤って電源ケーブルを切断しないように、通行の邪魔にならないような場所に電源ケーブルを設置したり、電源ケーブルをカバーで保護したりするなどの対策が必要である。

1-5 ハードウェアのトラブルとメンテナンス

ここでは、ハードウェアに起こる可能性のあるトラブルと、メンテナンスについて学習します。

1-5-1　トラブルを解決するための手順

コンピュータを使用している際に発生するトラブルには、様々なものがあります。実際にはハードウェアに関するトラブルだけでなく、ソフトウェアによるトラブルもあります。トラブルを解決するには、まず、トラブルを再現できるようにし、どのような現象でトラブルが発生するのか、常にトラブルが発生するのかなど、原因がハードウェアとソフトウェアのどちらにあるかの問題の切り分けを行うことが重要です。
また、トラブルを解決する糸口が見つかったら、状況に合った適切な解決策を検討し、実行するようにします。
トラブルシューティングの基本的な流れは、次のとおりです。

参考

トラブルシューティング
ハードウェアの故障やソフトウェアのトラブルの解決方法。

① トラブルを確認する

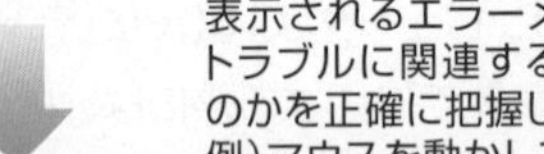

表示されるエラーメッセージやシステムの動作状況など、トラブルに関連する情報を収集し、どのようなトラブルなのかを正確に把握します。
例）マウスを動かしてもマウスポインターが動かない。

② トラブルを再現する

どうするとそのトラブルが発生するのかを突き止め、再現できるようにします。再現不可能なトラブルの場合には、何をどうしたらこうなったのかをなるべく正確に思い出します。このとき、どこまでは正常に動いていたのかも確認します。常にプリンタが使用できない、常にモニタが表示できないなど、常に機器が利用できない場合、ハードウェアに問題がある可能性が高いといえます。
例）常にマウスが反応しない。

③ ケーブルが正しく接続されているかを確認する

トラブルに関連している本体や周辺機器、電源ケーブルやネットワークケーブルが正しく接続されているか、電源が入っているかを確認します。
例）マウスのケーブルが本体に接続されているかを確認する。

4 ハードウェアを再起動する

電源やケーブル接続が正常な場合は、ハードウェアを再起動してみます。
例）マウスのケーブルを本体に接続し、本体を再起動する。

5 ドライバやサービスを確認する

周辺機器に必要なドライバやサービスがインストールされているかを確認します。インストールされていても、壊れている可能性もあるので、再インストールしてみます。
例）マウスのドライバがインストールされているか確認する。ドライバが壊れていた場合は、再インストールする。

6 役に立つヘルプやサポート情報がないか探す

社内のサポート情報やヘルプ、インターネットなどにトラブルについての情報がないかを確認します。よくあるトラブルはメーカーのWebページなどに、対策が掲載されている場合があります。
例）メーカーのWebページに掲載されているトラブルシューティングから解決策を探し、実施する。

7 専任の担当者やメーカーなどに問い合わせる

ドライバやハードウェアに関する問題であればメーカーに問い合わせます。その際にトラブルの内容や今まで行った作業を正確に説明できるように準備しておきます。社内にサポートセンターが設置されている場合は、サポートセンターに連絡します。
例）メーカーのWebページに同じようなトラブルの解決策が掲載されていなかった場合は、電子メールなどでメーカーに問い合わせる。

8 トラブルが解消されたことを確認する

正常に動作するかどうか、実際にトラブルが起こったときの作業を行い、確認します。
例）マウスが正常に反応することを確認する。

9 類似するトラブルを防止する

原因が判明したら、同じような要因でトラブルが発生しそうなものがないかどうか確認し、対処します。また、サポートを受けたトラブルについては、情報を整理して解決策を文書化し、同じトラブルが発生した場合に役立つようにします。

一般的に、周辺機器が動かないなどのトラブルの原因は、ケーブルの緩みや接続の誤りがほとんどです。ケーブルが正しい場所（コネクター）に接続されているかを確認することで、ほとんどの問題を簡単に解決できます。また、コネクターにネジが付いている場合は、ネジを必ず締めるようにしたり、ケーブルが破損や摩耗などしていないかなども確認したりするようにします。
周辺機器はケーブルを誤った場所に無理やり接続すると、故障の原因になることがあるので、日頃から機器の取り扱いに注意します。

参考

解決策を実施するときの注意点

ヘルプやサポート情報を参照したり、メーカーに問い合わせたりして得た解決方法は、勝手に手順を省略したり、順番を変えたりせずに指示されたとおりに作業する。

1-5-2　ハードウェアに関するトラブル

トラブルを解決するための手順をすべて行っても対処できない場合は、次の項目を確認します。

❶ ハードディスク／SSDのトラブル

ハードディスク／SSDからデータが読み込めない、または保存できない場合には、次のような点を確認します。

●ハードディスク／SSDを認識できているか確認する

起動の際のメッセージなどからハードディスク／SSDが認識されているかどうかを確認します。ハードディスク／SSDが認識されていない場合には、正しく接続できているか、ハードディスク／SSDの電源は入っているかなどを確認します。

●OSに付属の診断プログラムを実行する

同じハードディスク／SSD内のほかのパーティションを認識できる場合や今までは使用できていた場合には、ハードディスク／SSD診断プログラム（エラーチェック）を実行し、可能なら修復します。

以上の作業を行ってもハードディスク／SSDが使用できない場合には、ハードディスク／SSDが故障している可能性があるため、修理に出します。ハードディスク／SSDを修理に出した際は、通常は保存されていたデータは保証されません。ハードディスク／SSDは消耗品と考え、常にバックアップを取るようにします。また、ハードディスク／SSDが故障する主な原因として、次のようなものが考えられます。

- ●高温や低温
- ●振動
- ●電源を切断した直後に起動
- ●電源が入った状態でプラグを抜く
- ●停電による電源切断

参考

エラーチェック

ハードディスク／SSDに正常にデータが書き込まれているかを検査するツール。発見されたエラーファイルを修復する機能もある。
「スキャンディスク」ともいわれる。

参考

パーティション

1つのハードディスク／SSDは論理的に複数の領域に分割して利用できる。この論理的に分割した領域を「パーティション」という。

❷ メディアのトラブル

DVDやCDなどのメディアに関するトラブルには、DVD／CDドライブに問題がある場合と、DVDやCD自体に問題がある場合があります。

●DVD／CDドライブの問題

DVD／CDドライブが認識されない場合には、正しく接続できているか、また正しいドライバがインストールされているかなどを確認します。よく起こるトラブルに、ドライブのトレイが出てこないというものがあります。この場合には、ドライブ正面にある穴に先の細い針金などを差し込んで強制的に排出します。

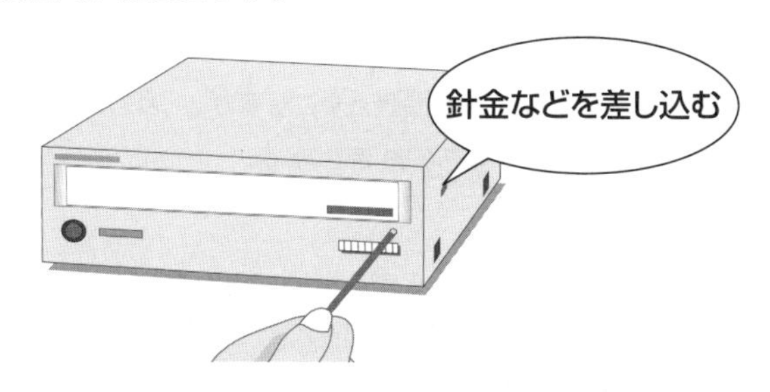

●DVDやCDの問題

DVDやCDはラベルを貼っていない面にデータが記録されているので、保存面を手で触ったり、傷を付けたりしないようにします。汚れにより読み取りがスムーズに行えなくなる場合もあるので、汚れたときには柔らかい布などで軽く拭きます。そして、曲げたり傷を付けたりしないように、ケースなどに入れて保管します。

❸ モニタのトラブル

モニタのトラブルには、まったく表示されない場合と正常に表示されない場合があります。

●まったく表示されない

モニタの電源が入っているかどうかを確認します。通常、コンピュータ本体にモニタ用の電源が用意されており、そこから電源を取っていることが多く、その場合には、コンピュータ本体の電源を入れると自動的にモニタにも電源が入ります。コンピュータ本体とは別の場所から電源を取っている場合には、モニタ自体の電源を入れる必要があるので注意が必要です。
同時に、モニタの接続ケーブルが外れていたり、緩んだりしていないかどうかもあわせて確認します。

参考

液晶を使用したモニタの場合

モニタのバックライトの寿命により画面が暗くなることもある。

●正常に表示されない

モニタの表示が正常でない場合は、接続されているモニタと設定されているドライバの組み合わせが合っていないことが考えられます。モニタのマニュアルなどで正しいドライバを確認し、ドライバのインストールを行うようにします。正しいドライバを設定していても正常に表示できない場合は、モニタ自体や接続ケーブルの故障が考えられます。

また、画面が暗かったり明るすぎたりして見づらい場合には、モニタ自体に明度や色味などを調整するためのスイッチがあるので自分で見やすいように調整します。

4 プリンターのトラブル

プリンターのトラブルは現象も原因も様々ですが、プリンター共通に起こるトラブルには、次のようなものがあります。

●まったく印刷できない

プリンターが正しく接続されているか、電源が入っているか、オンライン（データが受信可能な状態）になっているか、正しいドライバがインストールされているかなどを確認します。ドライバを再インストールした場合には、必ずテスト印刷を実行し、トラブルが解決されたことを確認します。ただし、テスト印刷の機能が付いていないドライバもあります。

●紙が詰まる

使用する用紙の問題で紙が詰まることがあります。紙が厚すぎる、薄すぎる、表面が粗い、つるつるしすぎるなども原因になりますが、湿っている用紙も紙詰まりの原因になります。また、ラベル用紙の場合には、はがれやすいラベルは、紙詰まりの原因になるだけでなく、詰まったラベルがうまく取り出せなくなることもあるので、ラベル印刷を行う場合は注意が必要です。

●印字が薄い

全体的に印字が薄い場合には、トナー（レーザープリンターの場合）やインク（インクジェットプリンターの場合）がなくなっている可能性が高いので、新しい物に交換します。また、部分的に常に印字が薄い場合には、故障による場合が多いため修理を依頼します。

●白紙ばかり排出する

ケーブルの接続不良やドライバが壊れていることが原因です。プリンターを再起動することで直ることもあるので、まずはケーブルの接続を確認し、再起動します。直らない場合はドライバを一度削除してインストールし直します。それでも直らない場合には、修理が必要です。

5 その他のハードウェアのトラブル

そのほかにもハードウェアのトラブルには、次のようなものがあります。

●新しく追加したハードウェアが動作しない

コンピュータにハードウェアを新しく追加したときも、P.35**「1-5-1 トラブルを解決するための手順」**に従って、まず電源が入っているか、コンピュータに正しく接続されているかなどを確認します。また、必要なドライバがインストールされていない可能性があるため、ドライバを確認し、適切なドライバをインストールします。

●ネットワークやインターネットに接続できない

ネットワークやインターネットに接続できない場合は、まずLANケーブルが正しく接続されていることを確認します。また、ルータやモデムの電源が入っているか、ネットワークの設定が間違っていないかなどを確認します。それでも接続できない場合は、LANケーブルが切れている、ルータやモデムなどのネットワーク機器の故障、回線状態の問題などが考えられます。

1-5-3 メンテナンスの必要性

ハードウェアには日頃のメンテナンスが必要です。メンテナンスを行っていないと、次のような問題が発生します。

1 ハードディスク／SSD

ハードディスク／SSDをメンテナンスや整理をせずに使い続けると、だんだん空き容量が少なくなります。ハードディスク／SSDの空き容量が少なくなると、動作が遅くなったり、大きなファイルを開くときにエラーが発生したりする原因になります。

2 マウス

ワイヤレスマウスを使用している場合、電池交換をせずに長期間使用すると、マウスポインターがスムーズに動かなくなったり、クリックしても反応しにくくなったりすることがあります。

3 キーボード

キーボードをメンテナンスせずに使い続けると、特定のキーが入力できなくなることがあります。キーボードにほこりやごみが入り込むと、接触不良を起こし、キーが入力できなくなる原因になります。

参考

ルータ

ネットワーク同士を接続する装置。

参考

モデム

コンピュータ内のデジタルデータをアナログデータに変換して電話回線に流したり、電話回線から流れてくるアナログデータをデジタルデータに変換したりする装置。

参考

ケーブルの接続

ハードウェアのケーブルをコンピュータ本体から外して掃除などを行った際には、掃除が終わったらもとの接続口に差し込むのを忘れないようにする。接続を忘れたり、誤った場所に接続したりすると、ハードウェアが動作しないなどのトラブルの原因となる。また、接続口を間違えたまま使用すると、感電や火災、コンピュータ本体やハードウェアの故障につながる可能性があるため注意が必要。

❹ プリンター

プリンターをメンテナンスせずに使い続けると、紙詰まりやインク汚れの付着などのトラブルが発生します。給紙口から吸い込まれたほこりやごみが溜まると、紙詰まりの原因になります。また、ヘッド部分や給紙ローラ（用紙を送るローラ）にインクが付着すると、印刷後の用紙にインクが付いて汚れる原因になります。

1-5-4　ユーザーが行うメンテナンス

ユーザー自身が定期的に行うべきメンテナンスは、主に機器のクリーニングです。また、ハードディスク／SSD内の不要なファイルの整理や消耗品の交換なども定期的に行う必要があります。

❶ クリーニング

クリーニングする機器に合わせて、様々なクリーニング用具が市販されています。これらを有効に使用して効率よくクリーニングを行います。クリーニングするタイミングは、その機器を使う頻度や設置する環境によって異なりますが、スケジュールを決めて定期的に行うようにします。

●マウスの清掃

マウスは、ほこりやごみで汚れていると、マウスの動きを正しく読み取れなくなる場合があります。光学式のマウスでは、裏面の光センサー周辺を軽く拭きましょう。

●電池交換

ワイヤレスマウス／キーボードは、電池交換をせずに長期間使用していると、スムーズに動かなくなったり、正常に動作しなくなったりする場合があります。機種によって異なりますが、おおよそ3か月を目安に電池を交換するようにします。

●キーボードの清掃

キーボードを使用しないときにはカバーをかけ、ほこりやごみの侵入を防ぎます。定期的にブラシなどを使ってほこりやごみを取り去るようにします。

●プリンターの清掃

細いノズルから空気を出し、ほこりを取り去るエアーブローなどが有効です。たいていの機器に使用でき、細かい部分などにもノズルを近付けてクリーニングできます。

●DVDやCDの清掃

柔らかい布などで、中心から外周に向かって直線状に拭くようにします。汚れがひどいときは、専用のクリーニング剤を使用します。レコード用などは使用しないようにします。また、ドライブの清掃にはCDレンズクリーナーなどがあるので専用の用具を使って清掃するようにします。

2 ハードディスク／SSDの管理

ハードディスク／SSDの空き容量が少なくなると、動作が遅くなったり、エラーが頻繁に出たりして、コンピュータの性能が低下してしまいます。そこで、定期的にファイルの整理やディスクの最適化（デフラグ）をするように心掛けます。

例えば、Webページを閲覧すると一時ファイルやCookieがハードディスク／SSDにダウンロードされますが、これらのデータは、同じWebページを閲覧するときには便利ですが、長い間溜めすぎるとハードディスク／SSDの容量を消費してしまいます。定期的に一時ファイルやCookieを削除することをおすすめします。

また、ファイルを削除してもごみ箱に残っていると、実際のハードディスク／SSDの空き容量は増えないため、ごみ箱のファイルも定期的に削除するようにします。

3 消耗品や部品の交換

ハードウェアの一部の消耗品や部品は、定期的に交換することにより、ハードウェアの性能を維持したり、アップグレードしたりすることができます。

●プリンター

プリンターのトナーやインクカートリッジなどの消耗品は、交換のメッセージが表示されたら速やかに交換しましょう。プリントヘッドの品質を維持するために、トナーやインクが完全になくなる前にメッセージが出るように設計されているプリンターもあります。

また、プリントヘッドは定期的にクリーニングすることによって、インクの汚れや印字のかすれなどを解消し、プリント品質を維持することができますが、メンテナンスしても解消されない場合は、プリントヘッドの寿命と考えられます。プリンターの取扱説明書に従って、新しいプリントヘッドと交換するようにします。

●マウスやキーボード

マウスやキーボードが壊れてしまった場合には、自分で修復するのは難しいので修理に出すか、新しいものを購入して交換します。マウスやキーボードは最も手に触れることの多い入力装置です。様々な種類の

参考

Cookie

WebブラウザとWebサーバが情報を交換するために用意された小さなファイルで、閲覧したWebページの内容や入力したデータなどを記録したもの。
Cookieに保存されている情報をもとに、Webページで同じような情報を入力する手間を省くことができる。個人情報を保存していることが多いので、プライバシーを重視するユーザーに敬遠されることもある。

参考

ディスクの最適化

ハードディスク／SSDでファイルの削除や保存を繰り返していくと、次第にアクセス速度が低下する。これは、ファイルを保存できる領域が次第に不連続な領域になり、ファイルを見つけたり、保存したりする際に時間がかかるようになるためである。これをファイルの「断片化」（フラグメンテーション）という。ファイルの断片化を解消するには、「最適化」（デフラグ）を実行する必要がある。

製品が販売されているので自分の手に合ったものを選択するようにします。

●メモリの増設

メモリの容量が少ないと、複数のタスクを実行できなくなり、コンピュータでの作業効率が低下します。これは、メモリを増設することによって、改善することができます。
コンピュータにメモリを増設するための空きのメモリスロットがある場合は、空いているメモリスロットに新しいメモリを増設できます。空きのメモリスロットがない場合は、現在のメモリを取り外して容量の大きな新しいメモリと交換する必要があります。
また、コンピュータによって、対応しているメモリの形状が異なります。メモリには、**「DIMM」「S.O.DIMM」**などの種類があります。コンピュータによって、増設できるメモリが異なるので、コンピュータの取扱説明書などでメモリの形状を確認しておくようにします。

■DIMM

■S.O.DIMM

参考

タスク
プログラムの実行単位のこと。

参考

メモリスロット
コンピュータにメモリを装着するためにマザーボード上に用意されている差し込み口。

参考

DIMM
信号ピンの表と裏で別々の信号を流すメモリ。主に、デスクトップ型パソコンのメモリとして利用されている。
「Dual In-line Memory Module」の略称。

参考

S.O.DIMM
DIMMを小型化したメモリ。主に、ノート型パソコンや省スペース型のデスクトップ型パソコンで使用されている。
「Small Outline Dual In-line Memory Module」の略称。

1-6 コンピュータの購入と修理

ここでは、コンピュータの購入やメンテナンス、修理に関する注意点について学習します。

1-6-1　コンピュータの購入時の注意点

コンピュータを購入するときは、利用する目的や業務内容に合ったものを選定します。使用するアプリケーションソフトや利用シーンを明確にし、OSの種類やコンピュータの性能や機能などを比較して検討します。企業や団体が購入する場合は、将来の事業計画、社員のスキル向上計画など使用目的を考慮したうえで選定します。

❶ コンピュータを利用する目的の検討

あらかじめ使用する目的や業務形態などを明確にすることが重要です。

●コンピュータの携帯性

コンピュータを持ち歩くかどうかによって、適しているコンピュータの形態も異なります。

コンピュータを外出先に持ち出して使用することが多いのであれば、ノート型パソコンがよいでしょう。サイズもA4ではなく、B5などの小型のほうが、軽くて持ち運びしやすいので利便性にすぐれています。

それぞれの形態の持つ特性を考慮し、コンピュータを選定しましょう。

	デスクトップ型パソコン	ノート型パソコン
携帯性	電源を確保する必要があり、携帯性は悪い。	バッテリーが内蔵されているため、携帯性はよい。
拡張性	ハードディスク／SSDの増設やCPUの交換ができ、拡張性は高い。	CPUの交換などができないため、拡張性は低い。
セキュリティ	ノート型パソコンに比べると可搬性がないので盗難されにくく、セキュリティを確保しやすい。	持ち運びしやすいため、盗難される可能性があり、セキュリティは低い。
価格	比較的安価である。	比較的高価である。

●マルチメディアの利用

映像や音楽などのマルチメディアを多く使用するのであれば、CPUの性能が高く、メモリやハードディスク／SSDの容量が大きい高性能のコンピュータを選定します。

2 プラットフォームの検討

コンピュータの使用目的に合わせて、OSやハードウェアなどのプラットフォームを検討・選定します。

●OSの種類

一般的にコンピュータは、OSがインストールされている状態で販売されています。OSの種類によって特徴が異なるので、使用目的に合ったOSがインストールされているコンピュータを選定しましょう。

OS	特　徴
Windows	互換性にすぐれていて、使用できるアプリケーションソフトが多い。家庭で使用する場合や企業や学校などで多数のコンピュータを必要としている場合に適している。コンピュータは「PC/AT互換機」を使用。互換性を重視する場合は、「Windows」を選択するとよい。
macOS	グラフィック関連のアプリケーションソフトが多く、DTPの機能にすぐれている。出版関係やデザイン業界などで幅広く使用されている。コンピュータは「Macintosh」を使用。グラフィック処理が目的の場合は、「macOS」を選択するとよい。
UNIX	ネットワーク機能やセキュリティが強固で、インターネットとのやり取りにもすぐれているので、Webサーバとして導入されることも多く、企業や大学、研究機関などで幅広く使用されている。複数のユーザーで使用したり、プログラミングや研究などをしたりするのが目的の場合は、「UNIX」を選択するとよい。
Linux	PC/AT互換機用に、UNIX互換として作成されたOS。オープンソースソフトウェアとして公開されており、一定の規則に従えば、誰でも自由に改良・再頒布ができる。通常Linuxは、OSの中核部分（カーネル）とアプリケーションソフトなどを組み合わせた「ディストリビューション」という形態で配布される。コストを掛けずにプログラミングや研究などの目的で使いたい場合は、「Linux」を選択するとよい。

●コンピュータの性能と機能

コンピュータの性能は、ハードウェアの各装置の性能や容量などによって左右されます。複数のアプリケーションソフトを起動して作業することが多い場合はメモリの容量が大きいもの、動画や画像などを主に扱う場合はビデオメモリが大容量のもの、大容量のデータを保存したい場合はハードディスク／SSDの容量が大きいものを選択します。カタログなどを参照し、どのような装置から構成されているかを確認しましょう。

参考

プラットフォーム

コンピュータにおけるOSやハードウェアなどの基礎的な部分を指す。

参考

互換性

コンピュータのメーカーに関わらず、同種類のソフトウェアの利用や周辺機器の接続が可能なこと。

参考

PC/AT互換機

IBM社のコンピュータ「PC/AT」と互換性のあるコンピュータのこと。PCの標準的な規格として浸透している。市販されているPCは、Macintoshを除き、ほとんどがPC/AT互換機。

参考

DTPソフト

レイアウトやデザインを行うソフトウェア。製品パンフレットや広告、雑誌などの出版物を作成するのに適している。

参考

ノート型パソコンの高性能化

以前は、ノート型パソコンよりデスクトップ型パソコンのほうが、性能が高いものが多く販売されていた。
近頃では、部品の小型化やハードディスクの大容量化に伴い、デスクトップ型パソコンに匹敵する高性能なノート型パソコンが販売されている。

また、コンピュータにどのような機能が付いているかを確認することも大切です。最近では地上デジタルハイビジョン放送の視聴や録画が楽しめるコンピュータもあります。目的に合った機能がコンピュータに付いているかどうかもカタログなどで確認しておきましょう。

装　置	確認事項
CPU	クロック周波数を確認する。詳しくはP.11参照。
メモリ	容量を確認する。詳しくはP.11参照。
ハードディスク	容量を確認する。詳しくはP.12参照。
モニタ	画面サイズや種類、消費電力などを確認する。
その他	CD／DVDドライブ、各種ポートの搭載の有無や、その処理速度などを確認する。 また、海外での使用が考えられる場合は、世界中で使用できる電源仕様が搭載されているかなども確認するとよい。

●利用可能なアプリケーションソフト

コンピュータにどのようなアプリケーションソフトがプレインストールされているかを確認します。
また、別途アプリケーションソフトを購入して使用するのであれば、購入するアプリケーションソフトが動作するために必要なシステム要件を満たすコンピュータかどうかについて確認します。
例えば、業務で財務会計ソフトやCADなどのアプリケーションソフトを使用するのであれば、それらのアプリケーションソフトが動作するために必要なシステム要件を満たすコンピュータを選定しましょう。

❸ 企業や団体の購入基準

企業や団体が購入する場合は、将来の事業計画、社員のスキル向上計画など、使用目的を考慮したうえで、ハードウェア、ソフトウェアの基準や要件を検討します。
また、ハードウェアの機種や性能、周辺機器の種類、アプリケーションソフトの種類やバージョンを統一するようにします。

●ハードウェアの統一

コンピュータの機種、ハードディスク／SSD容量、メモリ容量、その他の周辺機器を統一して導入します。統一することで、トラブル発生時の対処がしやすくなります。
周辺機器などの増設は、"システム管理者以外のユーザーは増設できない""システム管理者がテストし、許可した周辺機器だけが増設できる"などの基準を設けるとよいでしょう。

参考

プレインストール
コンピュータの購入時にすでにソフトウェアがインストールされていること。

参考

既存のアプリケーションソフトの利用
アプリケーションソフトによっては、OSの種類によって対応していないものもある。すでに購入しているアプリケーションソフトがある場合は、新しいコンピュータにインストールされているOSに対応しているかどうかを考慮してコンピュータを選定する必要がある。

●ソフトウェアの統一

OSやアプリケーションソフトの種類やバージョンを統一するようにします。統一すると、コンピュータの台数分のソフトウェアを購入するのではなく、台数分のライセンスを購入するため、コストが抑えられます。

さらに、バージョンアップ時のトラブルを未然に防いだり、社員教育やサポートにかかるコストも抑えたりすることができます。

ソフトウェアの更新プログラムは早期に適用することが求められますが、あらかじめシステム管理者がテストしたうえで、適用するようにするとトラブルを防げます。

また、ソフトウェアの種類やバージョンを変更する場合には、十分な移行期間を用意すると共に、期限を決めて、その期間に情報提供や教育が行えるように計画する必要があります。

参考

ライセンス

メーカーが、ソフトウェアの使用権（コピー）を許諾すること。

参考

更新プログラム

ソフトウェアの不具合やセキュリティ上の弱点などを直すためのプログラム。ソフトウェアメーカーから提供される。

1-6-2 メンテナンス・修理責任に関する注意点

コンピュータ購入後に受けられる保証やサポートは、コンピュータを選定する際の重要な要件の1つです。

❶ 保証

コンピュータを購入した日から通常1年間はメーカーの保証期間となっており、期間内であれば故障しても無償で修理してもらうことができます。ただし、保証期間や保証内容はメーカーによって異なるため、保証内容が記載されている保証書をきちんと確認しましょう。修理を依頼する際には保証書が必要なので、大切に保管しておきます。

保証期間を過ぎてからの修理は有償です。修理の内容によっては、高額になってしまう場合があります。メーカーや販売店によっては、延長保証という保証期間を延ばすサービスを有償で提供している場合もあるので利用してもよいでしょう。ただし、保証期間や保証内容によって価格が異なるので注意が必要です。

参考

保証の対象

次のような原因で故障した場合は、保証期間中であっても保証の対象にならない場合がある。

- 誤った使用方法による故障
- 購入後の落下などによる故障
- ユーザーが行った改造などによる故障

❷ サポート契約

コンピュータ購入後、インターネットや電話などで操作方法をサポートしてもらえたり、コンピュータの活用情報などを提供してもらえたりする場合があります。サポート内容はメーカーや販売店によって異なり、有償の場合もあります。サポート内容や価格をしっかり確認してから契約しましょう。

参考

サポート契約の期間

メーカーや販売店によって、サポート契約の期間が異なる。サポート期間を過ぎるとサポートが受けられない場合やサポートが有償になる場合がある。

❸ 耐用年数

コンピュータ購入後、何年間利用できるという厳密な耐用年数はありません。耐用年数をできるだけ長く維持するためには、ハードディスク／SSDやメモリの追加などを行い、古いコンピュータの性能を拡張することが考えられます。また、買い替える場合は、下取りが可能かどうかを検討します。
企業の場合は、コンピュータの減価償却期間を耐用年数の目安として、買い替え時期などを検討するとよいでしょう。

❹ 廃棄するパソコンの安全な処分と再利用

不要になったパソコンを処分する際に、気を付けなければならないことがあります。
次のようなことを考慮しましょう。

●リサイクル

古いパソコンには、鉛などの有害物質のほか、鉄や銅、アルミニウムなどの金属、金などの希少な金属が含まれています。2003年10月1日より資源有効利用促進法に基づき、家庭からの使用済みパソコン（モニタを含む）の回収・再資源化がメーカーに義務付けられました。PCリサイクルマークが貼付されているパソコンについては、処分時にメーカーは無償で引き取り、再資源化を行います。2003年9月30日以前に購入したPCリサイクルマークが貼付されていないパソコンについては、処分するときに、回収・再資源化料金の支払いが必要です。各ユーザーが意識的にリサイクル（再資源化）に取り組むことが大切です。

●ハードディスク／SSDのデータの消去

不要になったパソコンをリサイクルに出す場合に特に注意しておかなければならないのがデータの消去です。ハードディスク／SSDには、例えば年賀状作成に利用した住所録やオンラインショッピングで利用していたクレジットカード番号などの様々な個人情報が残っています。ハードディスク／SSD内のファイルをすべて削除し、ごみ箱を空にしてもデータは完全に消去できません。見た目には何も保存されていなくても、専用のソフトウェアを使えば削除したデータを復元することができ、悪用される可能性があります。データ消去専用のソフトウェアやサービスを利用して、ハードディスク／SSD内のデータを完全に消去してからリサイクルに出すようにしましょう。パソコンを廃棄する場合は、ハードディスク／SSDを物理的に破壊する方法もあります。

参考

減価償却期間
指定の期間で、経費を計上すること。現在のパソコンの減価償却期間は4年とされている。（2018年現在）

参考

PCリサイクルマーク
パソコンに貼付されているPCリサイクルマークは、次のとおり。

1-7 練習問題

※解答・解説は巻末にある「解答と解説」P.307に記載しています。

問題1-1

磁気ディスクの記録媒体として適切なものを選んでください。

a. DVD
b. USBメモリ
c. SSD
d. ハードディスク

問題1-2

RAMの説明はどれですか。適切なものを選んでください。

a. CPUとメインメモリのデータのやり取りを高速化する
b. データやプログラムを一時的に記憶する
c. 大容量のデータを保存できる
d. グラフィックボードの性能を左右するチップ

問題1-3

ハードディスクの回転数を表すものはどれですか。適切なものを選んでください。

a. 3.5GHz
b. 5400rpm
c. 1Gbps
d. 400MB

問題1-4

ドライバの説明はどれですか。正しいものを選んでください。

a. データを入力したり、指示を与えたりする
b. 周辺機器をOSから制御するために利用する
c. 周辺機器を接続すると自動的に必要な設定を行う
d. ハードディスクをあたかもメモリのように利用する

問題1-5

コンピュータ内部の処理の流れと説明の適切な組み合わせを選んでください。

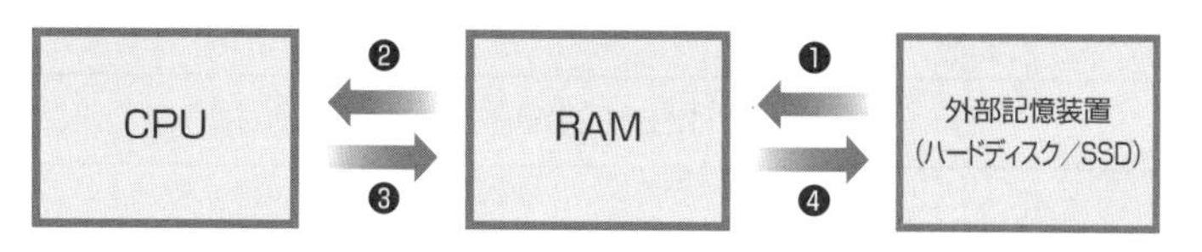

a. ①データを書き込む　②データを記憶する　③データを処理する　④データを読み込む
b. ①データを読み込む　②データを記憶する　③データを処理する　④データを書き込む
c. ①データを読み込む　②データを処理する　③データを記憶する　④データを書き込む
d. ①データを書き込む　②データを読み込む　③データを処理する　④データを記憶する

問題1-6

コンピュータの電源を切ってもデータが消えない記憶装置はどれですか。適切なものを選んでください。

a. CPU
b. ROM
c. モニタ
d. RAM

問題1-7

次の動作を行う際に使用する機器はどれですか。適切なものを選んでください。

①データの出力　②演算の制御　③データの入力

a. キーボード
b. CPU
c. モニタ

問題1-8

次のそれぞれの現象の対策として、適切なものを選んでください。

①落雷　②電圧の違い　③停電

a. UPS
b. サージプロテクト機能付きのOAタップなど
c. 変圧器

問題 1-9

次のそれぞれのバイト数と同じサイズを表す単位はどれですか。適切なものを選んでください。

①1TB　②1GB　③1KB　④1MB

a. 1024バイト
b. 約100万バイト
c. 約10億バイト
d. 約1兆バイト

問題 1-10

最近、複数のアプリケーションソフトを実行すると、コンピュータの動作が極端に遅くなってしまいました。考えられる対策として適切なものを選んでください。

a. 外付けのハードディスクを接続する
b. ドライバを再インストールする
c. メモリを増設する
d. エラーチェックを実行する

問題 1-11

プログラム内の命令に従って計算する働きをもつ装置の名称はどれですか。適切なものを選んでください。

a. 制御装置
b. 演算装置
c. 出力装置
d. 入力装置

問題 1-12

保証期間の説明はどれですか。適切なものを選んでください。

a. 部品が消耗するなどして、機器が正常に使用できなくなる期間
b. メーカーや販売店との契約により、無償で修理・交換をしてもらえる期間
c. インターネットや電話などで操作方法を教えてもらったり、コンピュータの活用情報などを提供してもらえたりする期間

第2章

ソフトウェア

2-1	ソフトウェアの基礎知識 …………	53
2-2	アプリケーションソフト…………	55
2-3	ソフトウェアの配布と更新 ………	72
2-4	練習問題 ………………………	80

2-1 ソフトウェアの基礎知識

ここでは、ソフトウェアの役割やハードウェアとソフトウェアの連携など、ソフトウェアの基礎知識について学習します。

2-1-1 ソフトウェアの役割

ソフトウェアは役割によって、次の2つに分類されます。

種　類	説　明
OS （オペレーティングシステム）	ハードウェアやアプリケーションソフトを管理・制御するソフトウェア。「基本ソフト」ともいう。ハードウェアとソフトウェアの間を取り持ち、ソフトウェアが動作するように設定したり、モニタやプリンターなどの周辺機器を管理したりする。
アプリケーションソフト （プログラム）	OSの上で動作し、文書作成ソフトや表計算ソフトなどの特定の目的で利用されるソフトウェア。「応用ソフト」ともいう。

2-1-2 ハードウェアとソフトウェアの関係

データの入出力やコマンドの実行を行うとき、ハードウェアとソフトウェアは連携して動作しています。

❶ データの入力

「入力」とは、様々な機器が様々なタイプの情報をコンピュータに入れる処理のことです。
文字や数値などを入れるキーボードや、画面上のボタンやアイコンを操作するマウスなどが主な入力装置です。そのほか、写真や紙の情報を取り込むスキャナ、音声を取り込むマイク、画像を取り込むデジタルカメラ、動画などの映像を取り込むデジタルビデオカメラなども入力装置です。
入力されたデータは、OSによって、ハードディスク／SSDなどの外部記憶装置に保存されたり、アプリケーションソフトに渡されたりします。

参考

OSとの関係
OSと、アプリケーションソフトや周辺機器との関係を図解すると、次のとおり。

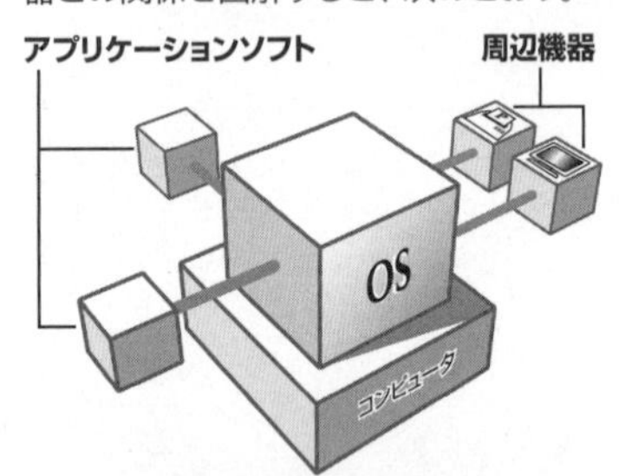

参考

OSの種類
OSには、WindowsやmacOSなど、いくつか種類がある。
OSの種類について、詳しくはP.86を参照。

参考

各OSに対応したアプリケーションソフト
ほとんどのアプリケーションソフトは、各OSに対応した製品が用意されている。
たとえば、文書作成ソフトのMicrosoft Wordには、Windows対応版とmacOS対応版がある。

参考

アイコン
よく使用するアプリケーションソフトやファイルなどを絵文字で登録したもの。

❷ データの処理

アプリケーションソフトでは、ユーザーが入力したり、メニューから選択したり、ボタンやアイコンをクリックしたりして**「コマンド」**を実行します。コマンドを実行すると、あらかじめ組み込まれている様々なルールに従って、データを処理します。このルールのことを**「アルゴリズム」**といいます。

例えば、表計算ソフトの場合は、あるセルに対してSUM関数を指定すると、指定した範囲の合計値が表示されます。これは、表計算ソフトに組み込まれている加算ルールに基づいた処理が行われたことになります。

❸ データの出力

「出力」とは、コンピュータに入力された情報を、様々なアプリケーションソフトで処理し、OSを介してその結果を出す処理のことです。

文書作成ソフトで入力した文字や表計算ソフトで計算した結果を表示するモニタや、その結果を用紙に印刷するプリンター、音声を出力するスピーカーなどが主な出力装置です。

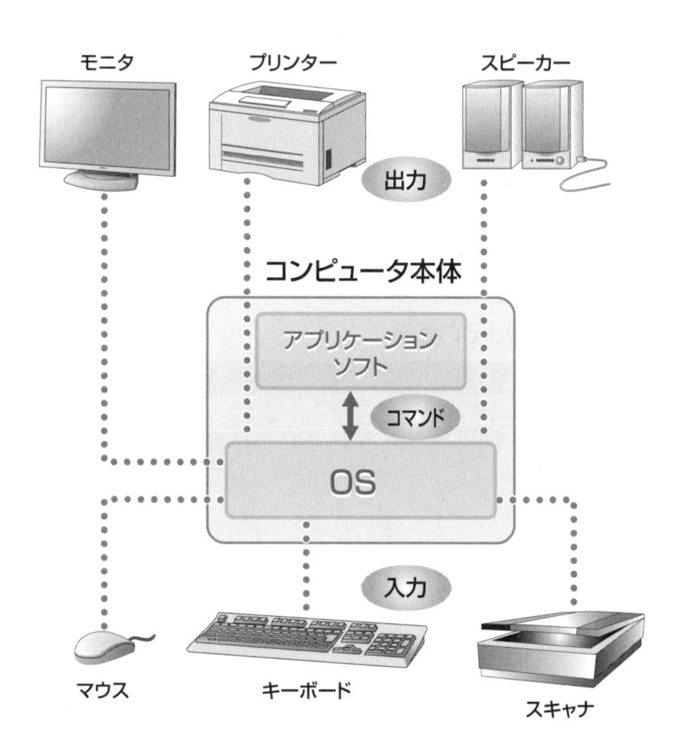

参考

コマンド
プログラムに与える命令や指示。

2-2 アプリケーションソフト

ここでは、アプリケーションソフトの種類や一般的な使用方法などについて学習します。

2-2-1 文書作成ソフト

文書の作成、編集などの基本機能のほか、文字列の修飾・校正、イラスト・画像・表の挿入などが行えるソフトウェアです。ちらしや案内状、ビジネス文書から論文や議事録、Webページなどのオンライン文書など、様々な文書を作成するのに適した高い表現能力を持っています。

<主な機能>

- ●文字列や段落に書式を設定
- ●罫線を使用して表を作成
- ●図形描画機能
- ●差し込み印刷機能

<代表的なソフトウェア>

- ●Microsoft Word
- ●一太郎

■ Microsoft Wordの画面

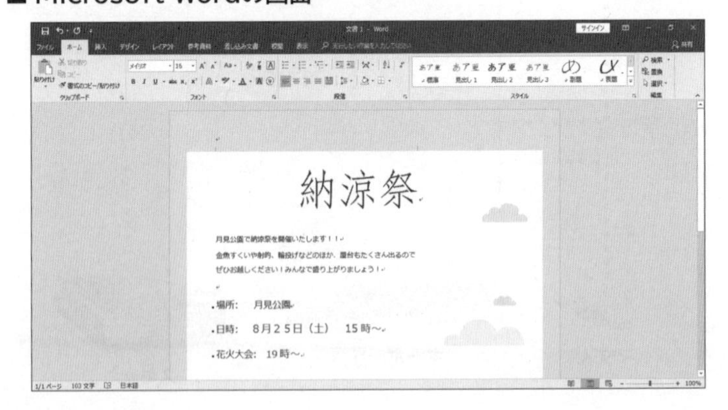

参考

差し込み印刷
住所録やアドレス帳などのデータを文書に1件ずつ表示して印刷する機能。

参考

Microsoft Word
マイクロソフト社の文書作成ソフト。

参考

一太郎
ジャストシステム社の文書作成ソフト。

2-2-2　表計算ソフト

表計算からグラフ作成、データ管理まで様々な機能を兼ね備えた統合型のソフトウェアです。ワークシートに文字列や数値、関数などの数式を入力して表やグラフを作成できます。
表計算ソフトでは、複数のワークシートをまとめて**「ブック」**という単位で管理することができます。ブック内の複数のワークシートのデータを使って集計や分析などを行うことができます。

<主な機能>

- ●表の作成
- ●関数などの数式を使用した数値データの集計
- ●グラフの作成
- ●データの並べ替え
- ●データのフィルター

<代表的なソフトウェア>

- ●Microsoft Excel

■ Microsoft Excelの画面

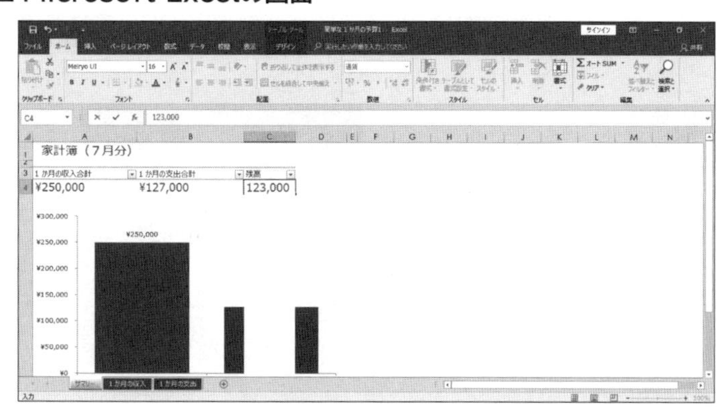

参考

フィルター
条件を満たすデータを抽出すること。

参考

Microsoft Excel
マイクロソフト社の表計算ソフト。

2-2-3　プレゼンテーションソフト

業績や成果の報告会議や研究発表会、商品セールスなど、効果的なプレゼンテーション資料を作成・発表するためのソフトウェアです。ファイルはスライド形式になっており、各スライドにタイトルを入力したり、テキストを箇条書きで入力したり、図形や画像、表やグラフなどを配置したりして作成します。
スライド以外にも、発表者用資料（ノート）や参加 者への配布資料の作成まで行えるものもあります。また、スライドショーを使って、プレゼンテーションを実施できます。

<主な機能>

- ●スライドや配布資料、ノートの作成
- ●図やグラフ、イラストの挿入
- ●文字列やグラフィックにアニメーションの設定

<代表的なソフトウェア>

- ●Microsoft PowerPoint

■ Microsoft PowerPointの画面

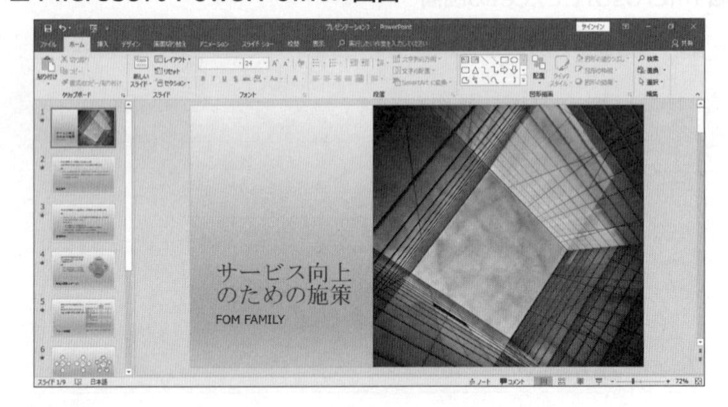

参考
スライドショー
スライドを順次表示すること。
設定したスケジュールに沿って、自動的に表示させることもできる。

参考
Microsoft PowerPoint
マイクロソフト社のプレゼンテーションソフト。

2-2-4 データベースソフト

データを効率よく管理するためのソフトウェアです。**「データベース管理システム（DBMS）」**ともいわれます。住所録や顧客リスト、給与計算などのデータ管理に適しています。
データベースには、階層型データベース、ネットワーク型データベース、リレーショナル・データベースなど、様々な種類があります。これらのデータベースはデータの保管・抽出方法の違いで区別されています。
現在最も普及しているのが**「リレーショナル・データベース」**です。
リレーショナル・データベースは、キーとなるデータを利用して複数のテーブル（表）を相互に関連付け、データを結合したり必要な情報だけを容易に抽出したりするなど、柔軟で強力なデータ管理を実現しています。

<主な機能>

- **データの登録、更新、削除**
- **データの検索と抽出**
- **データの並べ替え**

<代表的なソフトウェア>

- Microsoft Access
- Microsoft SQL Server
- Oracle Database
- PostgreSQL
- MySQL

■ Microsoft Accessの画面

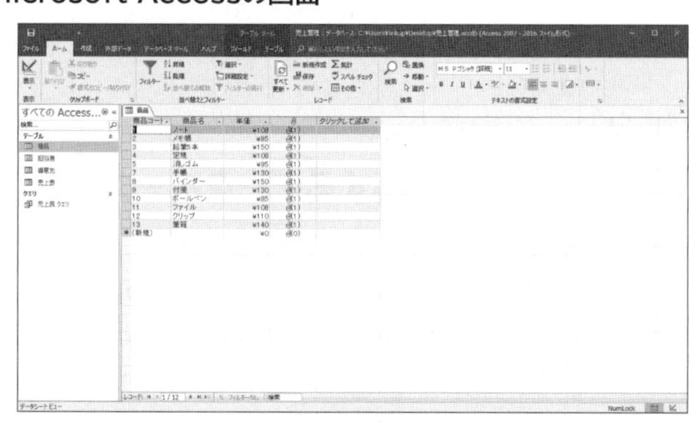

参考
DBMS
「DataBase Management System」の略称。

参考
Microsoft Access
マイクロソフト社のデータベースソフト。

参考
Microsoft SQL Server
マイクロソフト社のサーバ向けデータベースソフト。

参考
Oracle Database
日本オラクル社のデータベースソフト。UNIX用、Linux用、Windows用がある。

参考
PostgreSQL
オープンソースのオブジェクト関係データベースシステム。

参考
MySQL
世界中の多くの企業が使用している、オープンソースで公開されているデータベース管理システム。

❶ データベースの構成要素

Accessのデータベースは、いくつかの**「データベースオブジェクト」**から構成されています。Accessのデータベースとは、データベースオブジェクトを格納するための入れ物のようなものです。データベースオブジェクトは**「オブジェクト」**ともいいます。
オブジェクトにはそれぞれ役割があり、主に次のような種類があります。

オブジェクト名	機　能
テーブル	データを格納するためのオブジェクト。
クエリ	データの抽出・集計・分析など、データを加工するためのオブジェクト。
フォーム	データを入力・表示するためのオブジェクト。
レポート	データを印刷するためのオブジェクト。 宛名ラベルやグラフなど、様々な形式で出力できる。
マクロ	複雑な操作や繰り返し行う操作を自動化するためのオブジェクト。
モジュール	マクロでは作成できない複雑かつ高度な処理を行うためのオブジェクト。

Accessで作成するデータベースのデータは、すべてテーブルに格納されます。特定のテーマごとに個々のテーブルを作成し、データを分類して蓄積することにより、データベースを効率よく構築できます。テーブルは、レコードとフィールドから構成されています。レコードは、テーブルに格納する1件分のデータのことです。フィールドは、列単位のデータで格納するデータの分類のことです。

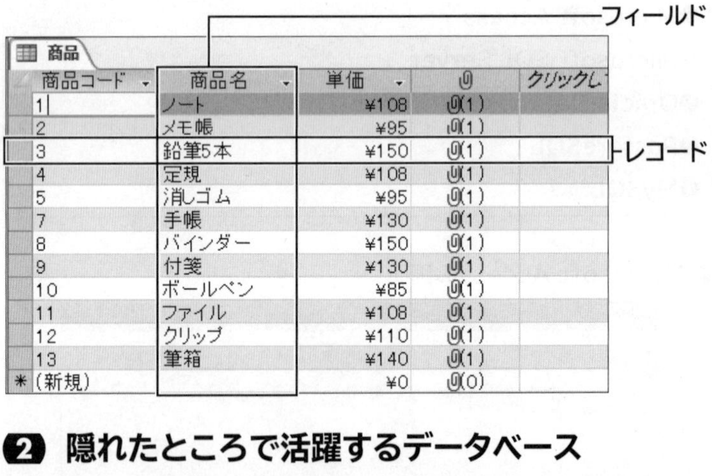

フィールド

商品

商品コード	商品名	単価	添付	クリックし
1	ノート	¥108	(1)	
2	メモ帳	¥95	(1)	
3	鉛筆5本	¥150	(1)	
4	定規	¥108	(1)	
5	消しゴム	¥95	(1)	
7	手帳	¥130	(1)	
8	バインダー	¥150	(1)	
9	付箋	¥130	(1)	
10	ボールペン	¥85	(1)	
11	ファイル	¥108	(1)	
12	クリップ	¥110	(1)	
13	筆箱	¥140	(1)	
(新規)		¥0	(0)	

レコード

❷ 隠れたところで活躍するデータベース

データベースは私たちが日常的によく使っている様々なシステムに使用されています。例えば、インターネット上の情報を検索する検索サイトや航空会社の予約システム、社内の在庫管理システムなどにも使用されています。これらのシステムを利用するとき、ユーザーはデータベースの存在を意識せずに、情報を利用することができます。

2-2-5 グラフィックソフト

イラストや写真などの画像を扱うことができるソフトウェアです。
グラフィックソフトを使用すると、デジタルカメラから取り込んだ写真を加工したり、イラストを描いたりすることができます。また、専門的にデザインされた広告やパンフレットなどの作成もできます。

<主な機能>

- ●イラストや絵画の描画
- ●写真の加工や合成
- ●広告など商業用印刷物の作成

<代表的なソフトウェア>

- ●Adobe Photoshop
- ●Adobe Illustrator

●グラフィックソフトの種類

グラフィックソフトには、主に次のような種類があります。

種　類	特　徴
ペイントツール	画像をすべて点（ドット）の単位で処理する。写真などの画像を加工する場合によく利用される。 ツールを使って線を引く場合、拡大したり変形したりすると境界線部分にギザギザが目立つため、画質が低下する。
ドローツール	画像を点の位置とその角度で処理する。イラストなどの画像を作成する場合によく利用される。作成した画像を拡大したり変形したりしても、点と点の位置の関係が変わらないため、ギザギザにならず、画質が低下しない。

参考
Adobe Photoshop
アドビ社のペイント系グラフィックソフト。

参考
Adobe Illustrator
アドビ社のドロー系グラフィックソフト。

参考
DTPソフト
画像を扱うソフトウェアとして、DTPソフトもある。代表的なソフトウェアにアドビ社の「Adobe InDesign」がある。

●グラフィックソフトのツール

グラフィックソフトで使用される一般的なツールには、次のようなものがあります。

ツール	図
直線	
曲線	
四角形	
塗りつぶし	

●画像のファイル形式

ファイル形式	拡張子	説　明
Windows ビットマップ形式	.bmp	静止画像をドットの集まりとして保存するファイル形式。 圧縮されないため、ファイルサイズは、画像のサイズと色数に比例して大きくなる。 Windowsで標準的に使用されている。
GIF形式	.gif	静止画像を圧縮して保存するファイル形式。8ビットカラー（256色）を扱うことができる。色の種類が少ないものに向く。可逆圧縮方式なので画質が落ちない。 圧縮率を変えられない。
JPEG形式	.jpg .jpeg	静止画像を圧縮して保存するファイル形式。24ビットフルカラー（1677万色）を扱うことができる。写真など色の種類が豊富なものに向いており、デジタルカメラの画像形式などで利用されている。非可逆圧縮方式なので画質が落ちる。 圧縮率が変えられる。
TIFF形式	.tif .tiff	静止画像を保存するファイル形式。解像度や色数などの形式にかかわらず保存でき、圧縮を行うかどうかも指定できる。可逆圧縮方式なので画質が落ちない。
PNG形式	.png	静止画像を圧縮して保存するファイル形式。48ビットカラーを扱うことができる。可逆圧縮方式なので画質が落ちない。

参考

拡張子

ファイル名の「.（ピリオド）」に続く後ろの文字列を指し、ファイルの種類によって区別される。

参考

GIF形式

「Graphics Interchange Format」の略称。

参考

JPEG形式

「Joint Photographic Experts Group」の略称。

参考

可逆圧縮方式

画像などのファイルを圧縮後、そのファイルを伸張して完全にもとどおりに復元できるデータ圧縮方法のこと。

参考

非可逆圧縮方式

画像などのファイルを圧縮後、そのファイルを伸張しても完全にもとどおりに復元できないデータ圧縮方法のこと。

参考

アニメーションGIF

パラパラ漫画のように複数枚の画像を順番に表示するGIF形式の画像。1つのファイルの中に複数枚の画像を保存できるGIFの特徴を利用している。アニメーションやインターネット上のバナー広告などの作成に利用される。
拡張子は「.gif」。

参考

TIFF形式

「Tagged Image File Format」の略称。

参考

PNG形式

「Portable Network Graphics」の略称。

2-2-6　動画編集ソフト

イラストや写真などの画像、映像やアニメーションなどの動画、音声など、様々な種類のデータを統合して動画を制作するソフトウェアです。動画編集ソフトを使うと、映画やCMなどの映像作品を作成したり、編集したりすることができます。

<主な機能>

●動画の編集

<代表的なソフトウェア>

●Adobe Premiere
●Adobe After Effects

●動画のファイル形式

ファイル形式	拡張子	説　明
MOV形式	.mov .qt	アップル社のQuickTimeで作成された動画のファイル形式。 macOSだけでなく、Windowsなどで広く利用されている。
SWF形式	.swf	アドビ社のAdobe Flashで作成した動画のファイル形式。アニメーション動画ファイルとしてインターネットで配信されることが多い。
Flash Video形式	.flv	アドビ社による動画のファイル形式。動画共有サイトで配信される形式として多く採用されている。

2-2-7　音楽制作ソフト

音楽を作曲・録音したり、作成した音源を編集したりなど、音楽ファイルを制作することができます。

<主な機能>

●音声の録音
●作曲・編曲
●音楽の編集

参考

Adobe Premiere
アドビ社の映像編集ソフト。上級者向けのPremiere Proと、初心者向けのPremiere Elementsがある。

参考

Adobe After Effects
アドビ社の映像に高度な視覚効果を付けるソフト。最新版はAdobe After Effects CC。

<代表的なソフトウェア>

- ●Pro Tools
- ●Cubase
- ●Logic Pro X

●音声のファイル形式

ファイル形式	拡張子	説　明
WAVE形式	.wav	音楽CDの音と同じく生の音をサンプリングしたデータを保存するファイル形式。Windows用音声データの形式として利用されている。音楽CDからWindowsのコンピュータに、圧縮されない形で音声ファイルとして取り出す場合は、WAVE形式で取り込む。圧縮されないのでファイルサイズが大きい。
MP3形式	.mp3	オーディオのデータを圧縮して保存するファイル形式。圧縮率の指定が可能で音楽CDの1/10程度にデータを圧縮できるため、携帯型音楽プレーヤーやインターネットでの音楽配信に利用されている。

2-2-8　Webページ作成ソフト

テキストエディタでタグを入力する手間を省き、効率よくWebページを作成するためのソフトウェアです。

<代表的なソフトウェア>

- ●Adobe Dreamweaver
- ●ホームページ・ビルダー

■ Adobe Dreamweaverの画面

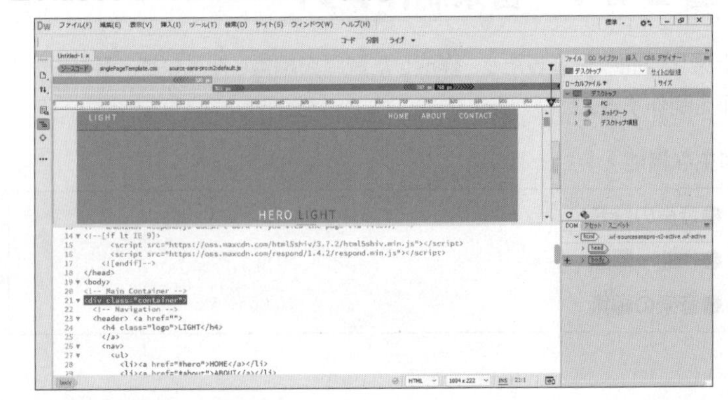

参考

テキストエディタ
テキストファイルを作成・編集できるアプリケーションソフトのこと。Windowsのメモ帳などがある。

参考

タグ
段落や見出し、表、リストなどWebページの構造となる部分を定義するための記号。

参考

Adobe Dreamweaver
アドビ社のWebページ作成ソフト。

2-2-9 教育ソフト・エンターテインメントソフト

教育やエンターテインメントをサポートするために、様々なソフトウェアが開発されています。

❶ eラーニング

コンピュータやネットワークを利用して教育を行うことを**「eラーニング」**といいます。eラーニングは、インターネットなどのネットワークを利用して、LMSに接続し、学習や教材作成、学習の進捗・成績管理などを行うことができます。
eラーニングは、集合教育のように同じ教室に集まらなくても、遠隔地にいながら教育を受けることができ、自由な時間に学習できます。ビジネスマナーやセキュリティなどの社員研修にeラーニングを活用する企業が増えています。

❷ コンピュータゲーム

コンピュータを使用したゲームの総称です。専用のゲーム機やパソコン、スマートフォンで行うゲームなどがあります。
コンピュータゲームでは、アクションゲームやシューティングゲーム、シミュレーションゲームなど、様々なジャンルのゲームを楽しむことができます。最近では、インターネットに接続し、遠隔地にいる複数のユーザーが同時に参加できるオンラインゲームといった様々なソフトウェアが開発されています。

❸ オーディオ／動画

音楽や動画をコンピュータやスマートフォンで楽しむために様々なソフトウェアが開発されています。音楽や動画を再生したり、編集したりできるだけでなく、音楽や動画を購入してダウンロードしたり、コンピュータにダウンロードした音楽や動画を携帯型スマートフォンに転送したり、また、自分で作成した音楽や動画をインターネット上にアップロードしてたくさんの人と楽しんだりすることができます。
例えば、アップル社のiTunesは、iTunes Storeという音楽配信サービスと連携しており、音楽や動画を購入したり、スマートフォンに音楽や動画を転送したりすることができます。

参考

LMS
eラーニングの運用に必要な機能を備えた学習管理システムのこと。
「Learning Management System」の略称。

参考

iTunes
アップル社の音楽や動画の再生・管理ソフト。

参考

iTunes Store
アップル社が運営するオンラインショップ。音楽や動画、ゲームなどが販売されている。

④ バーチャルリアリティ

「バーチャルリアリティ」（VR）とは、コンピュータ・グラフィックスや音響効果、動き・傾きセンサーを組み合わせて、人工的な現実感を作り出す技術のことです。遠く離れた世界や、過去や未来の空間などの環境を作って、あたかも現実にそこにいるような感覚を体験できます。

バーチャルリアリティは、コンピュータと入出力装置を組み合わせて構築されます。例えば、手の動きに合わせて入力したり、擬似的に触覚を与えたりする手袋状のグローブや、頭に装着するヘッドマウントディスプレイなどのような様々な機器が開発されています。

2-2-10　ユーティリティソフト

OSやほかのアプリケーションソフトの機能を補い、性能や操作性を向上させるためのソフトウェアを**「ユーティリティソフト」**といいます。

ユーティリティソフトには、次のような種類があります。

ソフトウェア	説　明
ファイル圧縮解凍ソフト	ファイルの内容を維持したまま圧縮してファイルサイズを小さくしたり、圧縮されたファイルをもとの状態に解凍したりするソフトウェア。圧縮されたファイルは、解凍ソフトを使って解凍しないと使用することができないが、ファイルをダブルクリックするだけで自動解凍できるように圧縮する機能を持つソフトウェアなどがある。
ウイルス対策ソフト	ウイルスの侵入を予防したり、コンピュータ上のウイルスを検出・駆除したりするソフトウェア。
スパイウェア対策ソフト	スパイウェアおよびアドウェアの侵入を予防したり、コンピュータ上のスパイウェアおよびアドウェアを検出・駆除したりするソフトウェア。ウイルス対策ソフトに機能が含まれているものも多い。
ディスクメンテナンスソフト	ハードディスク／SSD内のエラーをチェックしたり、データを整理したり、ハードディスク／SSDのメンテナンスを行うソフトウェア。
バックアップソフト	ファイルやプログラムの損失・破壊などに備えて、ファイルを別のメディアへコピーするソフトウェア。ハードディスク／SSDを丸ごとバックアップすることができるものもある。
アクセサリソフト	ほかのアプリケーションソフトの操作中に手軽に利用できる、電卓やメモ帳などのシンプルなソフトウェア。OSにあらかじめ付属していたり、インターネットからダウンロードしたりできる。
ガジェット ウィジェット	カレンダーや時計、天気予報などの小型のアプリケーションソフト。デスクトップの端など見やすい場所に配置して利用することが多い。スマートフォンでは、アップル社やヤフー社が提供している「ウィジェット」などがある。ホーム画面上で様々な情報を確認できるため、より便利に利用できる。インターネット上には多くのガジェットやウィジェットが存在し、ダウンロードして利用できる。

参考

VR

「Virtual Reality」の略称。

参考

ヘッドマウントディスプレイ

ゴーグルやヘルメットのような形状をした、頭部に装着するディスプレイ装置。

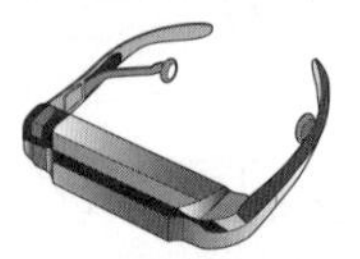

参考

ウイルス対策ソフト

代表的なソフトウェアにトレンドマイクロ社の「ウイルスバスター」やシマンテック社の「ノートン・アンチウイルス」がある。
ウイルスについて、詳しくはP.271を参照。

参考

スパイウェア

コンピュータ内から氏名、住所、電話番号、クレジットカード番号などの個人情報を収集して特定の場所に送信するなど、情報漏えいにつながる活動を行うソフトウェア。

参考

アドウェア

コンピュータの画面に強制的に広告を表示する代わりに無料で使うことができるソフトウェア。アドウェアの中には、ユーザーが好みそうな広告を表示させるために、Webページの閲覧履歴などの情報収集を行うものも多く、スパイウェアとして扱われるものもある。

参考

ディスクメンテナンスソフト

代表的なソフトウェアに、ディスクの最適化を行う「ディスクデフラグツール」やハードディスクにファイルの損傷や不良セクタがないかどうかをチェック・修復する「チェックディスク」がある。
上の2つのソフトウェアはWindows 10に標準で付属している。

2-2-11　その他のソフトウェア

そのほかにも様々な種類のソフトウェアがあります。

❶ 電子メールソフト

電子メールの作成や送受信、受信した電子メールの保存・管理を行なうソフトウェアで、**「メーラー」**ともいわれます。受信メールを発信元などの情報に基づいて自動的に複数の受信フォルダに振り分けたり、電子メールアドレスや名前、住所などの情報を管理したりする**「アドレス帳」**の機能を持つものもあります。

<代表的なソフトウェア>

●Microsoft Outlook
●メール（Windows 10付属）

■ メール（Windows 10付属）の画面

参考

Microsoft Outlook
マイクロソフト社の個人情報管理ソフト。

参考

メール
Windows 10に標準で付属されているメールソフト。

❷ インスタントメッセージソフト

インターネットなどのネットワークを通じて、同じソフトウェアを使用しているコンピュータ同士で、リアルタイムにチャットやファイル転送などができるソフトウェアです。オンラインゲームやテレビ電話、ビデオ会議などのアプリケーションソフトと連携できるものもあります。

<代表的なソフトウェア>

- ●Skype for Windows 10
- ●Slack
- ●iMessage

❸ Web会議ソフト

ネットワークを使用して電子会議が行えるソフトウェアです。コンピュータを共有して音声や動画を用いることで、離れた場所にいる複数の参加者が仮想的に会議をすることができます。会議のために出張しなくても、時間を合わせれば会議を開くことができます。

❹ Webブラウザ

Webページを閲覧するためのアプリケーションソフトを**「Webブラウザ」**または**「WWWブラウザ」「ブラウザ」**（以下**「Webブラウザ」**と記載）といいます。Webブラウザは文字列や画像、音声、動画などの情報を、指定したレイアウトどおりに画面に表示する機能を持っています。
Webブラウザを使うと、Webページを閲覧したり、気に入ったWebページを登録したりすることができます。

<代表的なソフトウェア>

- ●Microsoft Edge
- ●Firefox
- ●Google Chrome
- ●Safari
- ●Opera

参考

チャット
インターネットを通じて、複数の参加者同士がリアルタイムに文字で会話をする仕組みのこと。ほかの人が入力した文字列は、順次コンピュータの画面に表示される。自分の意見もその場で入力できるため、参加者全員に見てもらうことができる。複数の人と同時に会話するのに便利なツール。

参考

Skype for Windows 10
マイクロソフト社のクラウドコンピューティング型サービス。旧名称は「Lync」。

参考

Slack
スラック・テクノロジー社の、ビジネス向けのコミュニケーションツール。

参考

iMessage
アップル社のインスタントメッセージサービス。

参考

Microsoft Edge
マイクロソフト社のWebブラウザ。Windows 10に標準で付属されている。

参考

Firefox
モジラジャパンのWebブラウザ。

参考

Google Chrome
Google社のWebブラウザ。

参考

Safari
アップル社のWebブラウザ。

参考

Opera
オペラソフトウェア社のWebブラウザ。

■ Microsoft Edgeの画面

❺ 統合ソフト

文書作成ソフトや表計算ソフト、プレゼンテーションソフトなど、数種類の作業目的の異なるソフトウェアを1つのパッケージにまとめて販売しているソフトウェアです。各ソフトウェアを個別に購入するのに比べ、安価で入手できます。

<代表的なソフトウェア>

- ●Microsoft Office
- ●JUST Office
- ●iWork

❻ 財務会計ソフト

手書きによる負担を大幅に軽減し、日ごろの会計・経理業務から経営分析までまとめてサポートするソフトウェアです。元帳・試算表のほか決算書も自動集計され、勘定明細表や摘要縦横集計など多彩な集計方法が用意されています。

<代表的なソフトウェア>

- ●勘定奉行
- ●弥生会計
- ●会計王

参考

Microsoft Office
マイクロソフト社の統合ソフト。

参考

JUST Office
ジャストシステム社の統合ソフト。

参考

iWork
アップル社の統合ソフト。

参考

勘定奉行
オービックビジネスコンサルタント社の基幹業務に適した財務会計ソフト。

参考

弥生会計
弥生社の小規模企業向け財務会計ソフト。

参考

会計王
ソリマチ社の中小企業向け財務会計ソフト。

❼ CADソフト

機械や建設物、電子回路などの設計を行う際に用いるソフトウェアで、コンピュータ支援設計ソフトともいいます。CADソフトにより、従来手書きで作成されていた図面がデータ化されたため、あとからの編集・修正が容易になり、図面を3次元で表現することもできるようになりました。

<代表的なソフトウェア>

- ●AutoCAD

参考
CAD
「Computer Aided Design」の略称。

参考
AutoCAD
オートデスク社のCADソフト。

❽ プロジェクト管理ソフト

プロジェクトを実施していく際に必要な、スケジュール、予算、人材、設備などの管理をコンピュータで効率的に行うためのソフトウェアです。ガントチャートなどを用いて、スケジュールの作成、進捗管理を行います。また、人員配置などの計画や、作業終了時期の予測などを行うことができるものもあります。

参考
ガントチャート
作業の予定や実績を横棒で表したもの。プロジェクトの工程管理などで用いられる。横方向に時間、縦方向に作業項目やプロジェクトを記入し、進捗状況を管理する。

❾ グループウェアソフト

企業や組織内の業務を支援するためのソフトウェアです。複数の人が情報を共有し、効率よく共同で業務を進めることを目的とし、スケジュール管理やライブラリ（ファイル共有）、電子掲示板、電子会議室などの機能を利用できます。

<代表的なソフトウェア>

- ●Office 365
- ●G Suite
- ●サイボウズ Office

参考
Office 365
マイクロソフト社のグループウェアソフト。資料や予定表の作成などの日常業務をオンラインで行えるため、情報の共有がスムーズになる。

参考
G Suite
グーグル社のグループウェアソフト。

参考
サイボウズ Office
サイボウズ社のグループウェアソフト。

❿ 業務用オーダーメイドソフト

特定の専門業務の処理を行うために個別の仕様で制作されたソフトウェアです。

大規模な組織では、膨大な情報を高速に処理するために業務を自動化します。

業務を自動化するには、その業務に合わせた仕様で制作されたオーダーメイドソフトが必要になります。航空会社の予約管理システムや企業における営業活動支援システム、製造工場の自動化に伴う製造過程制御システム、学校における情報管理システムなどでは、これらのオーダーメイドソフトが使用されています。

2-2-12　目的に合わせたアプリケーションソフトの選択

アプリケーションソフトには、数多くの種類があり、それぞれ得意分野（目的）が異なります。

例えば、集計表を作成する場合、文書作成ソフトで表と数式を利用すれば集計表を作成することはできます。しかし、表の数値を変更したときに自動的に再計算が行われないため、効率的とはいえません。表計算ソフトを使えば、表の数値を変更したときに自動的に再計算され、効率よく作業できます。

新聞や雑誌の広告、製品のパンフレットなどを作成する場合でも、文書作成ソフトで作成できますが、DTP機能を持っているグラフィックソフトやDTPソフトの方が、より見栄えのする高品質なものを作成することができます。

そのほかにも、自社の顧客を管理する場合、顧客数が少なければ文書作成ソフトや表計算ソフトでも管理できますが、顧客数が増えたり、管理項目が増えたりした場合には、データベースソフトや顧客管理専用のソフトウェアを利用した方が、DM発送や顧客分析などにも利用できるので効率的です。

このように、作業を行うときにはデータの利用方法などを考慮のうえ、適切なアプリケーションソフトを選択することが重要です。不適切なアプリケーションソフトを選択してしまうと、業務に支障が出る場合があります。例えば、会計記録を文書作成ソフトで作成した場合、表の数値を変更しても再計算されないので、数値が間違っていることに気付かないなどのミスを引き起こす可能性があります。また、表計算ソフトや会計ソフトを使用した場合に比べて膨大な時間がかかり、業務の作業時間に多大な影響を与えます。特定の業務処理には、その業務に適したアプリケーションソフトを選択するようにします。

企業や学校、家庭などでアプリケーションソフトを選択する場合には、次の点を考慮しましょう。

- **目的別にアプリケーションソフトを選択する。**
- **複数の目的をまとめて実現するためのアプリケーションソフトを選択する。**
- **効率性やコストに合わせてアプリケーションソフトを選択する。**

2-2-13　アプリケーションソフトの連携

異なるアプリケーションソフトで作成したデータを相互利用することにより、アプリケーションソフト同士でデータを共有することができます。例えば、表計算ソフトで作成した集計表を文書作成ソフトで作成した報告書にコピーして利用することができます。
各アプリケーションソフトで作成したデータを相互利用する場合、OSによって管理されている**「クリップボード」**といわれる記憶領域を利用します。作成元のアプリケーションソフト側でコピー操作を行うと、データがクリップボードに記憶されます。利用先のアプリケーションソフト側で貼り付け操作を行うと、クリップボードに保存されていたデータを貼り付けることができます。
また、クリップボードからデータを貼り付けるときに**「リンク貼り付け」**を行うと、もとのデータと貼り付け先のデータが関連付けられ、データを共有することができます。表計算ソフトで作成した集計表を文書作成ソフトで作成した報告書にリンク貼り付けした場合、表計算ソフトの集計表の数値を変更すると、自動的に文書作成ソフトの報告書の数値も変更されます。しかし、リンク元のファイルを削除したり、別の場所に移動したりすると、リンクが切れてしまう場合があるので、ファイル管理には注意が必要です。
そのほかにも、インターネット上のWebページに公開されているデータを、表計算ソフトなどに取り込んでデータを共有することもできます。Webページの内容が更新されると、取り込んだ先のデータも更新されます。例えば、株価情報、為替情報、商品在庫数など、常に最新データを入手したい場合に利用するとよいでしょう。

2-3 ソフトウェアの配布と更新

ここでは、ソフトウェアのライセンス配布、更新方法について学習します。

2-3-1　ソフトウェアのライセンス

ソフトウェアを使用するには、**「ライセンス」**を取得する必要があります。ライセンスとは、ソフトウェアメーカーが購入者に対して許諾する“ソフトウェアを使用する権利”のことです。

❶ シングルユーザーライセンス

ソフトウェアを1台のコンピュータで使用する場合には、**「シングルユーザーライセンス」**が必要です。
シングルユーザーライセンスとは、特定の1台のコンピュータだけにソフトウェアをインストールできるライセンスです。ソフトウェアによっては、バックアップ用のコンピュータにもインストールが認められている場合もありますが、ライセンスの契約内容は、メーカーやソフトウェアによって異なるため、確認が必要です。

❷ ボリュームライセンス／ネットワークライセンス

複数台のコンピュータで同じソフトウェアを使用する場合は、**「ボリュームライセンス」**や**「ネットワークライセンス」**を取得すると効率的です。ソフトウェアメーカーによって契約内容は異なりますが、シングルユーザーライセンスを購入するよりも、価格が安く、パッケージやマニュアルなどの無駄を省くことができます。
ボリュームライセンスとは、1本のソフトウェアを決められたコンピュータ（ユーザー）数で利用できるライセンスのことです。企業や学校などを対象としているため**「コーポレートライセンス」**や**「サイトライセンス」**ともいわれます。
ネットワークライセンスとは、ネットワーク環境でソフトウェアを使用する場合のライセンスのことです。すべてのコンピュータのシングルユーザーライセンスを購入するのではなく、ソフトウェアを同時に使用する可能性のあるコンピュータの台数分だけネットワークライセンスを購入すればよいので、コストダウンが図れます。

❸ ソフトウェアの利用上の注意点

市販されているソフトウェアは**「使用許諾契約」**を結び、その契約の範囲内で利用します。ソフトウェアを許可なく複製したり、配布したりすることは禁止されています。また、無許可でレンタルすることも違法です。使用許諾条件の範囲内で利用します。

※メーカーやソフトウェアによって、使用条件は異なります。

2-3-2　ソフトウェアの配布

ソフトウェアを入手する場合、従来では電器店などでパッケージソフトを購入していましたが、現在ではインターネット上のソフトウェアを利用できる仕組み（サービス）が主流になっています。

❶ ASPのサービスの利用

「ASP」とは、インターネットを利用して、ソフトウェアの利用をサービスとして提供する事業者のことです。ユーザーは、Webブラウザなどを通じてASPのアプリケーションソフトを利用し、ASPに利用料金を支払います。ソフトウェアのインストール作業やバージョン管理などをユーザー側で行う必要がなくなるため、運用コストを削減し、効率的に管理できるというメリットがあります。

参考

ASP
「Application Service Provider」の略称。

❷ SaaSの利用

「SaaS」とは、インターネットを利用して、ソフトウェアの必要な機能だけを提供するサービス形態のことです。ユーザーは、使用する機能に対して料金を支払います。通常のソフトウェアは、すべてのユーザーに同じ機能を提供しているため、あるユーザーにとっては必要ではない機能にも料金を支払わなくてはなりませんが、SaaSであれば、必要な機能の部分に対してだけ料金を支払えばよいというメリットがあります。

❸ その他の配布方法

そのほかにもソフトウェアの配布方法として、次のようなものがあります。

●フリーソフト

無償で配布されているソフトウェアを**「フリーソフト」**といいます。
フリーソフトは、善意でユーザーに提供されているため、動作に関する保証やサポートは受けられないのが一般的です。また、著作権は放棄していないので、加工や販売、再配布はできません。フリーソフトは、インターネットからダウンロードするか、書籍に添付されているCDなどから入手することができます。

●シェアウェア

一定の試用期間内は無償で利用し、気に入ったら購入して継続利用できるソフトウェアを**「シェアウェア」**といいます。
シェアウェアの試用期間中は、機能制限があったり、支払いを促すメッセージが表示されたりする場合があります。著作権は放棄していないので、加工や販売、再配布はできません。シェアウェアは、インターネットからダウンロードするか、書籍に添付されているCDなどから入手することができます。

●オープンソースソフトウェア

ソフトウェアの作成者がインターネット上に無償でソースコードを公開し、誰でもソフトウェアの改変や再頒布を可能にしたものを**「オープンソースソフトウェア」**といいます。
通常、企業の場合は、ソフトウェアで利用されている技術をまねした類似品が作成されないよう頒布を有償で行っていますが、オープンソースソフトウェアでは、無保証を原則として再頒布を許可することにより、ソフトウェアを発展させようとする狙いがあります。著作権の扱いは、ソフトウェアによって様々です。

参考

SaaS
「Software as a Service」の略称。

参考

オンラインアプリケーション
ASPのサービスやSaaSなどのようにクライアント上にアプリケーションソフトをインストールして利用するのではなく、クライアントからサーバ上のアプリケーションソフトを利用する形態。

参考

オンラインアプリケーションソフトのライセンス
オンラインアプリケーションソフトを利用する場合、インターネットやイントラネット上にあるソフトウェアに対してライセンス使用料を支払う。
インターネットやイントラネットについて、詳しくはP.163を参照。

参考

ソースコード
プログラム言語を使ってコンピュータに実行させる内容を記述したもの。ソフトウェアを動かすためには、プログラムを記述したソースコードを作成する必要がある。

参考

バンドル

ある製品に別の製品を添付して販売・配布すること。

●バンドルされているソフトウェア

ソフトウェアは、ハードウェアにあらかじめバンドルして販売・配布される場合があります。OSやMicrosoft Officeなどのアプリケーションソフトは、コンピュータにあらかじめインストールされ、購入したらすぐに使用できる状態で販売されることがあります。

2-3-3 ソフトウェアのインストールに関するトラブル

アプリケーションソフトのインストールに関する問題は、アプリケーションソフトごとに特有の問題もありますが、ここでは一般的な問題とその解決方法について解説します。

❶ インストール実行に関する問題

アプリケーションソフトのインストールが実行できない、途中で止まってしまう、正常に完了しないなどといった問題の一般的な原因と解決策は、次のとおりです。

●インストール要件を満たしていない

OSやCPUの種類、メモリ容量、ハードディスク/SSD容量など、インストールに必要な条件を満たしていない可能性があります。アプリケーションソフトによっては、Webブラウザのバージョンや OSのバージョン、Windowsの場合はサービスパックのバージョンなどが指定されていることもあります。インストール要件を満たしているかを確認します。

参考

サービスパック

ソフトウェアの不具合をまとめて修正するプログラムのこと。

●管理者権限のないユーザーアカウントでログオンしている

システムフォルダへの書き込みを行うアプリケーションソフトは、多くのOSにおいて、コンピュータの管理者権限がないとインストールすることができません。

Windows 10を個人で管理している場合は、**「Windowsの設定」**の**「アカウント」**で、アカウントの種類を**「管理者」**に設定します。会社や学校など、システム管理者により管理されているコンピュータの場合は、システム管理者に相談します。

●インストール用メディアが破損している

インストールファイルを実行できない、実行しても途中で止まってしまうなどといった場合は、インストール用のDVDやCDが破損している可能性があります。ファイルの中が正常に参照できるかなどを確認します。

❷ アプリケーションソフトの起動に関する問題

アプリケーションソフトのインストールが正常に完了しているにもかかわらず、アプリケーションソフトのアイコンやメニューが表示されない、アプリケーションソフトが起動しないなどといった問題の一般的な原因と解決策は、次のとおりです。

●再起動していない

インストール後に再起動が必要なアプリケーションソフトもあります。また、本来再起動が必要ないアプリケーションソフトでも、再起動することでスタートメニューに追加されるなど、問題が解決される場合もあるので、まずは再起動してみるとよいでしょう。

●スタートメニューに追加されない

Windowsの場合、インストールは完了しても、スタートメニューに追加されなかったために、アプリケーションソフトが実行できない場合があります。スタートメニューに手動で追加する方法は、次のとおりです。

◆ ⊞ →アプリを右クリック→《スタートにピン留めする》

●メモリの容量が足りない

インストールに必要な要件を満たしていても、セキュリティ対策ソフトなどのほかのアプリケーションソフトが常駐で動作していたりすると、すでにメモリが消費されているため、メモリ不足になり、アプリケーションソフトが起動できない場合があります。この場合は、メモリを増設するなどの対応が必要です。

●ハードディスク／SSDの空き容量が足りない

インストールに必要な要件を満たしていても、ハードディスク／SSDの空き容量が少なすぎると、作業用の領域が作成できず、アプリケーションソフトが正常に起動しない場合があります。ハードディスク／SSDのファイルを整理したり、デフラグを実行したりするなどして、ハードディスク／SSDの空き容量を増やします。

❸ その他の問題

アプリケーションソフトの起動後に考えられる問題には、次のようなものがあります。

●アプリケーションソフトでファイルが開けない

インストールしたアプリケーションソフトでファイルが開けない場合は、開こうとしているファイル形式に対して互換性があるかどうかを確認します。互換性がない場合には、アプリケーションソフトで読み込み可能なファイル形式に変換するなどの作業が必要になります。また、ファイルのサイズが大きすぎて、メモリが不足しているためにファイルが開けないこともあります。この場合は、不要なプログラムを終了したり、ファイルをいくつかに分割したり、メモリまたは仮想メモリを増やしたりといった対応が必要です。

●ほかのアプリケーションソフトが動作しなくなった

あるアプリケーションソフトをインストールすると、ほかのアプリケーションソフトが動作しなくなってしまうことがあります。これは、ほかのアプリケーションソフトが使用している「.dll」などの拡張子を持つシステムファイルを新しくインストールしたアプリケーションソフトが書き換えてしまったためです。再度ほかのアプリケーションソフトを上書きインストールすることで直る場合もありますが、直らない場合はアプリケーションソフトのトラブル情報などを参照します。アプリケーションソフトの組み合わせによっては、レジストリを壊してしまうなどの特定の問題が発生する場合もあります。

●インストールメディアを紛失してしまった

インストール用のメディアやダウンロードしたセットアッププログラムを紛失してしまうと、インストールはできません。紛失してしまった場合は、一般的には再度購入が必要です。ただし、アプリケーションソフトによっては、ユーザー登録をしていれば紛失したり、破損したりしても新しいメディアと交換してもらえる場合もあります。サポートセンターに問い合わせてみるとよいでしょう。

●オンラインアプリケーションにアクセスできない

オンラインアプリケーションにアクセスできない場合は、正しいURLが入力されているか、Webブラウザの設定が正しいかを確認してみます。それでもアクセスできない場合、サーバがダウンしている可能性があります。サービス提供者などに問い合わせて確認してみましょう。

参考

URL

Webページが保存されている場所を示すための規則で、単に「アドレス」ともいう。URLについて、詳しくはP.174を参照。

2-3-4 ソフトウェアのアップグレードと更新

ソフトウェアは発売後に新機能が追加されたり、セキュリティ対策を強化したりするなどの改善を繰り返しています。そのため、ソフトウェアの最新のデータを定期的に入手し、ソフトウェアを常に最新の状態に保つ必要があります。
改善された内容は、次のような方法で提供されています。

1 ソフトウェアのアップグレード

ソフトウェアが大幅に改良されたときには**「アップグレード」**が行われます。アップグレードとは、古いバージョンのソフトウェアに大幅に手を加え、新しいバージョンを公開することです。アップグレードすると、アプリケーションソフトの新機能を利用したり、最新のハードウェアを利用したりすることができます。

●アップグレード製品のインストール

インターネットに接続されているコンピュータをアップグレードする場合、インターネット上でアップグレード製品を購入・ダウンロードして、インストールします。インターネットに接続されていないスタンドアロンのコンピュータをアップグレードする場合は、店頭でアップグレード製品を購入して、CDを使ってインストールします。
アップグレード製品は、従来のバージョンの製品を使っているユーザーであれば、多くの場合、新規に購入するより低価格で購入できます。

●Webアプリケーションでのアップグレード

「Webアプリケーション」は、Webサーバ上で動作するアプリケーションソフトです。Webアプリケーションは、サーバにインストールされており、ユーザーはWebブラウザを使用してサーバにアクセスし、そのアプリケーションソフトを利用します。
通常、Webアプリケーションは提供者側でアップグレードが継続的に行われるため、ユーザー側のコンピュータで意識的にアップグレードする必要はありません。
しかし、Webアプリケーションによっては、ユーザー側のコンピュータでインストールが必要なものもあります。

参考

スタンドアロン
ほかのコンピュータと接続せずに単体で利用する形態。

❷ ソフトウェアの更新

ソフトウェアの発売後に発見された不具合の改善や機能追加など、アップグレードほどではありませんが、小規模な更新が行われることがあります。これを**「アップデート」**といいます。

発売後に**「バグ」**（プログラムの間違い）が見つかることも多く、その不具合を正すために**「パッチ」**が提供されます。バグを残したまま使用していると、不正にコンピュータに侵入されたり、動作が不安定になったり、ウイルスに感染しやすくなったりするなど、トラブルの原因になります。そのため、随時アップデートし、ソフトウェアを最新の状態に保つことが重要です。

インターネットに接続されているコンピュータの場合、インターネットを利用して更新プログラムをダウンロードし、アップデートします。

インターネットに接続されていないコンピュータの場合、ソフトウェアの販売元が配布するDVDやCDを使ってアップデートします。

例えばWindowsには、**「Windows Update」**などの自動更新機能が搭載されています。現在使用中のシステムに組み込まれているプログラムに必要な更新プログラムだけを自動的に判断し、ダウンロードすることができます。

参考

パッチ

バグの修正や機能変更を行うためのプログラムのこと。

ほとんどの場合は無償だが、ソフトウェアによっては有償のものもある。

参考

ウイルス

コンピュータに入り込んでファイルを破壊したり、コンピュータの動作を不安定にしたりするような悪質なプログラムのこと。

「コンピュータウイルス」ともいう。

ウイルスについて、詳しくはP.269を参照。

2-3-5　最新情報の入手方法

使用しているソフトウェアやハードウェアのユーザー登録を行うと、アップグレード情報や各種サポートサービスなどの最新情報が電子メールなどで送られてきます。必要な情報を入手するためにも必ずユーザー登録を行いましょう。

また、販売元のWebページにあるサポート技術情報なども定期的にチェックするようにしましょう。

参考

ユーザー登録

ソフトウェアやハードウェアを購入したユーザーが販売元に対し、正規のユーザーとして登録すること。製品に添付されているユーザー登録カードに記入して販売元に返送したり、販売元のWebページからユーザー情報を入力したりして登録手続きができる。

2-4 練習問題

※解答・解説は巻末にある「解答と解説」P.308に記載しています。

問題2-1

テキストの入力、図形やグラフの挿入ができるだけでなく、アニメーション機能を持ったアプリケーションソフトはどれですか。適切なものを選んでください。

a. 財務会計ソフト
b. CADソフト
c. プレゼンテーションソフト
d. 業務用オーダーメイドソフト

問題2-2

次の図のように、表計算やデータ管理などが行えるアプリケーションソフトはどれですか。適切なものを選んでください。

	A	B	C	D	E	F
1	商品売上（5月1日から5月15日）					
2						
3	日付	商品名	単価	売上数	金額	
4	5月1日	チューリップ（赤）	150	2	300	
5	5月2日	チューリップ（赤）	150	1	150	
12	5月9日	チューリップ（赤）	150	5	750	
19						
20						
21						
22						

a. Microsoft Word
b. Microsoft Excel
c. Microsoft PowerPoint
d. Microsoft Access

問題2-3

データベースソフトにおいて、次のそれぞれのオブジェクトの機能はどれですか。適切なものを選んでください。

①フォーム　②テーブル
③レポート　④クエリ

a. データを印刷する
b. データの抽出や分析などを行う
c. データを入力したり表示したりする
d. データを格納する

問題2-4

データベースソフトにおいて、次の図で囲まれている部分の名称はどれですか。適切なものを選んでください。

商品

商品コード	商品名	単価	📎	クリッ
1	ノート	¥108	(1)	
2	メモ帳	¥95	(1)	
3	鉛筆5本	¥150	(1)	
4	定規	¥108	(1)	
5	消しゴム	¥95	(1)	
7	手帳	¥130	(1)	
8	バインダー	¥150	(1)	
9	付箋	¥130	(1)	
10	ボールペン	¥85	(1)	
11	ファイル	¥108	(1)	
12	クリップ	¥110	(1)	
13	筆箱	¥140	(1)	
* (新規)		¥0	(0)	

a. クエリ
b. レコード
c. フィールド
d. フォーム
e. レポート

問題2-5

次の文章の(　)内に当てはまる語句の組み合わせとして、適切なものを選んでください。

グラフィックソフトを利用すると、(　①　)から取り込んだ写真を加工したり、イラストを描いたりすることができます。グラフィックソフトの種類には、主に(　②　)や(　③　)があります。

a. ①デジタルカメラ　②ペイントツール　③ドローツール
b. ①CAD　②Illustrator　③MySQL
c. ①デジタルカメラ　②MySQL　③Adobe Dreamweaver
d. ①CAD　②ペイントツール　③アニメーションツール

問題2-6

可逆圧縮方式で、48ビットカラーを扱うことができるファイル形式はどれですか。適切なものを選んでください。

a. JPEG形式
b. BMP形式
c. PNG形式
d. WAVE形式

問題2-7

OSなどの機能を補い、性能や操作性を向上させるためのソフトウェアの総称はどれですか。適切なものを選んでください。

a. ウイルス対策ソフト
b. ディスクメンテナンスソフト
c. アクセサリソフト
d. ユーティリティソフト

問題2-8

次のそれぞれのソフトウェアの説明として正しい説明はどれですか。適切なものを選んでください。

①シェアウェア　②フリーソフト　③オープンソースソフトウェア

a. 再頒布、改変を行える
b. 動作に関する保証やサポートが受けられない
c. 一定の期間内は無償で利用できる

問題2-9

次の文章の(　)に当てはまる語句の組み合わせとして、適切なものを選んでください。

ソフトウェアの発売後に、小規模な更新が行われることを(　①　)と呼びます。発売後には(　②　)が見つかることが多く、(　②　)を残したまま使用すると、コンピュータの動作が不安定になります。その不具合を正すために(　③　)が提供されています。

a. ①アップグレード　②ウイルス　③ライセンス
b. ①アップデート　②ウイルス　③パッチ
c. ①アップグレード　②バグ　③ライセンス
d. ①アップデート　②バグ　③パッチ

問題2-10

コンピュータを利用して教育を行うことを何といいますか。適切なものを選んでください。

a. LMS
b. eラーニング
c. DBMS
d. CAD

問題2-11

次のそれぞれの作業を行うソフトウェアはどれですか。適切なものを選んでください。

①集計表の作成	②Webページの閲覧
③プリンタの追加	④商業用印刷物の作成

a. Webブラウザ
b. 表計算ソフト
c. DTPソフト
d. Windows

問題2-12

次のそれぞれのユーティリティソフトの説明はどれですか。適切なものを選んでください。

①スパイウェア対策ソフト	②アクセサリソフト
③バックアップソフト	④ディスクメンテナンス

a. 手軽に利用できるシンプルで便利なソフトウェアのこと。OSに付属しているものもある。
b. コンピュータ内から氏名やクレジットカード番号などの個人情報を盗み出そうとする悪意のあるソフトウェアの侵入を予防する。
c. ハードディスク内のエラーのチェックや、データの整理などができる。
d. ファイルやプログラムの損失・破壊に備えて、別のメディアにファイルをコピーする。

問題2-13

コンピュータで作業中に、複数のプログラムを実行できなくなることがあります。そのときの対処法として、適切なものを選んでください。

a. プリンターを交換する
b. 仮想デスクトップを利用する
c. メモリを増設する
d. マウスの電池を交換する

第3章

OS（オペレーティングシステム）

3-1	OSの基礎知識	85
3-2	Windows 10の基本操作	91
3-3	ファイルとフォルダの基本操作	111
3-4	設定の基本操作	132
3-5	練習問題	152

3-1 OSの基礎知識

ここでは、OSの目的や種類、制限、OSに関するトラブルなどについて学習します。

 3-1-1 OSの目的

OSは、コンピュータを動かすために必要なソフトウェアで、ハードウェアとアプリケーションソフトの管理と制御を行います。
OSには、次のような機能があります。

機　能	説　明
ファイルの管理	データを「ファイル」という単位で保存する。OSはファイルをハードディスク／SSDやDVDなどの外部記憶装置に書き込んだり読み込んだりする。
メモリの管理	メモリ領域を有効に利用するために管理する。仮想メモリを使用することで、実際のメモリ容量より多くのメモリを使用できる。
デバイスの管理	周辺機器の管理や制御を行う。最近のOSはプラグアンドプレイの機能を持つので簡単に周辺機器が使用できる。
タスクの管理	実行しているプログラムを管理する。プログラムの実行単位を「タスク」という。最近のOSはマルチタスクの機能を持ち、複数のタスクを並行して実行できる。
ユーザーの管理	コンピュータに複数のユーザーアカウントを登録したり削除したりできる。登録したユーザーアカウントごとにアクセス権や設定環境などの情報を管理する。
資源の管理	コンピュータの資源（CPU、メモリ、ハードディスク、ソフトウェア）を効率的に利用するために、資源の割当てや管理を行う。

3-1-2 OSの利用

コンピュータで利用されているOSは、使用目的に合わせて様々な種類があります。

❶ OSの種類

コンピュータで利用されているOSには、次のような種類があります。

種　類	説　明
MS-DOS	マイクロソフト社が開発したOS。PC/AT互換機用のOSで、Windowsが登場するまで広く普及した。CUI操作環境を採用し、シングルタスクで動作する。
Windows	マイクロソフト社が開発したOS。PC/AT互換機用のOSで現在パソコン用のOSとして最も利用されている。GUI操作環境を採用し、マルチタスクで動作する。Windowsは発売時期により、Windows 3.1、Windows 95、Windows 98、Windows Me、Windows NT、Windows 2000、Windows XP、Windows Server 2003、Windows Vista、Windows Server 2008、Windows 7、Windows 8.1、Windows 10などの種類がある。 また、携帯情報端末用のOSとしてWindows 10 Mobileなどがある。
macOS	アップル社が開発したOS。Macintosh用のOSで、グラフィック関連のソフトウェアが多く、出版関係、デザイン業界などで広く利用されている。
UNIX	AT&Tベル研究所が開発したOS。ワークステーション用のOSで高い信頼性が必要な制御分野やWebサーバとして、学術機関や研究所などで使用されている。UNIXは多数の無償のソフトウェアが開発されており、無償で入手できるUNIX互換のOSとしてLinuxやFreeBSDなどがある。

MS-DOS

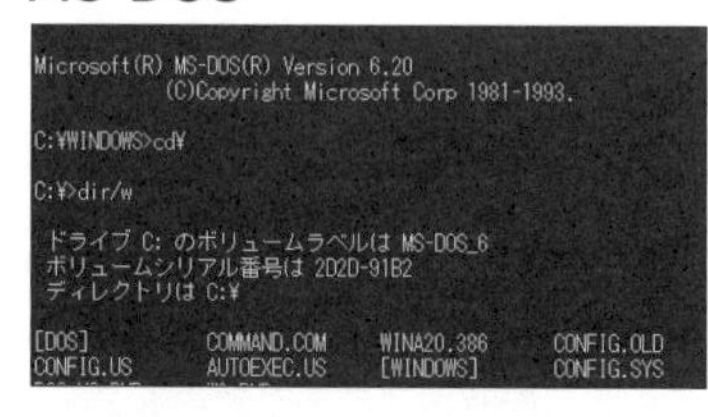

Windows 10

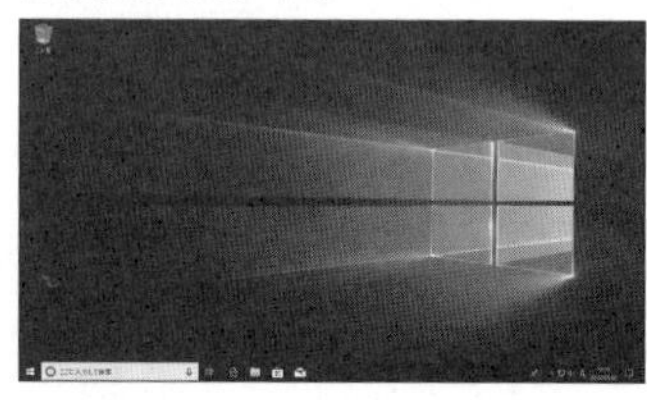

macOS

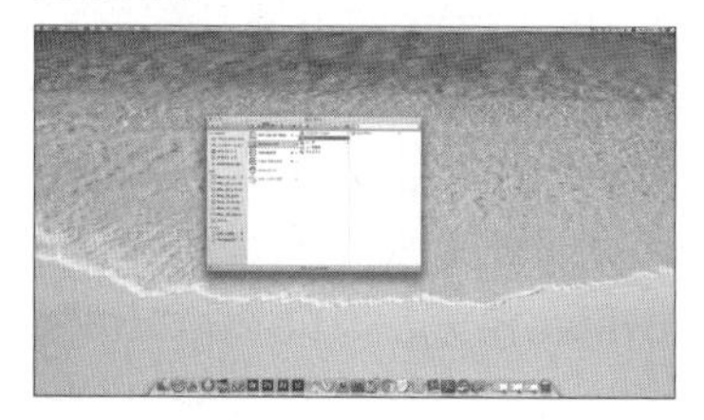

Linux

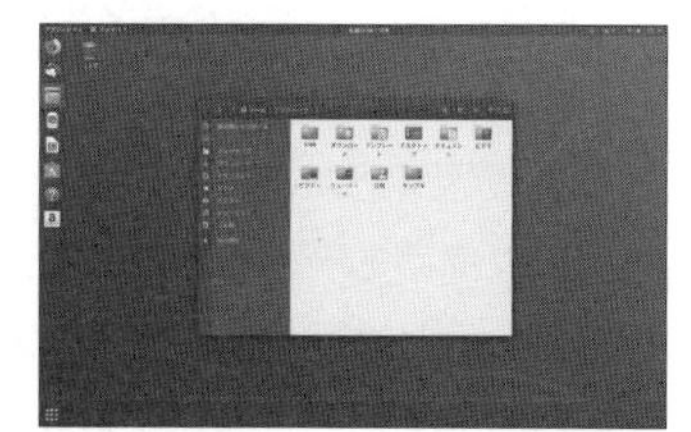

参考

CUI

「コマンド」と呼ばれる命令をキーボードから入力して、コンピュータを操作する環境のこと。
「Character User Interface」の略称。

参考

シングルタスク

CPUが一度に1つのタスクしか実行できないこと。

参考

GUI

「アイコン」と呼ばれるグラフィックの部分をマウスなどでクリックして、コンピュータを視覚的に操作する環境のこと。
「Graphical User Interface」の略称。

参考

ワークステーション

専門的な業務に用いられる高性能なコンピュータ。CADや科学技術計算などに利用される「エンジニアリングワークステーション」と、事務処理や情報管理などに利用される「オフィスワークステーション」に分類される。主に、ネットワークに接続してサーバとして利用される。

参考

Linux

PC/AT互換機用に、UNIX互換として作成されたOS。オープンソースソフトウェアとして公開されており、一定の規則に従えば、誰でも自由に改良・再頒布できる。
携帯電話や家電製品へ組み込まれているコンピュータのOSとしても普及している。

❷ 複数のOSの利用

OSには様々な種類がありますが、利用状況によっては、1つのOSだけでなく、複数のOSを利用している場合があります。
例えば、Windows 10がインストールされているパソコンからネットワーク上のサーバに接続する場合、ユーザーはWindows 10しか使っていないような感覚になりがちですが、実はサーバのOSも使用しているのです。また、パソコンからスマートフォンやタブレット端末などの携帯型コンピュータにデータを送信する場合、スマートフォンやタブレット端末のOSも使用しています。
そのほかにも、デジタル家電や自動車などの製品には、複数の組み込みOSが使用されており、それらの製品を使うことで、意識しなくても複数のOSを利用している場合があります。

参考

組み込みOS
産業機器や家電製品などに組み込まれているコンピュータを制御するOS。パソコン向けのOSとは異なり、リアルタイム性や少ない資源で動作することが求められる。

3-1-3 ファイルシステム

「ファイルシステム」とは、記録媒体上でデータやプログラム（ソフトウェア）がどこにあるのかといった情報を管理し、操作するための機能の1つです。データを保存したりソフトウェアを実行したりする際に、ファイルシステムが大きな役割を果たしています。

❶ 保存されたデータの管理

OSは、ハードディスク／SSDなどの記録媒体に保存された情報を管理するために、ファイルシステムを提供しています。ファイルシステムはOSごとに異なり、Windowsでは**「NTFS」**というファイルシステムが提供されています。
ファイルシステムは、データやプログラムを1つのファイルとして管理しますが、そこには**「物理的なデータ管理」**と**「ファイルやフォルダの関係性の管理」**があります。

参考

NTFS
Windows NTから導入された標準ファイルシステム。「NT File System」の略称。

参考

ファイルシステムが取り扱うハードディスク／SSD
ファイルシステムに合わせてフォーマット（初期化）を行う必要がある。

❷ 物理的なデータ管理

1つのファイルがハードディスク／SSD上に新たに書き込まれるとき、ファイルシステムはハードディスク／SSD上で保存する場所を決めます。例えば、ハードディスクの記憶媒体は丸い磁性体ディスクで、その上が細かく区切られ、セクタという単位に分かれています。ハードディスク上には何度もデータを書いたり消したりするため、セクタは連続して空いているとは限らず、不連続的に順番に書き込まれていくこともあります。そこでファイルシステムは空いているセクタを探し、順番にデータを書き込んでいきます。これによって、次にそのファイルを開きたい

参考

FAT
初期のWindowsで使われていたファイルシステム。ファイルの最大容量などに制限があり、徐々に使いにくくなっていった。「File Allocation Table」の略称。

ときに、間違えることなく開くことができます。

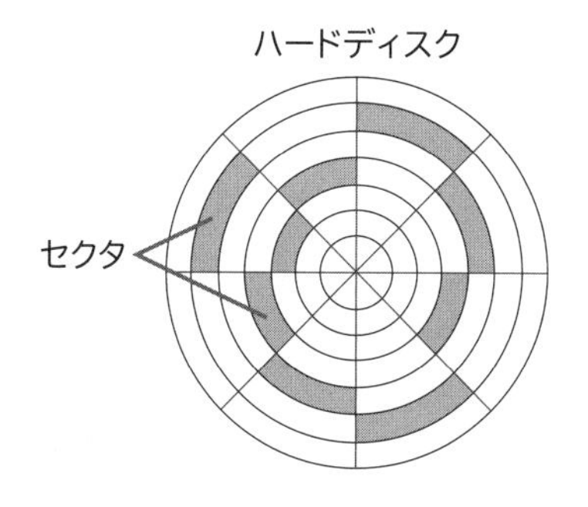

❸ ファイルやフォルダの関係性の管理

GUIを採用したOSでは、多くの場合、画面上ではファイルを右上の角が折れた書類のアイコンで表示します。ファイルが増えてくると目的のファイルを探すのが難しくなるため、ファイルの種類や用途ごとにフォルダを作り、その中にファイルを入れることで探しやすくします。フォルダはクリアファイルのようなものだと考えればよいでしょう。フォルダの中にファイルを入れることも、別のファイルが入ったフォルダを入れることもできるイメージです。ファイルやフォルダを、目的のフォルダの上にドラッグすればファイルを移動できるのでかんたんです。

ファイルとフォルダの格納イメージ

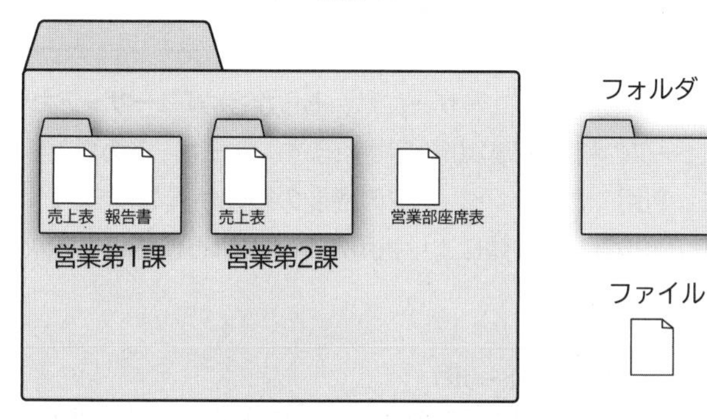

ファイルシステムはこのような構造を、システムの内部では**「ディレクトリ」**として認識しています。枝分かれするように中身のフォルダが分岐し、その下にフォルダやファイルが置かれています。これを**「階層型ディレクトリ構造」**といい、ユーザーがファイルやフォルダを移動した場合、このディレクトリのある枝から別の枝へ、そこに枝がない場合は新しい枝を作って移動したことが記録されます。

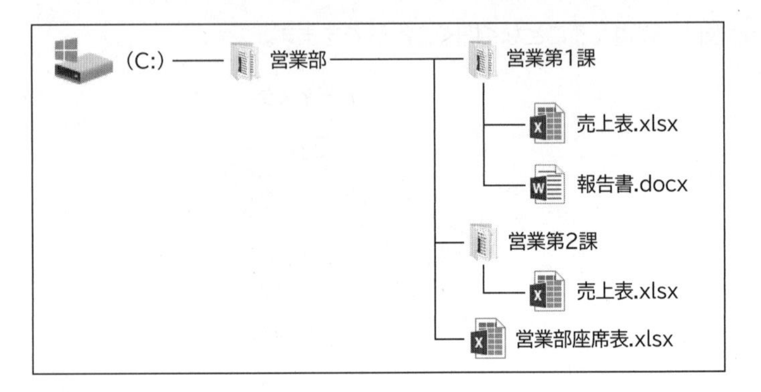

ファイル名は、正式には絶対パス（フルパス）で表されます。絶対パスにはファイルへのディレクトリの経路がすべて記載されています。

●絶対パスの例

C:\営業部\営業第1課\売上表.xlsx C:\営業部\営業第2課\売上表.xlsx

ファイルシステムは絶対パスでファイルを区別しているため、絶対パスは一意でなければなりません。そのため、別のフォルダには同じ名前のファイルを作成できますが、同一のフォルダには同じ名前のファイルを作成できません。

3-1-4　OSの制限

コンピュータを利用するユーザーには、あらかじめ**「ユーザーアカウント」**（コンピュータの利用権限）が設定されます。ユーザーアカウントの種類によって、利用できるコンピュータの機能の範囲が異なります。
ユーザーアカウントの種類により利用が制限される機能には、次のようなものがあります。

●ソフトウェアのインストール
一般のユーザーが間違えて危険なソフトウェアをインストールすることがないように、コンピュータの管理者の権限を持つユーザーだけがソフトウェアをインストールできる。

●ファイルのダウンロード
一般のユーザーがウイルスの付いたファイルをダウンロードすることがないように、コンピュータの管理者の権限を持つユーザーだけがファイルをダウンロードできる。

●システムの設定
一般のユーザーが勝手にプログラムをアンインストールしたり、セキュリティの設定を変更したりすることがないように、コンピュータの管理者の権限を持つユーザーだけがシステムの設定を変更できる。

3-1-5　OSに関するトラブル

OSに関連する一般的な問題とその解決方法は、次のとおりです。

❶ 異なるOSやOSのバージョンの違いによるトラブル

コンピュータのOSの種類やバージョンの違いによって、アプリケーションソフトがインストールできなかったり、ファイルが開けなかったり、メディアが使用できなかったりという問題が起こる場合があります。アプリケーションソフトやファイル、メディアを使用するときは、どのOSと互換性があるかを確認しましょう。

❷ OSが不安定な場合のトラブル

OSが起動しない、エラーが頻繁に表示されるなどのように、OSが不安定な場合の主な原因と対処方法は、次のとおりです。

●システムファイルの破損

OSが不安定になる主な原因として、システムファイルの破損が挙げられます。OSは各種のシステムファイルで構成されています。システムファイルが削除されたり、破損したりするとOSが起動しなくなったり、エラーが頻繁に表示されたりして動作が不安定になります。

●OSが不安定なときの対処方法

OSが不安定なときは、コンピュータをセーフモードで再起動して不具合の原因を診断し、トラブルの原因となっているファイルを修復したり、ドライバを削除したりしてトラブルを解決します。解決しないときはOSを再インストールしましょう。
また、更新プログラムやアップグレード用のプログラム（パッチ）を適用していないと、エラーメッセージが表示されてコンピュータが不安定になることもあります。Windows Updateをこまめにチェックし、定期的に更新プログラムを適用しましょう。

参考

セーフモード
OSを最小限必要なファイルとドライバだけを使って起動し、トラブルに対処することができる。

❸ アクセス拒否によるトラブル

サインインをしないとコンピュータを使用できないように、OSによってアクセスが制限されていることがあります。サインインするときには、正しいユーザーIDとパスワードを入力しないとサインインできません。OSに登録されている正しいユーザーIDとパスワードを入力しましょう。

参考

サインイン
ユーザーを認証してコンピュータの利用を開始できる状態にすること。「ログイン」ともいわれる。

3-2 Windows 10の基本操作

ここでは、Windows 10の画面を確認し、起動や終了などの基本操作について学習します。

3-2-1 Windows 10の特徴

Windows 10の特徴は、次のとおりです。

●シンプルなデスクトップ

Windows 10のデスクトップは、ごみ箱のアイコンだけが表示されたシンプルなデザインになっています。
ほとんどのアプリケーションソフトは**「スタートメニュー」**から起動し、簡単に操作できます。

●操作状況に応じて変化するツールバー

《エクスプローラー》などの上部にあるツールバーには、操作状況に応じたコマンド（指示）の一覧が表示されます。例えば、ファイルやフォルダを選択すると、**《開く》**や**《印刷》**などのコマンドが表示されるので、すぐに目的の操作を見つけることができます。

●デジタルメディアで映像や音楽を楽しむ

DVDや音楽CDなどの再生、インターネットで配信されるラジオや最新のアーティスト情報などをダウンロードできる**「Windows Media Player」**が標準で搭載されています。

●コンピュータを保護するアクションセンター

スパイウェアや不要なソフトウェアの対策を行う**「Windows Defender」**、Windowsを最新の状態にする**「Windows Update」**、ファイルをDVDなどに保存する**「バックアップ」**の機能などが搭載されています。

3-2-2　Windows 10の起動

コンピュータの電源を入れて、Windows 10を起動します。起動するには、あらかじめ登録してあるユーザーIDとパスワードを入力して、**「サインイン」**操作を行います。

❶ 起動

Windows 10を起動する場合は、まずモニタやプリンターなどの周辺機器の電源を入れてから、コンピュータ本体の電源を入れます。

Lesson

Windows 10を起動しましょう。

① コンピュータの電源を入れます。
② Windows 10が起動します。

※使用するコンピュータにユーザーIDが1つしか登録されておらず、パスワードも設定されていないときは、ロック画面をクリックするだけですぐにデスクトップ画面が表示されます。

❷ サインイン

「サインイン」とは、ユーザーを認証してコンピュータの利用を開始できる状態にすることです。サインインに失敗すると、Windows 10を使用することも、様々なアプリケーションソフトを使用することもできません。
サインインには、次の2種類のユーザーアカウントを利用します。

●ローカルアカウント

登録を行ったコンピュータだけで利用するユーザーアカウントです。
ローカルアカウントでサインインすることで、1台のコンピュータでユーザーごとに異なる環境でコンピュータを利用できます。

●Microsoftアカウント

Windowsの一部のアプリケーションソフトや、マイクロソフト社がインターネット上で提供する各種サービスを利用する場合に必要となるユーザーアカウントです。
Microsoftアカウントでサインインすることで、1つのユーザーアカウントで複数のコンピュータにサインインして、個人設定や保存したファイルなどを共有することができます。

Lesson

サインインしましょう。

① ロック画面をクリックします。
※パスワードが設定されていない場合、すぐにデスクトップ画面が表示されます。
② パスワードを入力し、Enterを押します。

3-2-3　Windows 10の終了

Windows 10を終了する場合は、正しい手順で終了します。終了操作をせずに、コンピュータの電源を切ると、次に電源を投入したときに、Windows 10が動かなくなる可能性があります。

1 シャットダウン

コンピュータを完全に終了し、電源を切ることを**「シャットダウン」**といいます。シャットダウンすることで、データの消失や機器の故障などのトラブルを回避し、安全に電源を切ることができます。

Lesson

Windows 10をシャットダウンしましょう。

① をクリックします。

② （電源）をクリックします。

③**《シャットダウン》**をクリックします。

④ 自動的に電源が切れます。

※次の操作のために、電源を入れてWindows 10を起動し、サインインしておきましょう。

2 再起動

Windows 10の設定を変更したときや新しい周辺機器を接続したとき、またシステムの動作が不安定なときなどは、Windows 10を再起動します。再起動を選択すると、Windows 10の終了後に、自動的に電源が入ります。

Lesson

Windows 10を再起動しましょう。

① ■ をクリックします。

② ⏻（電源）をクリックします。

③《**再起動**》をクリックします。

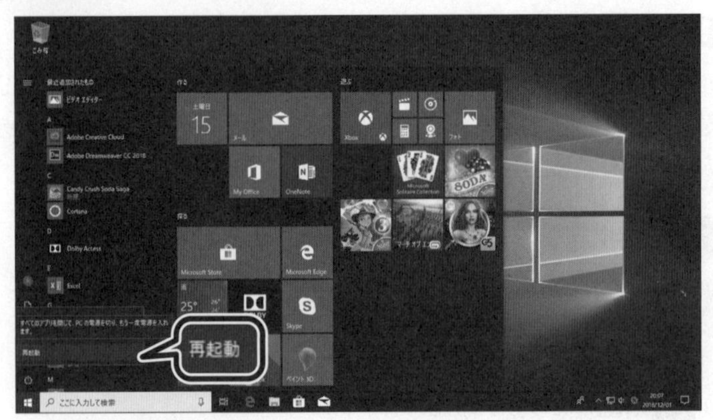

④ 自動的に電源が切れます。

⑤ Windows 10が再起動され、ロック画面が表示されます。

※次の操作のために、サインインしておきましょう。

❸ スリープ・休止状態

コンピュータを終了する方法には、シャットダウン以外に**「スリープ」**と**「休止状態」**があります。これらの終了方法を使うと、コンピュータの作業状態が保存されるので、次回作業を開始する際、すばやく作業状態を復元できます。
スリープと休止状態の違いは、次のとおりです。

●スリープ

コンピュータの作業状態をメモリに保存し、コンピュータを省電力にします。スリープを解除するには、マウスをクリックするか電源ボタンを押します。
スリープには、通常のスリープのほかに**「ハイブリッドスリープ」**というオプションがあり、コンピュータの作業状態をメモリとハードディスク／SSDの両方に保存し、コンピュータを省電力にすることができます。ハイブリッドスリープは、電源障害が発生しても異常終了することなくハードディスク／SSDから作業状態を復元できます。

参考

休止状態とスリープの使い分け

休止状態は、スリープより電力を節約できる。
スリープは、コンピュータを省電力の状態に保ち、休止状態より早く作業状態を復元できる。

参考

自動的にスリープになる

コンピュータの設定によっては、一定時間操作しないと自動的にスリープになる場合がある。また、ノート型パソコンでは、ディスプレイ部分のカバーを閉じるとスリープになる場合もある。

Lesson

コンピュータをスリープにしましょう。

① [Windowsアイコン] をクリックします。

② [電源アイコン]（電源）をクリックします。

③ **《スリープ》** をクリックします。

※次の操作のために、マウスをクリックするか電源ボタンを押してスリープを解除しておきましょう。

●休止状態

コンピュータの作業状態（ウィンドウの位置やサイズ、起動中のプログラムなど）をハードディスク／SSDに保存し、電源を切ります。休止状態を解除するには、電源ボタンを押します。

参考

休止状態が表示されない

[電源アイコン]（電源）をクリックして表示されるメニューに《休止状態》がない場合、次の方法で表示できる。

◆ [Windowsアイコン] → [設定アイコン]（設定）→《システム》→《電源とスリープ》→《関連設定》の《電源の追加設定》→《電源ボタンの動作の選択》→《現在利用可能ではない設定を変更します》→《シャットダウン設定》の《[チェック] 休止状態》

❹ サインアウト

現在サインインしているユーザーでのコンピュータの使用を終了することを**「サインアウト」**といいます。サインアウトすると、実行中のアプリケーションソフトは自動的に終了し、ロック画面が表示されます。

Lesson

サインアウトしましょう。

① (スタート) をクリックします。

② (ユーザー名) をクリックします。

③ **《サインアウト》**をクリックします。

④ ロック画面が表示されます。

※次の操作のために、サインインしておきましょう。

参考

ユーザーの切り替え

現在使用しているユーザーアカウントをサインアウトせずにほかのユーザーアカウントでサインインできる。

ユーザーを切り替える方法は、次のとおり。

◆(スタート)→(ユーザー名)

参考

強制終了

アプリケーションソフトがまったく応答しなくなり作業が続けられなくなった場合は、Windows 10を終了したり、コンピュータの電源を切断したりしなくても、応答しないアプリケーションソフトだけを強制的に終了できる。

アプリケーションソフトを強制終了する方法は、次のとおり。

- ◆タスクバーを右クリック→《タスクマネージャー》→一覧からアプリケーションソフトを選択→《タスクの終了》
- ◆ Ctrl + Alt + Delete →《タスクマネージャー》→一覧からアプリケーションソフトを選択→《タスクの終了》

3-2-4 Windows 10の画面構成

Windows 10を起動すると最初に表示される画面を**「デスクトップ」**といいます。

❶ デスクトップの各部の名称と役割

デスクトップの各部の名称と役割を確認しましょう。

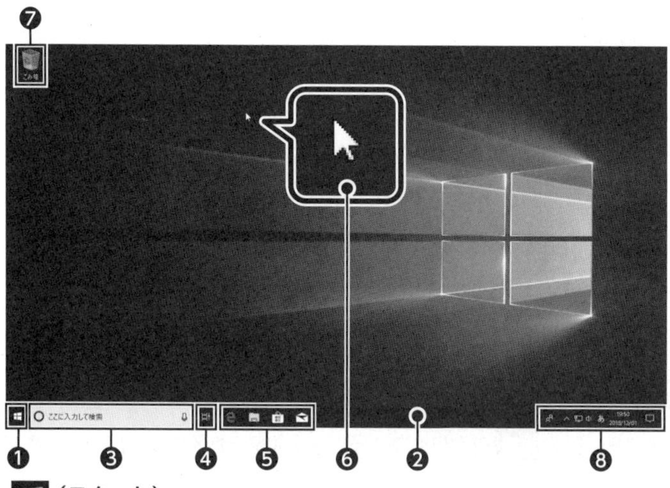

❶ (スタート)

スタートメニューを表示し、アプリケーションソフトを起動したり、コンピュータの設定を変更したりするときなど、様々な作業をここから始めることができます。また、Windows 10を終了するときにも使用します。

❷ タスクバー

実行中のアプリケーションソフトや開いているフォルダがアイコンとして表示されます。表示されたアイコンをクリックして、複数のアプリケーションソフトや開いているフォルダを切り替えることができます。

❸ 検索ボックス

検索ボックスにキーワードを入力すると、Windows 10の設定やファイルの検索、Web検索などができます。音声で入力することもできます。

❹ タスクビュー

複数のアプリケーションソフトを同時に起動している場合に、作業対象のアプリケーションソフトを切り替えます。また、仮想デスクトップとして活用することもできます。

参考

デスクトップの背景

デスクトップの背景の画像（壁紙）は、自由に変更できる。
デスクトップの背景を変更する方法は、次のとおり。

◆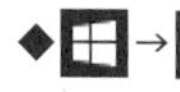（設定）→《個人用設定》→《背景》

参考

仮想デスクトップ

デスクトップ画面を複数作成することができるので、必要に応じて切り替えて利用することができる。

❺ タスクバーにピン留めされたアプリ

タスクバーに登録されているアプリケーションソフトのアイコンです。この領域にアプリケーションソフトを登録しておくと、アイコンをクリックするだけで起動できます。

❻ マウスポインター

マウスの動きに合わせて移動するマークです。マウスポインターの形は、操作の状況に合わせて様々な形に変わります。

❼ ごみ箱

削除したファイルやフォルダを一時的に保管しておく場所です。ファイルやフォルダはごみ箱を空にするまで残るので、誤って削除した場合でも取り戻すことができます。

❽ 通知領域

現在の時刻や様々なアイコンが表示されます。入力モードを変更することもできます。また、Windows 10からの通知メッセージが表示されます。

❷ スタートメニューの機能

デスクトップの をクリックすると、**「スタートメニュー」**が表示されます。

スタートメニューに用意されている主な項目を確認しましょう。

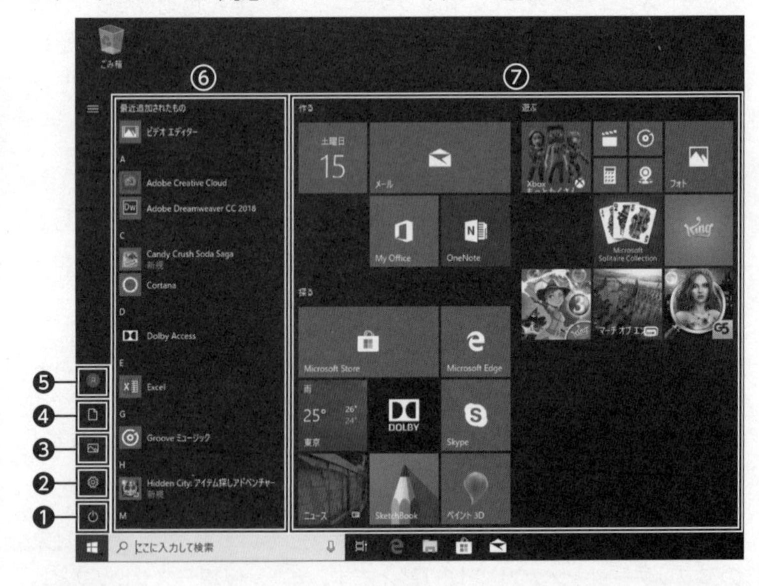

❶ 電源

コンピュータのシャットダウンや再起動、スリープモードへの切り替えができます。

参考

アイコン

デスクトップ上に表示されているごみ箱以外にも、次のようなアイコンがある。

種類	アイコン
ドライブ	ハードディスク／SSDドライブ
	DVDドライブ
フォルダ	
ファイル	Word
	メモ帳
ショートカット	Microsoft Edge
	WebページのURL

参考

ショートカット

よく使用するアプリケーションソフトやフォルダ、ファイルなどを効率よく起動したり開いたりできるよう、アイコンやメニューに登録したもの。

参考

Dock

macOSで使われるGUIの一要素。画面の下または横に表示されるアイコンバーのこと。アプリケーションソフトの起動やウィンドウの切り替えなどに使用する。Windowsのタスクバーのような役割を果たす。

❷ 設定

コンピュータの設定を行うときに使います。

❸ ピクチャ

エクスプローラー内のピクチャが表示されます。

❹ ドキュメント

エクスプローラー内のドキュメントが表示されます。

❺ ユーザーアカウント

アカウント設定の変更や、画面ロック、サインアウトなどができます。

❻ すべてのアプリ

コンピュータにインストールされているアプリケーションソフトを起動するときに使います。

❼ タイル

主要なアプリケーションソフトにアクセスするためのタイルです。頻繁に使うアプリケーションソフトを登録しておくと、アイコンをクリックするだけですばやく起動できます。

3-2-5　プログラムの起動

アプリケーションソフトなどのプログラムを起動する場合は、スタートメニューを使用します。また、よく使用するプログラムは、スタートメニューに登録しておくと、すばやく起動できます。

Lesson

メモ帳を起動しましょう。

① ⊞ をクリックします。
② アプリの一覧を下方向にスクロールし、**《Windowsアクセサリ》**をクリックします。
③**《メモ帳》**をクリックします。

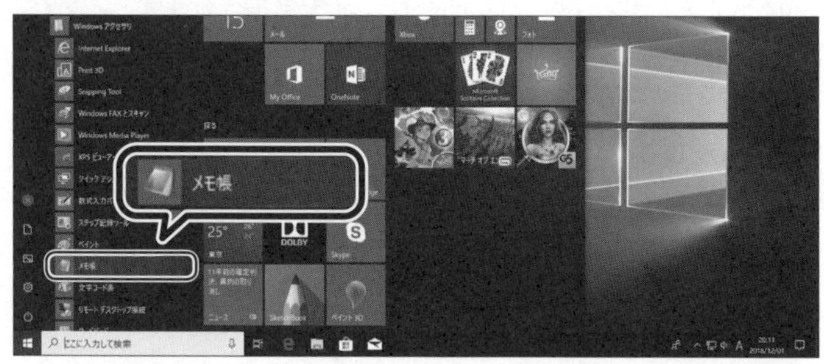

3-2-6　ウィンドウの操作

ウィンドウは、最大化や最小化をしたり、サイズの変更や移動をしたりできます。

❶ ウィンドウの各部の名称と役割

アプリケーションソフトを起動すると、**「ウィンドウ」**が表示されます。
ウィンドウの各部の名称と役割は、次のとおりです。

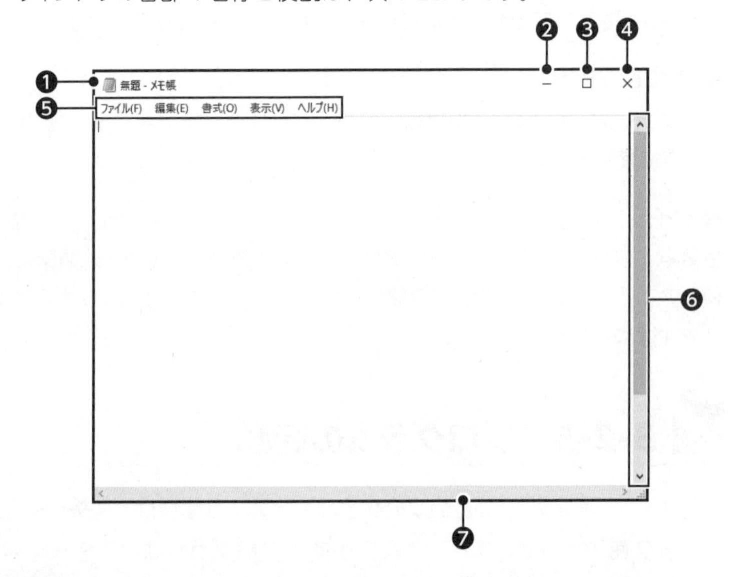

❶ タイトルバー

起動したアプリケーションソフト名や、現在開いているファイル名が表示されます。

❷ ［－］

クリックすると、ウィンドウが一時的に閉じられ、タスクバーにアイコンで表示されます。

❸ ［□］

クリックすると、ウィンドウが画面全体に拡大表示されます。

※［🗗］
ウィンドウを最大化すると、［□］から［🗗］に変わります。
［🗗］をクリックすると、ウィンドウは最大化する前のサイズに戻ります。

❹ ［×］

クリックすると、アプリケーションソフトを終了して、ウィンドウが閉じます。

参考

プログラムウィンドウとファイルウィンドウ

アプリケーションソフトによっては、アプリケーションソフト自体のウィンドウを示すプログラムウィンドウと、そのアプリケーションソフト内で使用するファイルを示すファイルウィンドウ（ドキュメントウィンドウ）の2つのウィンドウが用意されたものがある。例えばExcelの場合では、《ファイル》タブ→《閉じる》をクリックすると、ファイルウィンドウだけが閉じられるが、プログラムウィンドウの［×］をクリックすると、プログラムウィンドウと一緒にファイルウィンドウも閉じられる。

❺ メニュー

コマンドを実行するときに使用します。アプリケーションソフトに対するすべてのコマンドが収められています。

❻ スクロールバー

画面上に表示されていない作業領域を表示するときに使用します。
∧ ∨ ＜ ＞ をクリックすると、作業領域の表示部分を上下左右に移動できます。

※すべての作業領域が表示されている場合、スクロールバーは表示されません。

❼ ウィンドウの境界線

ドラッグすると、ウィンドウのサイズが変更されます。

❷ ウィンドウの最大化

ウィンドウを画面全体に大きくして見やすくすることができます。
ウィンドウを最大化する場合は、ウィンドウの右上の □ を使用します。
最大化したウィンドウは、 ❐ を使ってもとのサイズに復元できます。

Lesson

表示している**《メモ帳》**のウィンドウを最大化し、もとのサイズに戻しましょう。

①**《メモ帳》**の □ をクリックします。

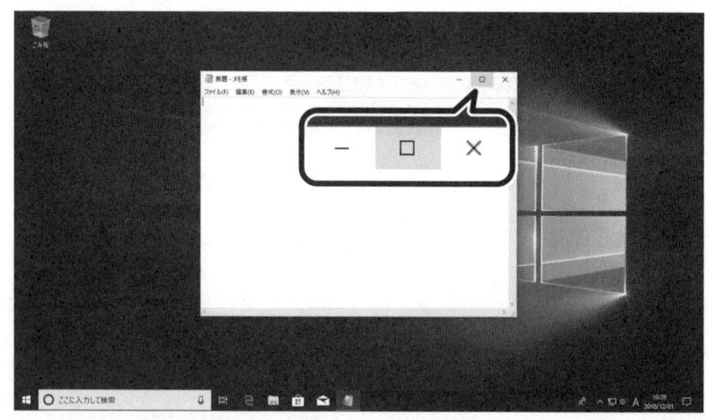

② ウィンドウが最大化されます。

その他の方法

最大化

◆タイトルバーをダブルクリック

その他の方法

元に戻す（縮小）

◆タイトルバーをダブルクリック

③《**メモ帳**》の [🗗] をクリックします。

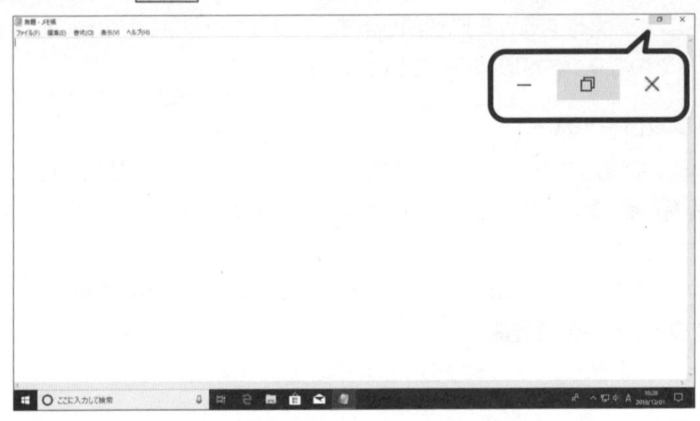

④ ウィンドウがもとのサイズに戻ります。

❸ ウィンドウの最小化

ウィンドウを一時的に閉じることができます。
ウィンドウを最小化する場合は、ウィンドウの右上の [－] を使用します。
最小化したウィンドウは、タスクバーのボタンを使って復元できます。

Lesson

《**メモ帳**》のウィンドウを最小化し、タスクバーにアイコンで表示されているメモ帳をウィンドウ表示に戻しましょう。

①《**メモ帳**》の [－] をクリックします。

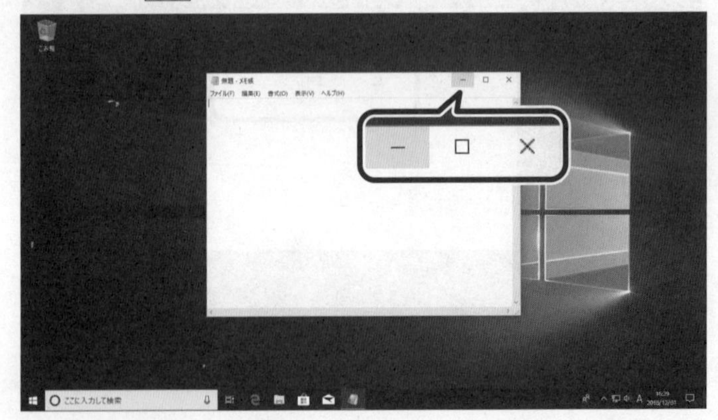

② ウィンドウが最小化されます。

※ウィンドウを最小化してもプログラムは起動しています。

③ タスクバーの （メモ帳）をクリックします。

④ ウィンドウが表示されます。

4 ウィンドウのサイズ変更

ウィンドウのサイズは、上下左右に拡大したり縮小したりできます。ウィンドウのサイズを変更する場合は、ウィンドウの境界を上下左右にドラッグします。

Lesson

《メモ帳》のウィンドウの幅を広げたり、縮めたりしましょう。

① **《メモ帳》**のウィンドウの右側の境界をポイントします。
② マウスポインターの形が⟺に変わります。
③ 右方向にドラッグします。

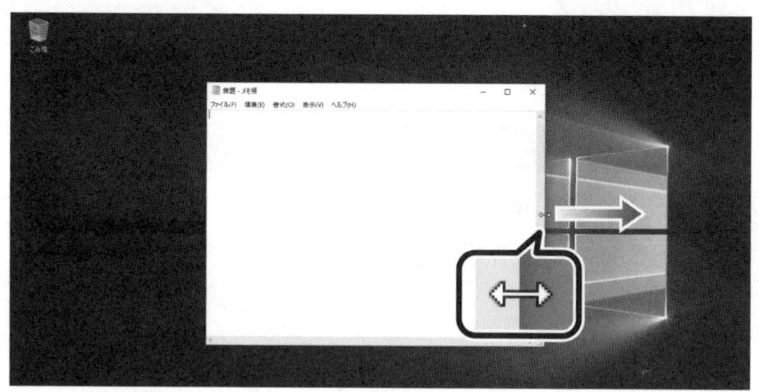

④ ウィンドウのサイズが広がります。
※手を離した時点で、ウィンドウのサイズが確定されます。
⑤ 同様に、左方向にドラッグし、ウィンドウのサイズを縮めます。

参考

サムネイルプレビュー

タスクバーのアイコンをポイントしたときにサムネイルプレビューを表示する方法は、次のとおり。

◆タスクバーの何もないところを右クリック→《タスクバーの設定》→《タスクバーの端にある［デスクトップの表示］ボタンに～》の をクリックしてオンにする

●ウィンドウの境界線とマウスポインターの形

ウィンドウの四辺の境界や四隅をポイントすると、マウスポインターの形が変わります。それぞれドラッグして任意の大きさに変更できます。

ポイントする場所	マウスポインターの形	説　明
左・右の境界線	⇔	ウィンドウを横方向に拡大・縮小できる。
上・下の境界線	⇕	ウィンドウを縦方向に拡大・縮小できる。
四隅	⤢または⤡	ウィンドウの縦横を一度に拡大・縮小できる。

5 ウィンドウの移動

ウィンドウは、デスクトップ上で自由に移動できます。ウィンドウを移動する場合は、タイトルバーをドラッグします。

Lesson

《メモ帳》のウィンドウを移動しましょう。

① **《メモ帳》**のタイトルバーをポイントし、任意の位置までドラッグします。

② ウィンドウが移動します。

※手を離した時点で、ウィンドウの位置が確定されます。

❻ ウィンドウを閉じる

ウィンドウを閉じると、アプリケーションソフトが終了します。ウィンドウを閉じる場合は、ウィンドウの右上の × を使用します。

Lesson

《メモ帳》のウィンドウを閉じましょう。

① **《メモ帳》**のウィンドウの × をクリックします。

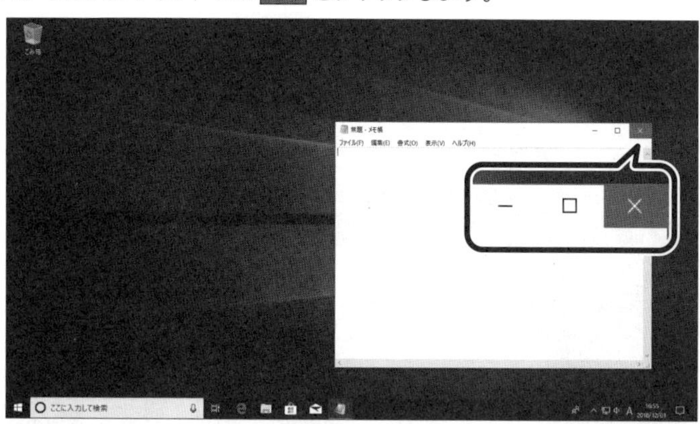

② ウィンドウが閉じられ、**《メモ帳》**が終了します。

❼ ウィンドウの切り替え

複数のアプリケーションソフトを起動し、複数のウィンドウで作業ができます。1つのウィンドウでの作業を**「タスク」**といい、同時に複数のタスクを動作させることを**「マルチタスク」**といいます。複数のウィンドウを表示している場合は、ウィンドウを切り替えて、操作するウィンドウを前面に表示します。
現在操作の対象となっているウィンドウを**「アクティブウィンドウ」**といいます。
ウィンドウを切り替えるには、タスクバーのアイコンを使って切り替える方法と、キー操作で切り替える方法があります。

その他の方法

メモ帳の終了
◆《ファイル》→《メモ帳の終了》

参考

– と × の違い
– をクリックすると、一時的にウィンドウが閉じ、タスクバーにアイコンで表示されるが、アプリケーションソフトは起動している。それに対して、 × をクリックすると、ウィンドウが閉じ、アプリケーションソフトも終了する。

その他の方法

ウィンドウの切り替え

◆Alt+Esc

※最小化されているウィンドウを切り替えることはできません。

◆切り替えるウィンドウ内をクリック

参考

ウィンドウのサムネイルプレビュー

Alt+Tabで、ウィンドウのサムネイルプレビューを表示してタスクを切り替えることができる機能を「Windowsフリップ」という。

※サムネイルプレビューの設定がオンになっていない場合は、サムネイルプレビューが表示されません。サムネイルプレビューについて、詳しくはP.104を参照。

Lesson

アクセサリのワードパッドとメモ帳を起動し、タスクバーを使って**《ワードパッド》**と**《メモ帳》**を切り替えましょう。

① をクリックします。

② アプリの一覧を下方向にスクロールし、**《Windowsアクセサリ》**をクリックします。

③ **《ワードパッド》**をクリックします。

④ 同様に、メモ帳を起動します。

⑤ タスクバーに起動したアプリケーションソフトのアイコンが表示されます。

⑥ タスクバーの （ドキュメント-ワードパッド）をクリックします。

⑦ **《ワードパッド》**に切り替わります。

Lesson

キー操作で、**《ワードパッド》**と**《メモ帳》**を切り替えましょう。

① Altを押したまま、Tabを押します。

② ウィンドウのサムネイルプレビューが表示されます。

③ Altを押したまま、何回かTabを押します。

※Tabを押すごとに、選択対象が順番に移動します。

④ メモ帳のサムネイルプレビューが選択されたら、キーから手を離します。

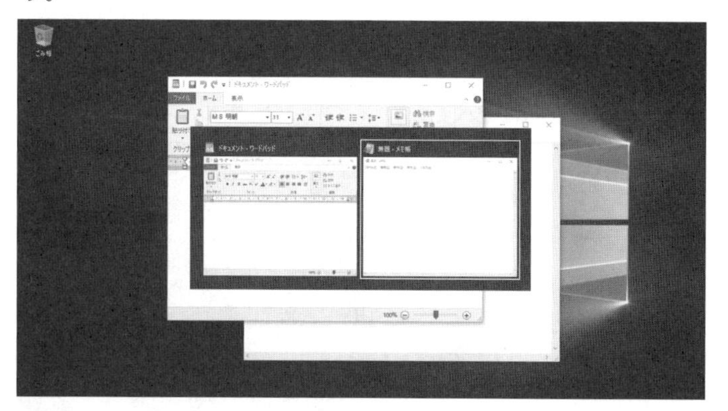

⑤ [Windows] (Windowsキー) を押したまま、[Tab]を押します。
⑥ タスクビューが表示されます。
⑦ [↑][↓][←][→]を押します。
⑧ ワードパッドのサムネイルプレビューが選択されたら、[Enter]を押します。

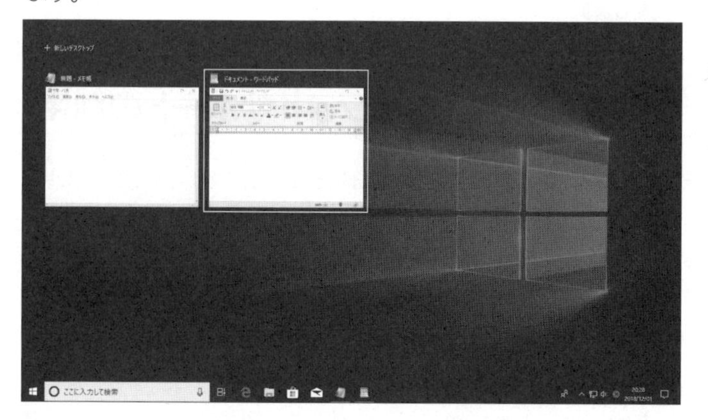

8 ウィンドウをすべて表示

複数のウィンドウを使って作業する場合、ウィンドウの表示方法を変更すると操作しやすくなります。ウィンドウの表示方法には、**「重ねて表示」「ウィンドウを上下に並べて表示」「ウィンドウを左右に並べて表示」**があります。

その他の方法

タスクビュー

◆タスクバーの (タスクビュー)

参考

重ねて表示

各ウィンドウのタイトルが見える状態で、ウィンドウを重ねて表示できる。
ウィンドウを重ねて表示する方法は、次のとおり。

◆タスクバーの何もないところを右クリック→《重ねて表示》

参考

ウィンドウを上下に並べて表示

ウィンドウが重ならないように上下に並べて表示できる。
ウィンドウを上下に並べて表示する方法は、次のとおり。

◆タスクバーの何もないところを右クリック→《ウィンドウを上下に並べて表示》

Lesson

ウィンドウが重ならないように、ウィンドウを左右に並べて表示しましょう。

① タスクバーの何もないところを右クリックします。

②**《ウィンドウを左右に並べて表示》**をクリックします。

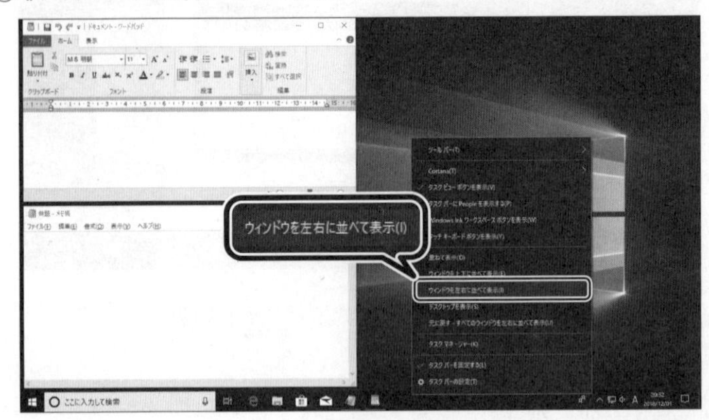

※次の操作のために、ワードパッドとメモ帳を保存せずに閉じておきましょう。保存するかどうかのメッセージが表示された場合は、《保存しない》をクリックし、保存せずに閉じます。

3-2-7 マイクロソフトサポートの利用

詳しく知りたい機能やコマンドの操作方法、セキュリティやトラブルの対処方法などを調べるには、インターネットに接続して、マイクロソフト社のオンラインサポートを利用しましょう。Webページから新しいヘルプ情報などを入手できるので役立ちます。また、カテゴリごとに項目が分かれているので、目的の項目を見つけやすくなります。

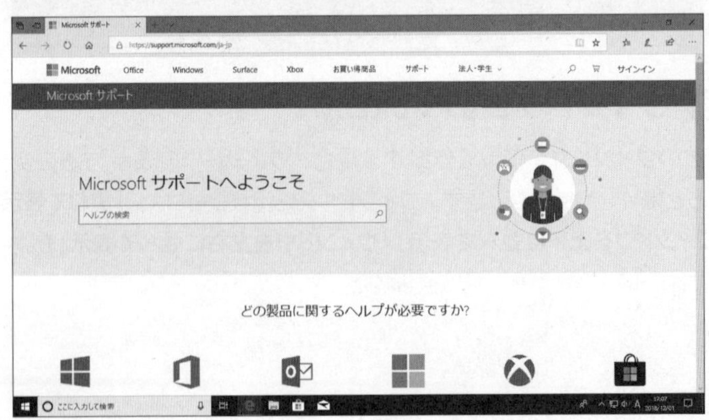

Lesson

Microsoft Edgeを起動し、Microsoft サポートを表示して、Excelのショートカットキーについて調べてみましょう。

① タスクバーの ![e] （Microsoft Edge）をクリックします。
② アドレスバーに**「マイクロソフトサポート」**と入力し、Enter を押します。
③ Web検索結果が表示されます。
④ **《Microsoft サポート》**をクリックします。
⑤ **「Microsoft サポート」**のWebページが表示されます。

⑥ 検索ボックスに**「Excel□ショートカットキー」**と入力し、Enter を押します。

※□はスペースを表します。

⑦ 検索結果が表示されます。

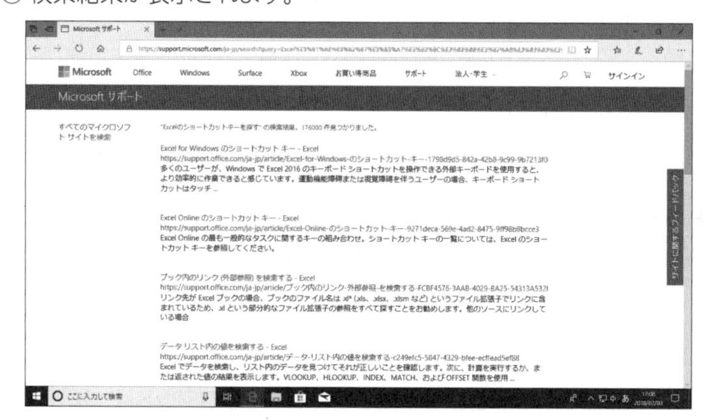

※次の操作のために、Microsoft Edgeを閉じておきましょう。

3-3 ファイルとフォルダの基本操作

ここでは、**《エクスプローラー》**の表示方法や、ファイルとフォルダの操作などについて学習します。

3-3-1 ファイルの管理

コンピュータには様々なファイルやフォルダが存在します。**《エクスプローラー》**を使用して、ファイルやフォルダを管理できます。

❶ 《エクスプローラー》の画面構成

《エクスプローラー》では、コンピュータのドライブ構成を確認したり、ファイルやフォルダを管理したりできます。
《エクスプローラー》の各部の名称と役割は、次のとおりです。

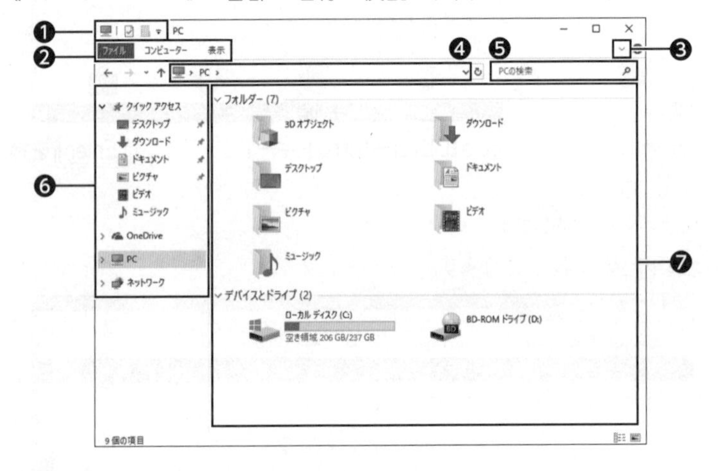

❶ クイックアクセスツールバー

よく使うコマンドを登録できます。初期の設定では、（プロパティ）、（新しいフォルダー）の2つのコマンドが登録されています。

❷ タブ

様々な機能がコマンドとして登録されています。コマンドは、関連する機能ごとにタブに分類されています。

❸ リボンの展開

クリックすると、リボンが展開されます。

※リボンを展開すると、（リボンの展開）は（リボンの最小化）に変わります。ク

リックするとリボンが折りたたまれて、もとの表示に戻ります。

❹ アドレスバー

フォルダ名をクリックすると、そのフォルダに移動できます。

❺ 検索ボックス

フォルダやファイルを検索するときに、キーワードを入力するボックスです。

❻ ナビゲーションウィンドウ

《クイックアクセス》《OneDrive》《PC》《ネットワーク》の4つのカテゴリに分類されています。それぞれのカテゴリは階層構造になっていて、階層を順番にたどることによって、作業対象の場所を選択できます。

❼ ファイルリスト

ナビゲーションウィンドウで選択された場所に保存されているファイルやフォルダなどが表示されます。

Lesson

《エクスプローラー》を表示しましょう。

① タスクバーの (エクスプローラー) をクリックします。
②**《PC》**をクリックします。
③**《PC》**が表示されます。

❷ ドライブ

「ドライブ」は、ハードディスク/SSDやDVD、USBメモリなどの外部記憶装置を動かすための装置です。
ドライブは**「ドライブアイコン」**で表され、アルファベット一文字を割り当てた名前**「ドライブ名」**が付いています。
ドライブアイコンの形は、装置の種類によって異なります。また、パソコンの使用環境によって、ドライブの構成は異なります。

参考

階層構造

フォルダの中にフォルダが保存されている構造のこと。

参考

ドライブアイコン

記憶装置には、ローカル記憶装置とリモート記憶装置がある。ローカル記憶装置とリモート記憶装置は、エクスプローラ上のドライブアイコンの違いで見分けることができる。

●ローカル記憶装置

●リモート記憶装置

ローカル記憶装置は、コンピュータに内蔵されている外部記憶装置を指し、リモート記憶装置は、ネットワーク上にある外部記憶装置を指す。ローカル記憶装置はネットワークに接続していなくてもデータを保存することができるが、リモート記憶装置はネットワークに接続されていないとデータを保存することはできない。

種　類	アイコン
ハードディスク／SSDドライブ	※Windowsがインストールされているドライブには、タイルのマークが付きます。
リムーバブルディスクドライブ	
DVDドライブ	

❸ ファイル

Windowsのファイルの名前は、次のように**「ファイル名」**と**「拡張子」**で構成されています。

●ファイル名

ハードディスク／SSDや外部記憶媒体などにファイルを保存する場合に付ける名前です。
ファイルに名前を付けるときは、内容がひと目でわかるような名前にしましょう。例えば**「売上表_2018年上期」**のように、ファイルの内容を表すキーワードをファイル名に入れておけば、ファイルを保存した場所やファイル名を忘れてしまっても、あとで検索して探しやすくなります。ただし、ファイル名には、使えない記号があるので注意しましょう。
ファイル名に使えない記号は、次のとおりです。

¥　/　:　*　?　"　<　>　|

●拡張子

ファイル名の**「.（ピリオド）」**に続く後ろの文字列を指し、ファイルを保存する場合に自動的に付けられます。拡張子によって、ファイルの種類が区別されます。通常、Windows 10の設定では、ファイルの拡張子は非表示になっています。
拡張子を表示する方法は、次のとおりです。

◆《表示》タブ→《表示/非表示》グループの《☑ファイル名拡張子》

ファイルの拡張子には、次のようなものがあります。

参考

リムーバブルディスク
USBメモリなどのような、取り外しが可能な記憶装置のこと。

参考

DVDドライブ
DVDを読み取ったり書き込んだりできる光学記録媒体のこと。

拡張子	意　味	アイコン
.docx	Wordのファイル	
.xlsx	Excelのファイル	
.txt	テキストファイル	
.bmp	ビットマップファイル	
.exe	実行ファイル	
.ini	システムファイル	

❹ ファイルの表示

ファイルを表示するには、ドライブ、フォルダという階層をたどり、ファイルを表示します。

Lesson

Cドライブ内のフォルダ《**Windows**》にあるファイルを表示しましょう。

① 《**PC**》が表示されていることを確認します。
② 《**ローカルディスク（C:）**》をダブルクリックします。
③ フォルダ《**Windows**》をダブルクリックします。

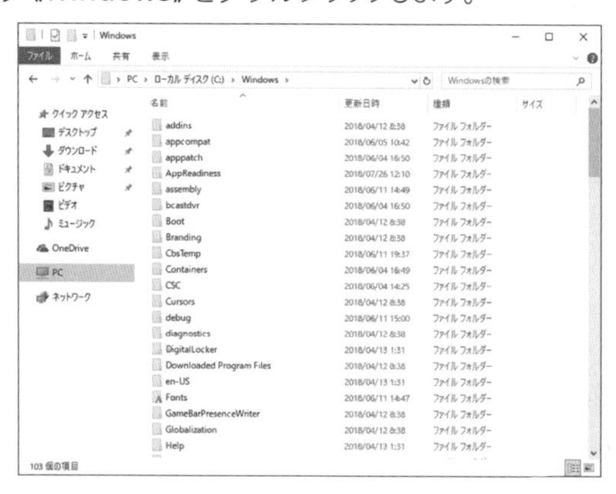

参考

実行ファイル

アプリケーションソフトなどのプログラムを起動するためのファイル。「アプリケーションファイル」や「exeファイル」ともいわれる。実行ファイルに異常があるとアプリケーションソフトが正常に動作しなくなる可能性があるため、削除したり、移動したりしてはいけない。

参考

システムファイル

OSの動作に必要なファイル。通常はユーザーが直接操作しないように、システムフォルダなどの特定のフォルダに保管されている。システムファイルに異常があるとOSが正常に動作しなくなる可能性があるため、削除したり、移動したりしてはいけない。

参考

テキストデータと画像データの取り扱い

テキストデータは「文字コード」で構成されている。文字以外の情報を表現することはできないが、文字コードは1文字を主に1バイトまたは2バイトで表現するため、記憶容量が少なく、スピーディに扱える。
画像データは点（ドット）を並べることで写真やイラストなどを表現する。多彩な表現ができるが、点の1つ1つが色や明るさなどの情報を持つため、記憶容量は大きくなる。
本のページをスマートフォンなどで撮影したファイルは、ユーザーからは文字が見て取れるが、コンピュータ内では画像データとして扱われる。文字コードと紐付けられないため、コンピュータが文字と判断できず、編集やコピー&ペースト、検索ができない。また、記憶容量が大きくなる。
テキストデータと画像データのそれぞれの違いを把握し、適切に使い分けていくことが重要である。

参考

Cドライブの表示名

Cドライブは、「ローカルディスク（C:）」「Windows（C:）」など、環境によって表示名が異なる。

❺ ファイルとフォルダの表示方法

ファイルとフォルダの表示方法には、**「特大アイコン」「大アイコン」「中アイコン」「小アイコン」「一覧」「詳細」「並べて表示」「コンテンツ」**があり、操作性や目的に合わせて変更できます。

種　類	説　明
アイコン	アイコンのサイズによって、「特大アイコン」「大アイコン」「中アイコン」「小アイコン」がある。ファイルやフォルダがアイコンとして表示され、アイコンの下または横にファイル名やフォルダ名が表示される。
一覧	小サイズのアイコンの横にファイル名やフォルダ名が表示され、縦方向に並べて一覧表示される。
詳細	小サイズのアイコンの横にファイル名やフォルダ名が表示され、更新日時、種類、ファイルサイズなどの詳細が一覧表示される。
並べて表示	ファイルやフォルダが中サイズのアイコンとして表示され、アイコンの右側にファイル名、ファイルの種類、ファイルサイズが表示される。横方向に並べて一覧表示される。
コンテンツ	ファイルやフォルダが小さ目のアイコンとして表示され、アイコンの右側にファイル名、更新日時、ファイルサイズが表示される。

Lesson

表示しているファイル一覧を**《並べて表示》**に変更しましょう。

① **《Windows》**が表示されていることを確認します。
② **《表示》**タブをクリックします。
③ **《レイアウト》**グループの ▾（詳細）クリックします。
④ **《並べて表示》**をクリックします。

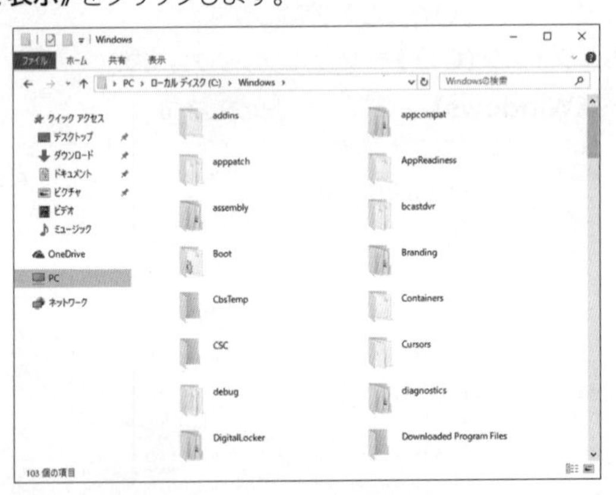

※次の操作のために、《詳細》に戻しておきましょう。

その他の方法

ファイルの表示方法

◆ウィンドウ右側の空いている場所を右クリック→《表示》

❻ ファイルの並べ替え

ファイルは、**「名前」「更新日時」「種類」「サイズ」**などを基準にして、並べ替えることができます。

Lesson

表示しているファイル一覧を、更新日時を基準に並べ替えましょう。

① **《Windows》**が表示されていることを確認します。

② **《更新日時》**をクリックします。

③ ファイルとフォルダがそれぞれ更新日時の新しい順に並び替わります。

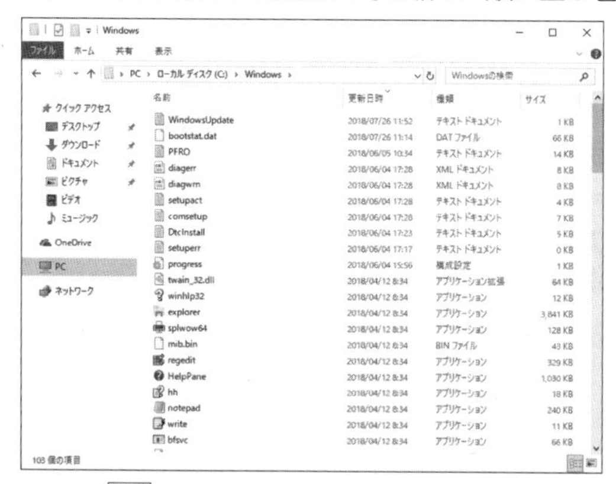

※《更新日時》の上に[∨]が表示されます。再度《更新日時》をクリックすると、古い順に並び替わり、[∧]が表示されます。

その他の方法

ファイルの並べ替え

◆ウィンドウ右側の空いている場所を右クリック→《並べ替え》

⑦ ファイルのプロパティ

《ファイルのプロパティ》では、ファイルの種類や格納場所などの情報を確認したり、ファイルの属性を変更したりできます。
プロパティの表示は、ショートカットメニューから行うことができます。
テキストファイルのプロパティは、次のとおりです。

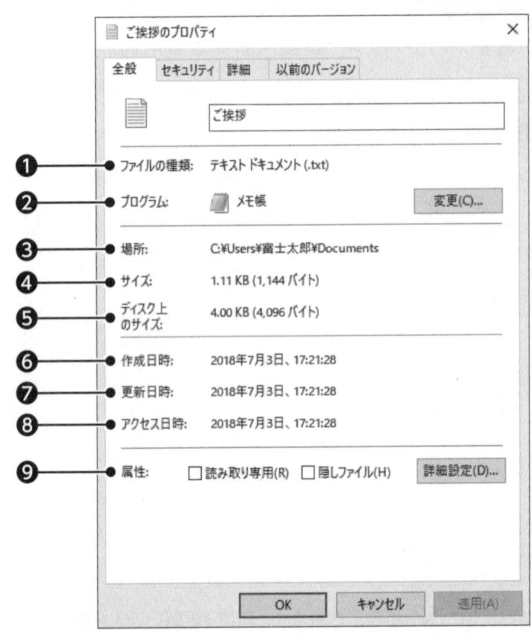

❶ ファイルの種類
ファイルの種類を表示します。

❷ プログラム
このファイルを開くプログラムの名前を表示します。

❸ 場所
ファイルの保存場所を表示します。

❹ サイズ
ファイルサイズを表示します。

❺ ディスク上のサイズ
ディスク領域の実際のサイズを表示します。

❻ 作成日時
ファイルを作成した日時を表示します。

❼ 更新日時
最後にファイルを更新した日時を表示します。

❽ アクセス日時
ファイルにアクセスした日時を表示します。

参考

読み取り専用
閲覧できるが、変更して上書き保存できないファイルのこと。ファイルに新しい名前を付けて保存した場合だけ変更を保存できる。

参考

隠しファイル
大切なファイルをむやみに変更できないよう非表示の設定が行われているファイルのこと。
隠しファイルを設定する方法は、次のとおり。
◆《ファイルのプロパティ》の《全般》タブ→《属性》の《☑隠しファイル》

初期の設定では隠しファイルは非表示に設定されている。隠しファイルを表示する方法は、次のとおり。
◆エクスプローラーを表示→《表示》タブ→《表示/非表示》グループの《☑隠しファイル》

❾ 属性

ファイルに設定されている読み取り専用や隠しファイル、アーカイブなどを表示します。

Lesson

Cドライブのフォルダ**《Windows》**のファイル**「explorer」**のプロパティを表示しましょう。

① **《Windows》**が表示されていることを確認します。

② (explorer) を右クリックします。

※ (explorer)が見つからない場合は、ファイルリストのフォルダかファイルをクリックし、E を押します。頭文字が「E」のフォルダまたはファイルが選択されます。(explorer)が選択されない場合は、何度か E を押します。

③ **《プロパティ》**をクリックします。

④ **《explorerのプロパティ》**が表示されます。

explorerのプロパティ

全般 デジタル署名 セキュリティ 詳細 以前のバージョン

explorer

ファイルの種類: アプリケーション (.exe)

説明: エクスプローラー

場所: C:¥Windows

サイズ: 3.75 MB (3,933,184 バイト)

ディスク上のサイズ: 3.75 MB (3,936,256 バイト)

作成日時: 2018年4月12日、8:34:44

更新日時: 2018年4月12日、8:34:44

アクセス日時: 2018年4月12日、8:34:44

属性: ☐読み取り専用(R) ☐隠しファイル(H) 詳細設定(D)...

OK キャンセル 適用(A)

※《キャンセル》をクリックして、《explorerのプロパティ》を閉じておきましょう。

参考

アーカイブ

プロパティの《属性》に、《読み取り専用》と《隠しファイル》以外に《アーカイブ》が表示される場合がある。アーカイブとは、バックアップ後に作成または変更されたファイルに付く属性のこと。

その他の方法

プロパティの表示

◆ Alt を押しながらファイルをダブルクリック

参考

ファイルの種類とプロパティ

ファイルの種類により、プロパティの内容は異なる。ファイルのプロパティには《全般》タブ、《セキュリティ》タブ、《詳細》タブ、《以前のバージョン》タブなどの基本的なタブが表示されるが、ファイルの種類によってはそれ以外のタブが表示される場合がある。

3-3-2　ファイルやフォルダの操作

ファイルの管理をするために、フォルダの作成や名前の変更、移動やコピー、削除などが行えます。

❶ ファイルやフォルダの選択

ファイルやフォルダの操作を行うときは、操作するファイルやフォルダをクリックして選択します。ファイルやフォルダは1つずつ選択するだけでなく、複数のファイルやフォルダを一度に選択することもできます。

単　位	操　作
1つのファイルやフォルダ	ファイルやフォルダをクリック
複数のファイルやフォルダ （連続する場合）	1つ目のファイルやフォルダをクリック→【Shift】を押しながら連続する最後のファイルやフォルダをクリック
複数のファイルやフォルダ （離れている場合）	1つ目のファイルやフォルダをクリック→【Ctrl】を押しながら2つ目以降のファイルやフォルダをクリック
すべてのファイルやフォルダ	【Ctrl】+【A】

Lesson

連続する複数のファイルを選択しましょう。

① 《Windows》が表示されていることを確認します。
② 1つ目の任意のファイルをクリックします。
③ 【Shift】を押しながら、連続する最後の任意のファイルをクリックします。

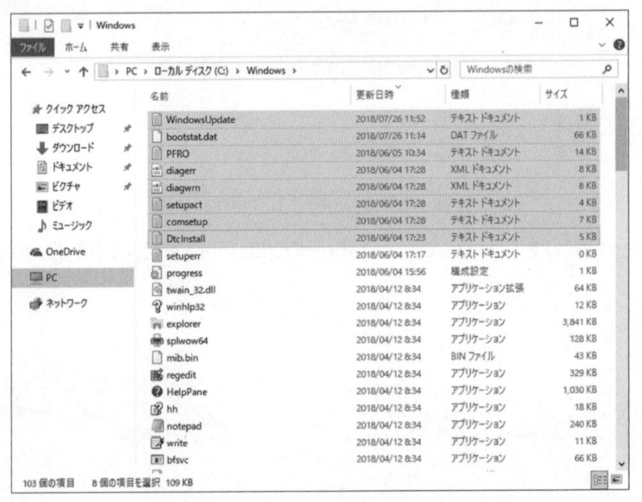

※選択したファイル以外の場所をクリックして選択を解除しておきましょう。
※次の操作のために、《Windows》を閉じておきましょう。

❷ ファイルやフォルダの新規作成

用途や目的に合わせて、ファイルやフォルダは新規に作成できます。

Lesson

デスクトップにフォルダ**「レポート」**を作成しましょう。

① デスクトップ上を右クリックします。
② **《新規作成》**をポイントします。
③ **《フォルダー》**をクリックします。
④ **「レポート」**と入力します。
⑤ Enter を押します。

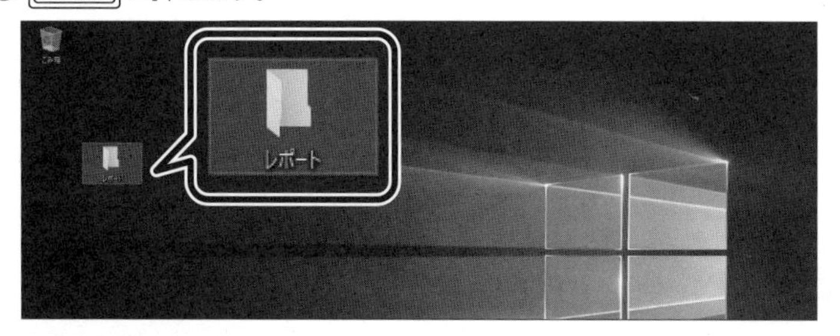

Lesson

デスクトップのフォルダ**「レポート」**内にテキストファイル**「練習」**を作成しましょう。

① フォルダ**「レポート」**をダブルクリックします。
② ファイルリストを右クリックします。
③ **《新規作成》**をポイントします。
④ **《テキストドキュメント》**をクリックします。
⑤ **「練習」**と入力します。
⑥ Enter を押します。

※次の操作のために、《レポート》を閉じておきましょう。

❸ ファイルやフォルダの名前の変更

ファイルやフォルダを作成するときに付けた名前をあとから変更できます。

Lesson

デスクトップのフォルダ**「レポート」**の名前を**「レポート関連」**に変更しましょう。

① フォルダ**「レポート」**を右クリックします。
②**《名前の変更》**をクリックします。
③**「レポート関連」**に修正します。
④ Enter を押します。

❹ ファイルやフォルダの移動

異なるドライブ間や同じドライブ内のフォルダ間でファイルやフォルダを移動できます。

Lesson

デスクトップのフォルダ**「レポート関連」**を**《ドキュメント》**に移動しましょう。
※《ドキュメント》は、Cドライブ内にあらかじめ作成されているフォルダです。

① タスクバーの (エクスプローラー) をクリックします。
②**《PC》**をクリックします。
③ ファイルリストの**《ドキュメント》**をダブルクリックします。
④ デスクトップのフォルダ**「レポート関連」**を**《ドキュメント》**にドラッグします。

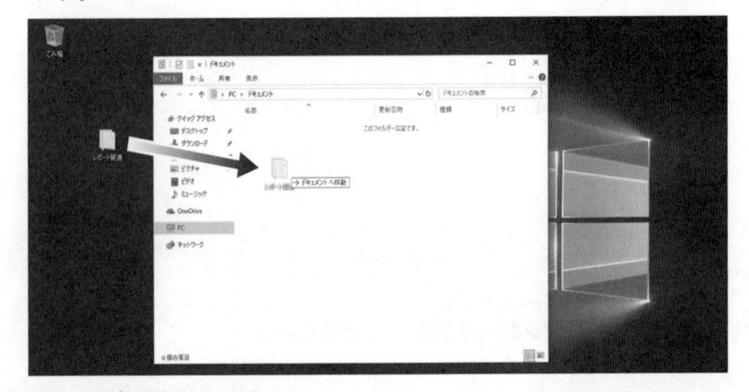

⑤ フォルダが移動します。

その他の方法

フォルダ名の変更
◆フォルダを選択→F2

参考

ファイル名の変更
ファイルの名前を変更する方法は、次のとおり。
◆ファイルを右クリック→《名前の変更》
◆ファイルを選択→F2

その他の方法

フォルダの移動
◆移動元を右クリック→《切り取り》→移動先を右クリック→《貼り付け》
◆移動元を選択→Ctrl+X→移動先を選択→Ctrl+V

参考

ファイルの移動
ファイルを移動する方法は、次のとおり。
◆移動元を右クリック→《切り取り》→移動先を右クリック→《貼り付け》
◆移動元を選択→Ctrl+X→移動先を選択→Ctrl+V
◆移動先にドラッグ

参考

異なるドライブ間でのファイルやフォルダの移動
Cドライブ内のフォルダをDドライブなどの異なるドライブに移動する場合、ファイルやフォルダのアイコンをShiftを押しながら移動先までドラッグする。そのままドラッグすると、ファイルやフォルダがコピーされる。

❺ ファイルやフォルダのコピー

異なるドライブ間や同じドライブ内のフォルダ間でファイルやフォルダをコピーできます。

Lesson

《ドキュメント》のフォルダ**「レポート関連」**をデスクトップにコピーしましょう。

①**《ドキュメント》**が表示されていることを確認します。
②**《ドキュメント》**のフォルダ**「レポート関連」**をクリックします。
③ Ctrl を押しながら、デスクトップまでドラッグします。

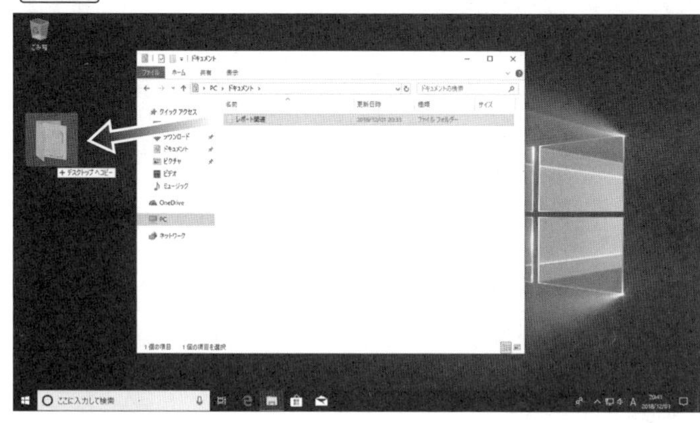

④ フォルダがコピーされます。
※次の操作のために、《ドキュメント》を閉じておきましょう。

❻ ファイルやフォルダの削除と復元

不要になったファイルやフォルダは削除することができます。ファイルやフォルダを削除すると、一時的に**「ごみ箱」**の中に入ります。
ごみ箱とは、削除したファイルやフォルダなどを一時的に保管する領域のことです。ごみ箱に入ったファイルやフォルダなどは**「ごみ箱を空にする」**という操作を行うまでコンピュータ上に残っています。そのため、ファイルを間違って削除したときには、ごみ箱から取り出して復元することもできます。

その他の方法

フォルダのコピー

◆コピー元を右クリック→《コピー》→コピー先を右クリック→《貼り付け》
◆コピー元を選択→ Ctrl + C →コピー先を選択→ Ctrl + V

参考

ファイルのコピー

ファイルをコピーする方法は、次のとおり。
◆コピー元を右クリック→《コピー》→コピー先を右クリック→《貼り付け》
◆コピー元を選択→ Ctrl + C →コピー先を選択→ Ctrl + V
◆ Ctrl を押しながら、コピー先にドラッグ

参考

ごみ箱に入らないファイル

次のファイルはごみ箱に入らず直接削除される。

・USBメモリやメモリカードなどの持ち運びできるメディアに保存されたファイル
・ネットワーク上のファイル

Lesson

デスクトップのフォルダ**「レポート関連」**を削除し、削除したフォルダ**「レポート関連」**をごみ箱からもとの場所に復元しましょう。

① デスクトップのフォルダ**「レポート関連」**を にドラッグします。

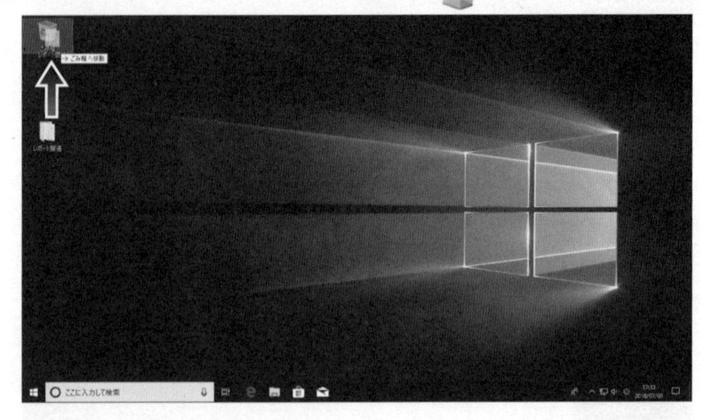

② フォルダがごみ箱に入ります。
③ デスクトップの をダブルクリックします。
④**《ごみ箱》**が表示されます。
⑤ フォルダ**「レポート関連」**がごみ箱に入っていることを確認します。
⑥ フォルダ**「レポート関連」**をクリックします。
⑦**《管理》**タブを選択します。
⑧**《復元》**グループの**《選択した項目を元に戻す》**をクリックします。

⑨ デスクトップにフォルダ**「レポート関連」**が戻ります。
※次の操作のために、《ごみ箱》を閉じておきましょう。

その他の方法

フォルダの削除
◆フォルダを右クリック→《削除》
◆フォルダを選択→[Delete]

参考

ファイルの削除
ファイルを削除する方法は、次のとおり。
◆ファイルを右クリック→《削除》
◆ファイルを選択→[Delete]
◆ごみ箱にドラッグ

その他の方法

フォルダの復元
◆ をダブルクリック→フォルダを選択→《管理》タブ→《復元》グループの《選択した項目を元に戻す》
◆ をダブルクリック→フォルダを右クリック→《元に戻す》

参考

ファイルの復元
ファイルを復元する方法は、次のとおり。
◆ をダブルクリック→ファイルを選択→《管理》タブ→《復元》グループの《選択した項目を元に戻す》
◆ をダブルクリック→ファイルを右クリック→《元に戻す》

参考

ごみ箱に入れずに直接削除
ごみ箱に入れずに直接削除できる。ただし、削除したものは復元できない。
ごみ箱に入れずに直接削除する方法は、次のとおり。
◆ファイルやフォルダを選択→[Shift]+[Delete]

参考

ごみ箱のファイルの削除
ごみ箱に多くのファイルがあると、その分ディスクの空き容量が少なくなる。ごみ箱の中の不要なファイルは、定期的に削除する。
ごみ箱を空にする方法は、次のとおり。
◆ をダブルクリック→《管理》タブ→《管理》グループの《ごみ箱を空にする》
◆ を右クリック→《ごみ箱を空にする》

⑦ ファイルやフォルダの検索

スタートメニューや《**エクスプローラー**》には「**検索ボックス**」が表示されます。この検索ボックスに文字を入力するだけで、その条件に合致するファイルやフォルダを、検索結果として表示します。
検索条件として、ファイルやフォルダの名前、種類、サイズ、日付などをキーワードにして、効率よく目的のファイルやフォルダを探すことができます。

Lesson

Cドライブ内から「**レポート関連**」という文字列を含むフォルダを検索しましょう。

① タスクバーの（エクスプローラー）をクリックします。
②《**PC**》をクリックします。
③ ファイルリストの《**ローカルディスク（C:）**》をダブルクリックします。
④ 検索ボックスに「**レポート関連**」と入力します。
⑤「**レポート関連**」という文字列が含まれるファイルやフォルダが表示されます。

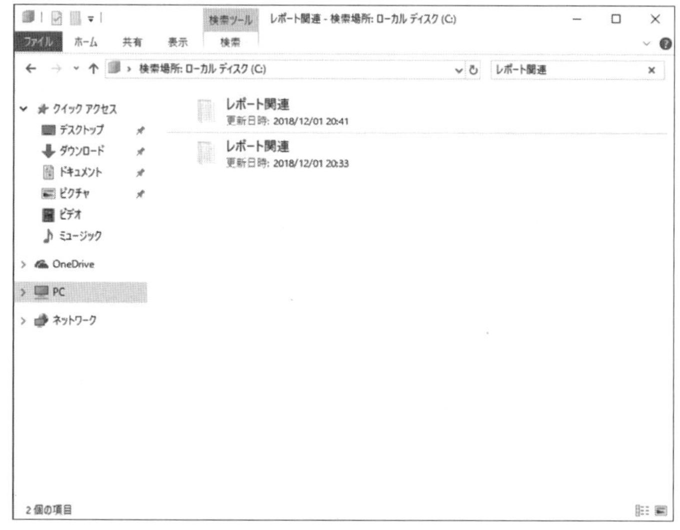

※次の操作のために、ウィンドウを閉じておきましょう。

参考

検索結果

検索結果には、検索ボックスに入力した文字列がファイル名やフォルダ名に含まれるものだけでなく、ファイルやフォルダの保存場所を表すパス（「C:¥Users¥富士太郎¥Desktop¥レポート関連」など）に含まれるものも表示される。

3-3-3　ショートカットの利用

デスクトップには、よく利用するファイルやフォルダの**「ショートカット」**を作成しておくと、効率よく作業できます。
ショートカットとは、日本語で**「近道」**のことです。実際のファイルやフォルダはショートカットのリンク先に存在します。
例えば、通常、メモ帳はスタートメニューから起動しますが、デスクトップにショートカットを作成すると、ダブルクリックするだけで起動できます。
また、ファイルやフォルダだけでなく、よく閲覧するWebページなどもショートカットとして登録できます。インターネットを利用する場合にWebブラウザを起動したあとで、WebページのURLを指定する手間を省くことができます。
ショートカットは、ファイルやフォルダと同様に、名前の変更、移動、コピー、削除などができます。

参考

URL
Webページが保存されている場所を示すための規則で、単に「アドレス」ともいう。
URLについて、詳しくはP.174を参照。

❶ ショートカットの新規作成

デスクトップにショートカットを作成すると、ファイルやフォルダを効率よく起動できます。

その他の方法

ショートカットの新規作成

◆ショートカットを作成するフォルダ内やデスクトップ上で右クリック→《新規作成》→《ショートカット》→アプリケーションファイルの場所やWebページのURLを指定

Lesson

デスクトップにメモ帳のショートカットを作成し、デスクトップからメモ帳を起動しましょう。

① （スタート）をクリックします。
② アプリの一覧を下方向にスクロールし、**《Windowsアクセサリ》**をクリックします。
③ **《メモ帳》**をデスクトップにドラッグします。
④ デスクトップにメモ帳のショートカットが作成されます。
※ショートカットには、小さな矢印が表示され、ほかのアイコンと区別されます。
⑤ デスクトップのメモ帳のショートカットをダブルクリックします。

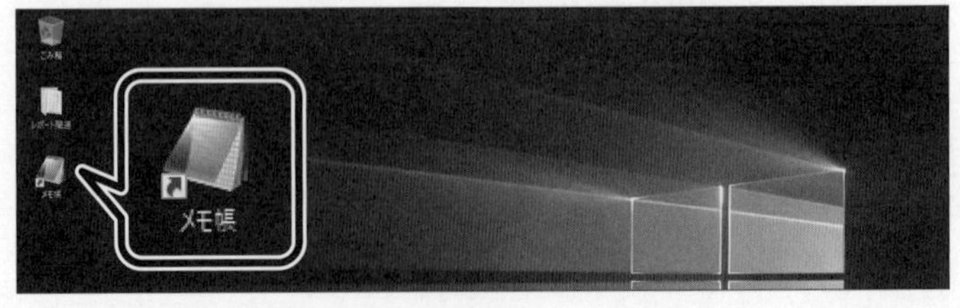

⑥ メモ帳が起動します。
※次の操作のために、メモ帳を閉じておきましょう。

❷ ショートカットのプロパティ

ショートカットもファイルやフォルダと同様に、ファイルの種類、格納場所、サイズ、作成日時、リンク先などの情報を確認できます。

Lesson

デスクトップのメモ帳のショートカットのプロパティを表示しましょう。

① デスクトップのメモ帳のショートカットを右クリックします。
②**《プロパティ》**をクリックします。
③**《メモ帳のプロパティ》**が表示されます。

※次の操作のために、《キャンセル》をクリックして《メモ帳のプロパティ》を閉じておきましょう。

❸ ショートカットの名前の変更

ショートカットの名前は自由に変更できます。実際のファイルやフォルダの名前は変更されません。

Lesson

デスクトップのメモ帳のショートカットの名前を**「文書の作成」**に変更しましょう。

① デスクトップのメモ帳のショートカットを右クリックします。

その他の方法

プロパティの表示
◆ Alt を押しながらアイコンをダブルクリック

参考

ショートカットのプロパティ
ショートカットのプロパティの《リンク先》には、ショートカットが指し示す実際のファイルやフォルダの場所と名前が表示される。

その他の方法

ショートカット名の変更
◆ショートカットを選択→ F2

②《**名前の変更**》をクリックします。
③「**文書の作成**」と入力します。
④ Enter を押します。
⑤ ショートカットが変更されます。

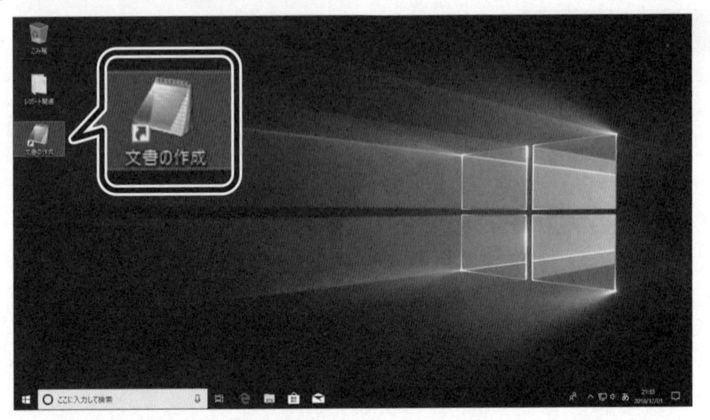

❹ ショートカットの移動

異なるドライブ間や同じドライブ内のフォルダ間でショートカットの場所を移動できます。実際のフォルダやファイルは移動されません。

Lesson

デスクトップのショートカット「**文書の作成**」を《**ドキュメント**》に移動しましょう。

① タスクバーの （エクスプローラー）をクリックします。
②《**PC**》をクリックします。
③ ファイルリストの《**ドキュメント**》をダブルクリックします。
④ デスクトップのショートカット「**文書の作成**」を《**ドキュメント**》にドラッグします。

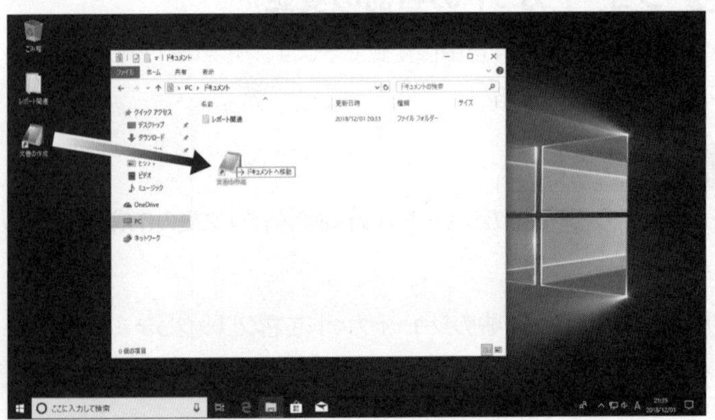

その他の方法

ショートカットの移動

◆移動元を右クリック→《切り取り》→移動先を右クリック→《貼り付け》
◆移動元を選択→ Ctrl ＋ X →移動先を選択→ Ctrl ＋ V

5 ショートカットのコピー

異なるドライブ間や同じドライブ内のフォルダ間でショートカットをコピーできます。実際のフォルダやファイルはコピーされません。

Lesson

《**ドキュメント**》のショートカット「**文書の作成**」をデスクトップにコピーしましょう。

① 《**ドキュメント**》が表示されていることを確認します。
② 《**ドキュメント**》のショートカット「**文書の作成**」をクリックします。
③ Ctrl を押しながら、デスクトップまでドラッグします。

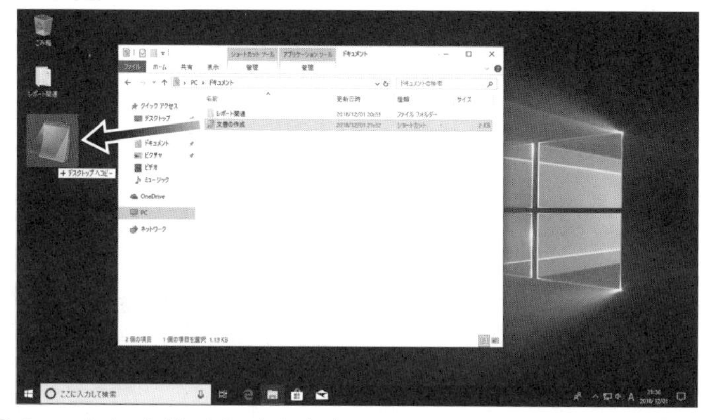

④ ショートカットがコピーされます。
※次の操作のために、《ドキュメント》を閉じておきましょう。

その他の方法

ショートカットのコピー
◆コピー元を右クリック→《コピー》→コピー先を右クリック→《貼り付け》
◆コピー元を選択→ Ctrl + C →コピー先を選択→ Ctrl + V

6 ショートカットの削除

ショートカットは、ファイルやフォルダと同様に削除できます。実際のファイルやフォルダは削除されません。

Lesson

デスクトップのショートカット「**文書の作成**」を削除しましょう。

① デスクトップのショートカット「**文書の作成**」を (ごみ箱アイコン) にドラッグします。

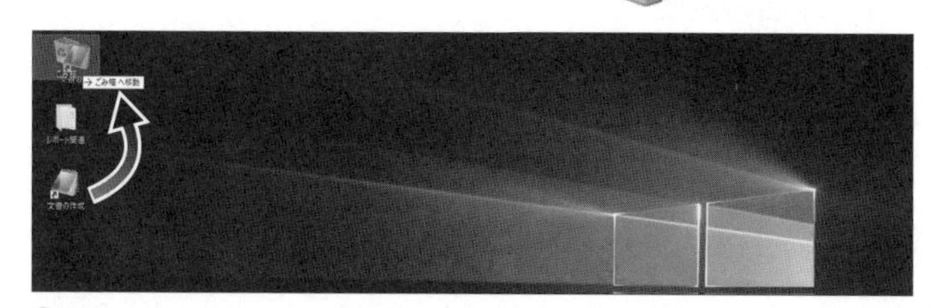

※ (ごみ箱アイコン) をダブルクリックし、ショートカット「文書の作成」が移動されていることを確認します。確認後、《ごみ箱》を閉じておきましょう。

その他の方法

ショートカットの削除
◆ショートカットを右クリック→《削除》
◆ショートカットを選択→ Delete

3-3-4　ファイルの操作時の注意点

ファイルにわかりやすい名前を付けたり、フォルダに分けて保存したり、重要なファイルは定期的にバックアップを取ったりするなど、ファイルを操作する場合には、次のような内容に考慮する必要があります。

●ファイルの体系的な保存

ファイルはあとから探しやすいように、分類して保存しましょう。
また、ファイルは内容によってフォルダを分けると、目的のファイルを見つけやすくなります。
特に、複数のユーザーとファイルを共有する場合、ファイル名や保存先などに一定のルールを決めて体系的に保存するとよいでしょう。

例）

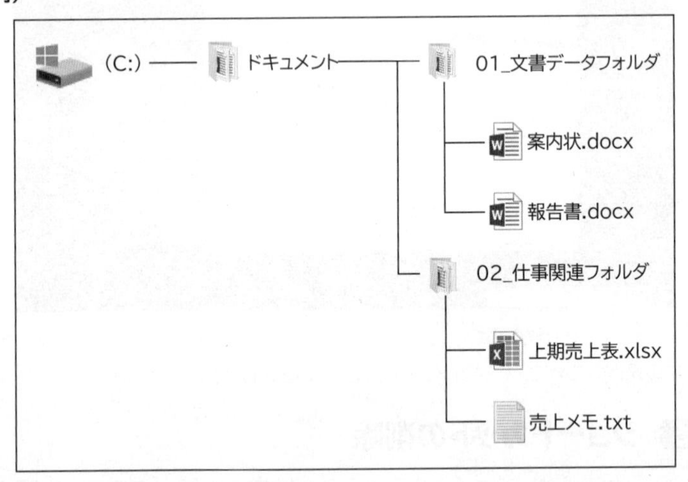

体系的に保存すれば、保存場所やファイル名を忘れてファイルをなくしてしまうという心配もなくなります。ユーザーが好き勝手にいろんな場所にファイルを保存したり、保存先を変更したりしてしまうと、ほかのユーザーがファイルを見つけられないというトラブルが生じてしまうので注意しましょう。

●ファイル名の変更

ファイル名を変更する場合、拡張子を削除したり、変更したりしないように注意しましょう。拡張子を変更してしまうと、アプリケーションソフトとの関連付けが失われ、ファイルが開けなくなってしまいます。

●ファイルの削除

不要なファイルが増えるとその分ハードディスク／SSDの空き容量が少なくなります。

自分で作成したフォルダやファイル、ショートカットなどで不要なものは定期的に削除しましょう。ファイルを削除してもごみ箱に残っていると、ハードディスク／SSDの空き容量は増えないため、ごみ箱のファイルも定期的に削除します。

●ファイルのバックアップ

重要なファイルは定期的に別のドライブやDVDなどのメディアにバックアップを取るようにします。バックアップを取っておけば、ファイルが紛失してもすぐに復元することができます。ただし、メディアにファイルをコピーする場合、メディア自身が壊れていないか、確認することが重要です。

また、メディアの保管にも注意が必要です。保存されているファイルの破損を防ぐためにも、磁気の少ない場所などメディアの特性に配慮した場所に保管します。メディアには、ラベルなどを貼り、ひと目で中身が確認できるようにしておくと、紛失なども避けられます。

3-3-5　ファイルの操作に関するトラブル

ファイル名の変更やファイルの移動・削除などの操作は、慎重に行わないとトラブルの原因になってしまうことがあります。また、ファイルをきちんと整理していないとトラブルが発生する可能性が高まります。

ファイルの操作に関するトラブルには、次のようなものがあります。

●ファイルが開かない

ファイルが開かない場合、ファイルが適切なアプリケーションソフトと関連付けられていない、ファイルが破損しているなどの可能性があります。

同じアプリケーションソフトで作成されたファイルでも、アプリケーションソフトのバージョンの違いで、ファイルを使用できない場合があります。

異なるバージョンのアプリケーションソフト間で使用するときは、どのバージョンでも使用可能か確認しておきましょう。

また、ファイルの拡張子は、アプリケーションソフトと関連付けられています。拡張子を削除または変更してしまうと、ファイルを正常に開くことができなくなります。ファイル名を変更するときは、拡張子に注意して操作しましょう。

ファイルが破損している可能性がある場合、ほかのコンピュータでも開くことができないか確認してみるとよいでしょう。

●ファイルが見つからない

ファイルが見つけにくい名前だったり、見つけにくい場所に保存されていたりすると、なかなか見つけられないことがあります。ファイルの保存先やファイル名の付け方に、一定のルールを決めて体系的に整理しましょう。

ファイルが見つからないときは、検索機能を使って目的のファイルを探します。ただし、目的のファイルが隠しファイルに設定されている場合、画面に表示されません。隠しファイルを表示してから検索するとよいでしょう。

●ファイルにアクセスできない

ファイルにアクセス権が設定されている場合、ファイルを使用できる権限が与えられていないユーザーはファイルにアクセスすることができません。

また、ファイルに**「読み取りパスワード」**が設定されている場合も、パスワードを知っている人しかファイルを開けません。

●ファイルを変更できない

ファイルが読み取り専用に設定されている可能性があります。読み取り専用のファイルは、ファイルは開けますが、上書き保存して変更することができません。

また、ほかのユーザーが使用しているネットワーク上のファイルを開こうとすると、読み取り専用になる場合があります。ファイルを変更したい場合は、ほかのユーザーの作業が終了してからファイルを開きましょう。

●ファイルが保存できない

ハードディスク／SSDの空き容量がなくなった可能性があります。不要なファイルを削除したり、別のメディアにファイルを移したりして、ハードディスク／SSDの空き容量を増やしましょう。

3-4 設定の基本操作

ここでは、設定の機能について学習します。設定の項目は多岐に渡るため、一部のみを紹介しています。

3-4-1 設定画面の表示

「設定」では、システムの設定、ユーザーアカウントの追加、デスクトップのデザインや画面の配色の設定、インターネットや接続に関する設定、プリンターやマウスなどの周辺機器、日付や時刻の設定などが行えます。
設定画面を表示する場合は、スタートメニューを使用します。

Lesson

設定画面を表示しましょう。

① ■ をクリックします。
② ⚙（設定）をクリックします。

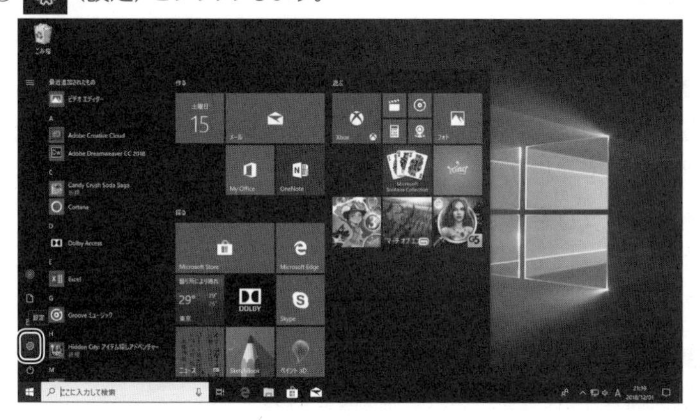

3-4-2 設定画面の機能

設定画面の各項目では、次のような設定ができます。

❶ システム

《システム》では、主に次のような設定が行えます。

●ディスプレイ

画面の明るさを変更したり、テキストやアプリケーションソフトのサイズを変更したりできます。解像度や画面の向きも設定できます。

●サウンド

音量の調節、音の再生や録音のための設定が行えます。

●通知とアクション

通知の表示／非表示や、各アプリケーションソフトごとの通知の設定を細かく行うことができます。

●電源とスリープ

電源を切るまでの時間や、スリープ状態になるまでの時間などを設定できます。

●ストレージ

記憶装置の現在の使用状況を確認できます。

●バージョン情報

コンピュータの仕様やWindowsの仕様（バージョン情報など）を確認できます。

参考

Windowsのバージョン

Windows 10でバージョンを確認する方法は、次のとおり。

◆ ⊞ → ⚙（設定）→《システム》→《バージョン情報》

❷ デバイス

《**デバイス**》では、主に次のような設定が行えます。

●プリンターとスキャナー

接続されているプリンターやスキャナーを表示したり、プリンターやスキャナーを追加・削除したりします。

●マウス

マウスボタンの左利き用への変更、マウスポインターのデザインや移動速度など、マウスに関する設定を行います。

●自動再生

DVDやCDなどのメディアをドライブにセットしたときの動作を設定します。

❸ ネットワークとインターネット

《**ネットワークとインターネット**》では、主に次のような設定が行えます。

●状態

現在のネットワークの状態を確認できます。ネットワークの設定の変更も行えます。

●Wi-Fi

Wi-Fiのオン／オフを切り替えられます。ネットワークの設定の変更も行えます。

❹ 個人用設定

《**個人用設定**》では、主に次のような設定が行えます。

●背景

デスクトップの背景を設定できます。用意されている画像だけでなく、任意の画像を設定することも可能です。

●ロック画面

ロック画面の背景を変更したり、スクリーンセーバーを設定したりできます。

●スタート、タスクバー

スタートメニューやタスクバーに表示される項目の種類や表示方法を設定できます。

参考

Wi-Fi

高品質な接続環境を実現した無線LANのこと。

Wi-Fiについて、詳しくはP.168を参照。

参考

スクリーンセーバー

一定の時間内に操作が行われなかった場合に、自動的に画像データを表示する機能のこと。

スクリーンセーバーについて、詳しくはP.137を参照。

❺ アプリ

《アプリ》では、主にアプリケーションソフトのインストールやアンインストール、既定のアプリケーションソフトの設定などができます。

❻ アカウント

《アカウント》では主に、ユーザーアカウントの追加や削除、パスワードの変更などが行えます。

❼ 時刻と言語

《時刻と言語》では、主に次のような設定が行えます。

●日付と時刻

日付や時刻、タイムゾーンなどを設定します。

●地域と言語

言語、時刻や日付などの表示を設定します。

❽ 簡単操作

《簡単操作》では、主に次のような設定が行えます。

●視覚、聴覚

拡大鏡やテキストの音声読み上げなど、視覚、聴覚、または四肢に障がいを持つ方のための操作性を向上させる設定を行います。

●音声認識

音声認識の設定を変更します。

❾ Cortana(コルタナ)

《Cortana》ではCortanaを使う場合のマイクの設定、言語、アクセス許可などが設定できます。

参考

Cortana

ユーザーが問いかけると、その問いかけに対してパソコンが答えを返してくれるヘルプ機能。

❿ 更新とセキュリティ

《更新とセキュリティ》では、Windowsを更新するWindows Update、セキュリティの確認/変更などが行えます。

3-4-3　日付と時刻の設定

コンピュータには、時計が内蔵されており、電源が入っていない状態でも動いています。この時計をもとに、コンピュータに日付と時刻が表示され、作業したファイルの作成日時や更新日時に使用されます。

Lesson

パソコンの日付を2018年11月1日に変更しましょう。(時刻は現在のままで変更しません)

①《**設定**》のホームが表示されていることを確認します。
②《**時刻と言語**》をクリックします。
③《**日付と時刻**》をクリックします。
④《**時刻を自動的に設定する**》の をクリックしてオフにします。
⑤《**日付と時刻を変更する**》の《**変更**》をクリックします。
⑥《**日付と時刻の変更**》が表示されます。

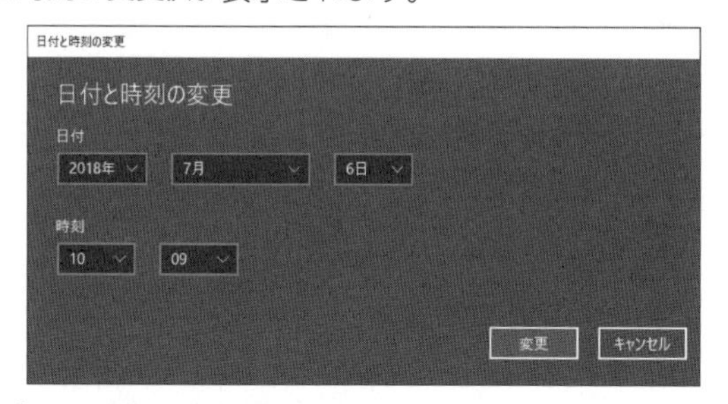

⑦ 日付を「**2018年11月1日**」に設定します。
⑧《**変更**》をクリックします。
※今日の日付に戻しておきましょう。
※《時刻を自動的に設定する》の をクリックしてオンに戻しておきましょう。
※ ← をクリックして、《設定》のホームに戻しておきましょう。

その他の方法

日付と時刻の設定

◆通知領域の時刻を右クリック→《日付と時刻の調整》

3-4-4　画面の設定

画面に**「スクリーンセーバー」**を設定したり、マルチモニタを設定したりできます。
スクリーンセーバーを設定すると、一定の時間内に操作が行われなかった場合に、自動的に画像データを表示して画面を見られないようにすることができます。
スクリーンセーバーの表示を解除するには、マウスを動かしたり、任意のキーを押したりします。

Lesson

《バブル》のスクリーンセーバーを設定しましょう。

①**《設定》**のホームが表示されていることを確認します。
②**《個人用設定》**をクリックします。
③**《ロック画面》**をクリックします。
④**《スクリーンセーバー設定》**をクリックします。
⑤**《スクリーンセーバーの設定》**が表示されます。
⑥**《スクリーンセーバー》**の［v］をクリックし、一覧から**《バブル》**を選択します。
⑦**《OK》**をクリックします。

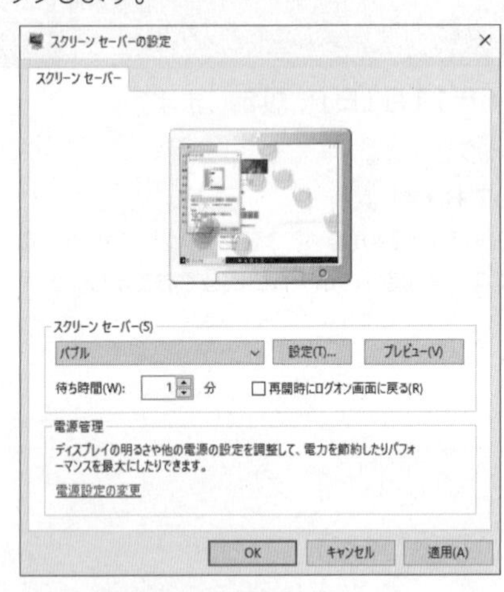

※スクリーンセーバーをもとの設定に戻しておきましょう。
※［←］をクリックして、《設定》のホームに戻しておきましょう。

参考

マルチモニタ

1台のコンピュータに複数のモニタを接続して、複数のモニタを使用すること。マルチモニタにすると、すべてのモニタに同じデスクトップを表示するか、デスクトップを拡張して表示するかなどを設定できる。最初から接続しているモニタを「プライマリモニタ」、2台目に接続したモニタを「セカンダリモニタ」という。
コンピュータにもう1台モニタを接続し、すべてのモニタに同じデスクトップを表示する方法は、次のとおり。

◆コンピュータにセカンダリモニタを接続→［スタート］→［⚙］（設定）→《システム》→《ディスプレイ》→《複数のディスプレイ》の［v］→《表示画面を複製する》

セカンダリモニタにデスクトップを拡張して表示する方法は、次のとおり。

◆コンピュータにセカンダリモニタを接続→［スタート］→［⚙］（設定）→《システム》→《ディスプレイ》→《複数のディスプレイ》の［v］→《表示画面を拡張する》

3-4-5　音量の設定

音量を調整できます。また、音の再生や録音のための周辺機器の設定も行えます。

Lesson

コンピュータの音量を変更しましょう。

①**《設定》**のホームが表示されていることを確認します。
②**《システム》**をクリックします。
③**《サウンド》**をクリックします。
④**《ボリューム》**の を左右にドラッグします。

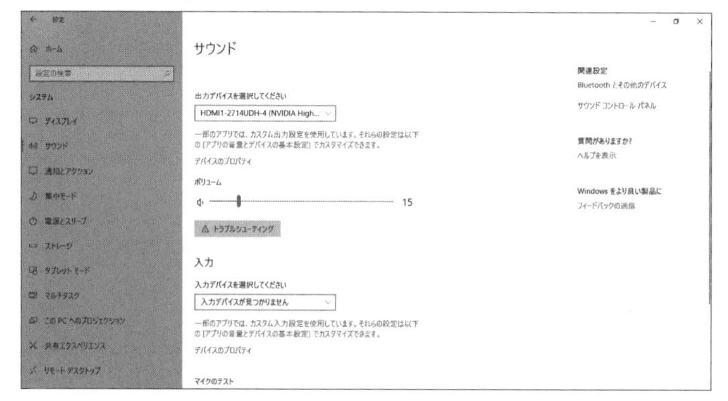

※コンピュータの音量をもとに戻しておきましょう。
※ ← をクリックして、《設定》のホームに戻しておきましょう。

その他の方法

音量の設定

◆通知領域の を右クリック→《サウンドの設定を開く》
◆通知領域の をクリック→ を左右にドラッグ

3-4-6　マウスの設定

マウスボタンの左右の機能の入れ替えやマウスポインターの形状、マウスポインターの移動やダブルクリックの速度などを設定できます。

Lesson

マウスポインターが画面を移動する速度を変更しましょう。

①**《設定》**のホームが表示されていることを確認します。
②**《デバイス》**をクリックします。
③**《マウス》**をクリックします。
④**《関連設定》**の**《その他のマウスオプション》**をクリックします。
⑤**《マウスのプロパティ》**が表示されます。
⑥**《ポインターオプション》**タブを選択します。
⑦**《ポインターの速度を選択する》**の を一番右にドラッグします。
※マウスポインターが移動する速度が速くなります。
⑧**《OK》**をクリックします。

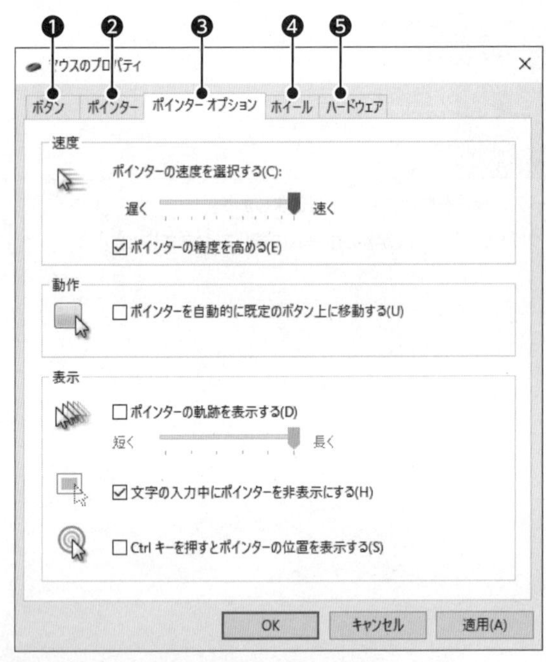

※マウスポインターが移動する速度をもとに戻しておきましょう。
※ ← をクリックして、《設定》のホームに戻しておきましょう。

参考

《マウスのプロパティ》

❶《ボタン》タブ
マウスボタンの左右の機能の入れ替えや、ダブルクリックの速度などを設定する。

❷《ポインター》タブ
マウスポインターのデザインや形状を設定する。

❸《ポインターオプション》タブ
マウスポインターが画面を移動する速度などを設定する。

❹《ホイール》タブ
マウスのスクロールボタンで画面をスクロールする量を設定する。

❺《ハードウェア》タブ
マウスの状態を確認したり、デバイスドライバを設定したりする。

3-4-7 キーボードの設定

キーを押し続けたときに2文字目以降の文字が表示される間隔やカーソルの点滅速度などを設定できます。

Lesson

キーを押し続けたときの2文字目以降の文字が表示される間隔を変更しましょう。

①**《設定》**のホームが表示されていることを確認します。
②**《デバイス》**をクリックします。
③**《Bluetoothとその他のデバイス》**をクリックします。
④**《関連する設定》**の**《デバイスとプリンター》**をクリックします。
⑤**《デバイスとプリンター》**が表示されます。
⑥パソコン本体のアイコンを右クリックします。
⑦**《キーボード設定》**をクリックします。
⑧**《キーボードのプロパティ》**が表示されます。
⑨**《速度》**タブを選択します。
⑩**《表示の間隔》**の をを一番左にドラッグします。
⑪**《このボックス内でキーを押し続けて、文字の入力をテストしてください》**のボックス内をクリックし、キーボードから任意のキーを押し続けます。
※2文字目以降の文字表示が遅くなります。
⑫**《OK》**をクリックします。

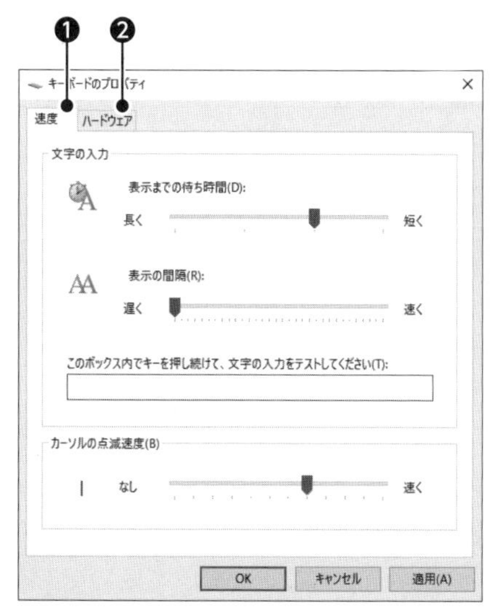

※文字が表示される間隔をもとに戻しておきましょう。
※ ← をクリックして、《設定》のホームに戻しておきましょう。

参考

《キーボードのプロパティ》

❶《速度》タブ
キーを押し続けたときに2文字目を表示するまでの時間や2文字目以降の文字を順次表示していく速度、カーソルの点滅速度を設定する。

❷《ハードウェア》タブ
キーボードのドライバを確認する。

3-4-8　プリンターの表示と変更

コンピュータにインストールされているプリンターを表示したり、プリンターを追加・削除したり、通常使うプリンターを設定したりできます。

❶ プリンターの表示

コンピュータにインストールされているプリンターを表示して確認できます。

Lesson

インストールされているプリンターを確認しましょう。

①**《設定》**が表示されていることを確認します。
②**《デバイス》**をクリックします。
③**《プリンターとスキャナー》**をクリックします。
④**《プリンターとスキャナー》**が表示されます。

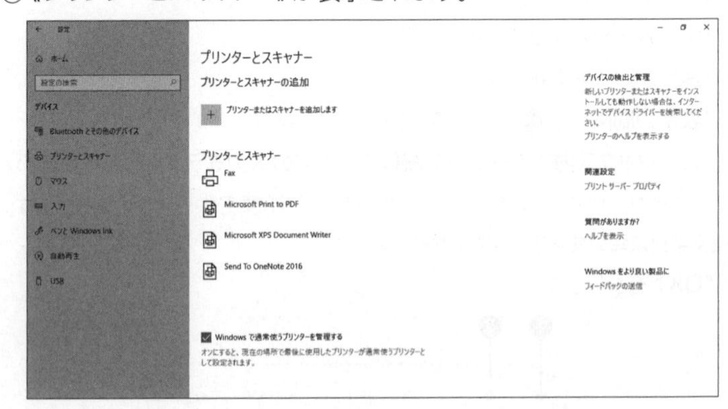

❷ プリンターの追加

プリンターを追加できます。ローカル接続（直接コンピュータに接続）されたプリンター、ネットワーク上にあるプリンターのどちらも設定できます。

Lesson

コンピュータにローカルプリンター**「EPSON ESC/P Mono 1 V4」**を追加しましょう。

①**《プリンターとスキャナー》**が表示されていることを確認します。
②**《プリンターまたはスキャナーを追加します》**をクリックします。
③**《プリンターが一覧にない場合》**をクリックします。
④**「プリンターの追加」**が表示されます。
⑤**《ローカルプリンターまたはネットワークプリンターを手動設定で追加する》**を◉にします。
⑥**《次へ》**をクリックします。
⑦**《既存のポートを使用》**を◉にします。
⑧ ⌄ をクリックし、一覧から**《LPT1：（プリンターポート）》**を選択します。
⑨**《次へ》**をクリックします。
⑩**《製造元》**の一覧から**《EPSON》**を選択します。
⑪**《プリンター》**の一覧から**《EPSON ESC/P Mono 1 V4 Class Driver》**を選択します。
⑫**《次へ》**をクリックします。

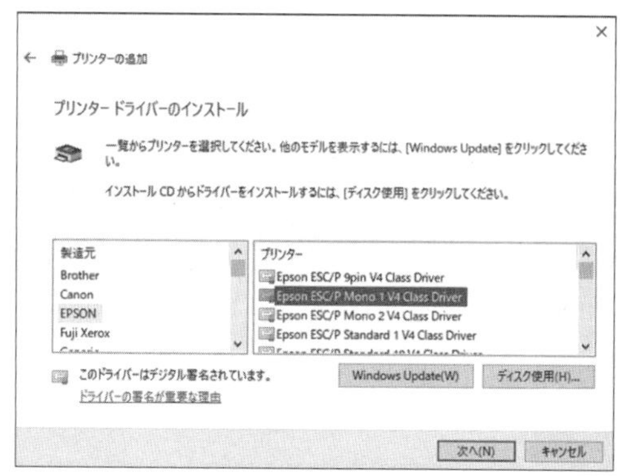

※「どのバージョンのドライバーを使用しますか？」と表示される場合は、《現在インストールされているドライバーを使う（推奨）》を◉にし、《次へ》をクリックします。
⑬**《次へ》**をクリックします。
※プリンターがインストールされます。

参考

通常使うプリンター

印刷のときに既定で使用されるプリンターのこと。複数のプリンターをインストールした場合、使用頻度が高いプリンターを通常のプリンターに設定しておくと、印刷のたびにプリンターを選択する手間を省くことができる。
既定では、最後に使ったプリンターが設定されている。
通常使うプリンターを変更する方法は、次のとおり。
◆《設定》を表示→《デバイス》→《プリンターとスキャナー》→《□ Windowsで通常使うプリンターを管理する》→任意のプリンターをクリック→《管理》→《既定として設定する》

⑭《**このプリンターを共有しない**》を◉にします。

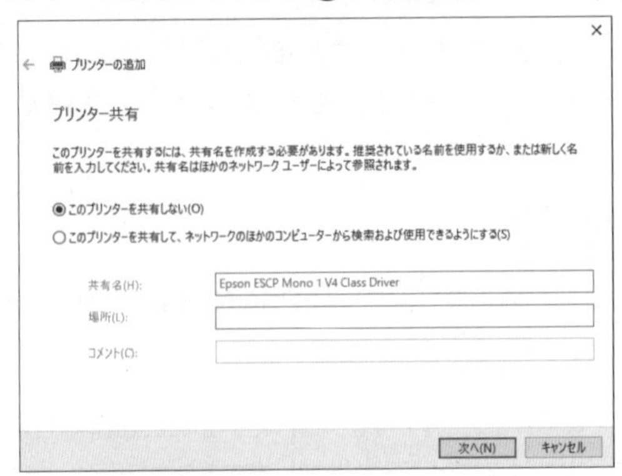

⑮《**次へ**》をクリックします。
⑯《**完了**》をクリックします。

❸ プリンターの削除

不要なプリンターは削除できます。

Lesson

追加したプリンター「**EPSON ESC/P Mono 1 V4**」を削除しましょう。

①《**プリンターとスキャナー**》が表示されていることを確認します。
②《**プリンターとスキャナー**》の《**Epson ESC/P Mono 1 V4 Class Driver**》をクリックします。
③《**デバイスの削除**》をクリックします。

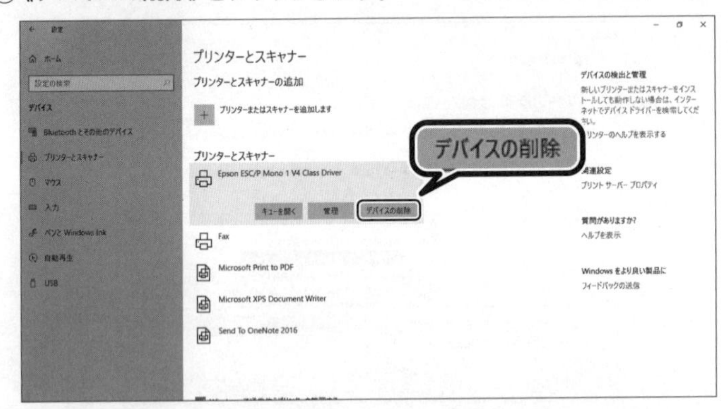

④ メッセージを確認し、《**はい**》をクリックします。
※ ← をクリックして、《設定》のホームに戻しておきましょう。

3-4-9　セキュリティの状態の確認

《更新とセキュリティ》では、コンピュータの安全性が正しく確保されているか、メンテナンス状況がどうなっているかなどを確認できます。更新とセキュリティは、コンピュータのセキュリティを総合的に監視し、コンピュータが危険にさらされている場合に警告メッセージを表示します。

Lesson

《更新とセキュリティ》を起動して、セキュリティの状態を確認しましょう。

① **《設定》**が表示されていることを確認します。
② **《更新とセキュリティ》**をクリックします。
③ **《Windowsセキュリティ》**をクリックします。

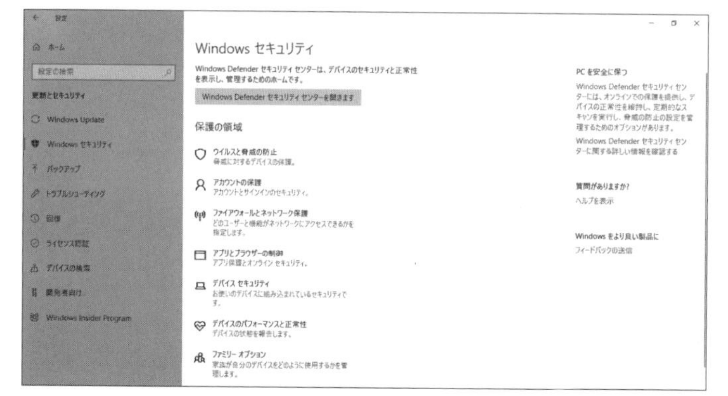

④ セキュリティの状態が表示できます。

※ ← をクリックして、《設定》のホームに戻しておきましょう。

参考

アクションセンターの警告メッセージ

アクションセンターは、パソコンを常に監視し、セキュリティを強化した方がよいと判断した場合に、警告メッセージを表示する。
表示された警告メッセージをクリックすると、アクションセンターが表示される。原因を確認し、該当する問題に対して適切に対処する。

参考

不正アクセス

侵入者や攻撃者が企業や団体、教育機関、個人などのコンピュータやネットワークを何の権限もなく不正に利用したり、運用を妨害したり、破壊したりする行為のこと。

3-4-10 障がい者の支援

文字やアイコンを見やすいように大きくしたり、音声でコンピュータを制御したりして、視覚、聴覚、または四肢に障がいを持つ方のために操作性を向上させることができます。

Lesson

文字やアイコンのサイズを大きくしましょう。

①**《設定》**のホームが表示されていることを確認します。
②**《システム》**をクリックします。
③**《ディスプレイ》**をクリックします。
④**《拡大縮小とレイアウト》**の**《テキスト、アプリ、その他の項目のサイズを変更する》**から ⌄ をクリックし、一覧から**《125%》**をクリックします。

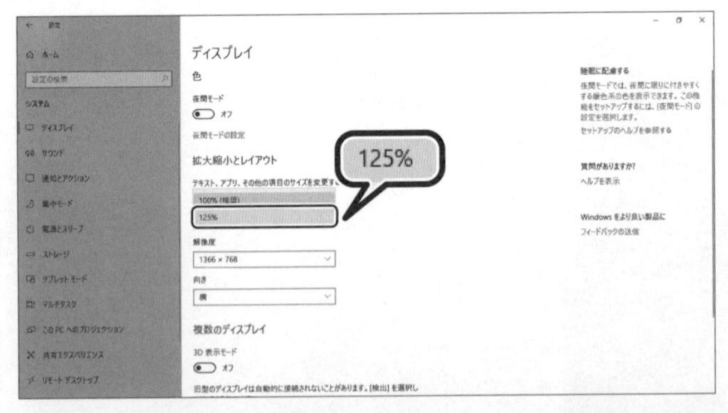

⑤ 文字やアイコンのサイズが変更されます。

※《ディスプレイ》の《テキスト、アプリ、その他の項目のサイズを変更する》の ⌄ をクリックして、《100%》をクリックし、画面をもとに戻しておきましょう。

※一部のアプリケーションソフトは、サインアウトするまで、拡大縮小の設定に応答しません。

3-4-11 システム設定の変更に関する注意点

《設定》では、コンピュータの設定を簡単に変更できます。しかし、設定する項目によっては、問題が発生する可能性があるため、設定を変更するには十分な知識が必要です。
また、変更したことで不具合が生じた際にはもとに戻せるように、変更前の設定内容を記録しておくようにしましょう。

1 システム設定の変更による影響

システムの設定を誤って変更してしまうと、問題が生じる場合があります。例えば、コンピュータの日付や時刻を変更すると、ファイルの作成日時や更新日時、電子メールの送受信日時などに影響します。日付や時刻を誤って変更してしまうと、誤った日時でファイルや電子メールが作成されてしまいます。そのほかにも、ハードウェアの設定を誤って変更してしまうと、周辺機器が正常に動作しなくなるなどの問題が発生する場合があります。
システムの設定を変更する場合は、十分に注意して行いましょう。

2 システム設定の変更の復元

システムの設定を変更する場合、問題が生じてもすぐに設定をもとに戻せるように変更内容を覚えておく必要があります。設定を変更する前に、もとの設定をメモしたり、**「復元ポイント」**を作成したりするなどして、もとの設定に戻せるように準備しておきましょう。復元ポイントとは、作成した時点のWindows 10のシステム情報やレジストリ情報を保存したものです。復元ポイントは自動または手動で作成できます。
システムの設定を変更して不具合が生じた場合は、設定をもとに戻します。**「システムの復元」**を行うと、トラブルが起きる前の状態に戻すことができます。システムの復元とは、復元ポイントを作成した時点の状態にWindows 10を戻すことです。
復元ポイントを作成する方法は、次のとおりです。

◆ → (設定)→検索ボックスをクリック→「システムの復元」と入力→検索結果の一覧から《復元ポイントの作成》を選択→《システムの保護》タブ→《作成》

システムを復元する方法は、次のとおりです。

◆ → (設定)→検索ボックスをクリック→「システムの復元」と入力→検索結果の一覧から《復元ポイントの作成》を選択→《システムの保護》タブ→《システムの復元》

参考

ネットワーク環境の設定変更
ネットワーク環境で使用しているコンピュータは、ネットワークに関する設定を変更できないように制限している場合がある。例えば学校などの場合、ネットワーク管理を担当している教師だけが設定を変更でき、一般の生徒などには設定を変更できないように制限されている。

参考

レジストリ
Windowsが動作する上で必要な情報を記録しているファイルのこと。アプリケーションソフトをインストールするとその情報もレジストリに記述される。

3-4-12 アプリケーションソフトのインストールとアンインストール

アプリケーションソフトの追加や削除ができます。コンピュータにアプリケーションソフトを追加することを**「インストール」**といい、削除することを**「アンインストール」**といいます。

❶ インストール

DVDやCDに収録されているアプリケーションソフトやインターネットからダウンロードしたアプリケーションソフトをコンピュータにインストールできます。

●メディアからのインストール

アプリケーションソフトをDVDなどのメディアからインストールする方法は、次のとおりです。

1 アプリケーションソフトのDVDをセットする

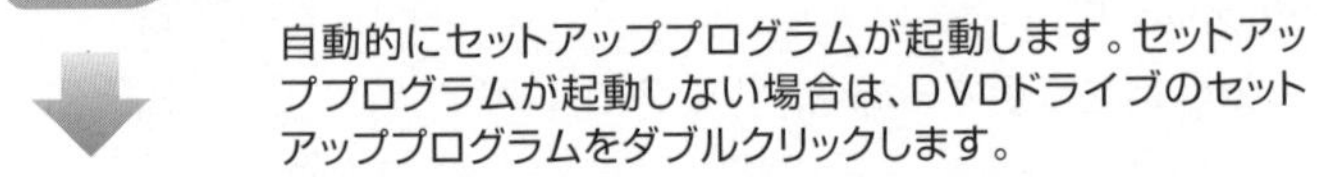
自動的にセットアッププログラムが起動します。セットアッププログラムが起動しない場合は、DVDドライブのセットアッププログラムをダブルクリックします。

2 画面のメッセージに従い、インストール作業を進める

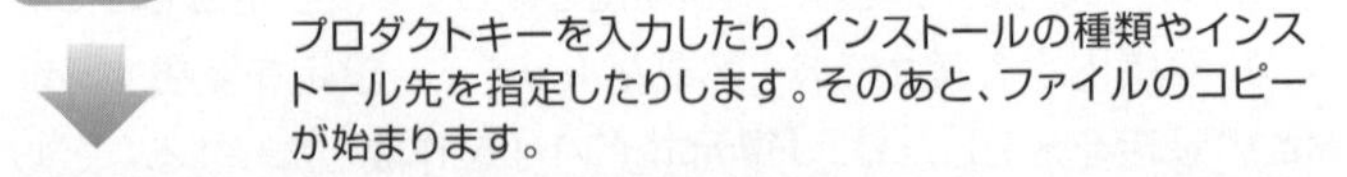
プロダクトキーを入力したり、インストールの種類やインストール先を指定したりします。そのあと、ファイルのコピーが始まります。

3 インストール完了のメッセージが表示される

インストールしたアプリケーションソフトはスタートメニューに登録されます。起動する場合は、スタートメニューのアプリケーション名をクリックします。

参考

セットアッププログラム
アプリケーションソフトをインストールするためのプログラムのこと。「インストーラ」ともいう。
「setup.exe」「install.exe」という名前になっていることが多い。

参考

プロダクトキー
ソフトウェア製品を使用可能にするための文字や数字を組み合わせた番号。インストールする際に必要になり、通常はCDケースなどに記載されているが、メーカーに直接番号を問い合わせて取得する場合もある。

●マイクロソフトの公式サイトからのインストール

アプリケーションソフトをマイクロソフトの公式サイトからインストールする方法は、次のとおりです。

1 事前にMicrosoftアカウントを作成する

Microsoft Edgeを起動して、URLに「office.com/setup」と入力し、《新しいアカウントの作成》をクリックして、Microsoftアカウントを作成します。

2 公式サイトにアクセスし、インストール作業を行う

プロダクトキーを入力したり、インストールの種類やインストール先を指定したりします。そのあと、ファイルのコピーが始まります。

3 インストール完了のメッセージが表示される

インストールしたアプリケーションソフトはスタートメニューに登録されます。起動する場合は、スタートメニューのアプリケーション名をクリックします。

●インターネットからダウンロードしてインストール

フリーソフトやシェアウェアソフト、インターネットで購入できるアプリケーションソフトなどは、インターネットからプログラムをダウンロードし、ユーザーのコンピュータにインストールできます。

コンピュータのハードディスクにダウンロードされたプログラムをダブルクリックすると、セットアッププログラムが起動します。あとは、画面の指示に従ってインストールします。

※ダウンロードサイトによっては、指示に従うことでインストールまで進みます。

Lesson

Microsoft Storeから**「Microsoft To-Do」**のアプリをインストールしましょう。

※ここでは、2018年8月現在、無料アプリである「Microsoft To-Do」をインストールします。

① タスクバーの (Microsoft Store) をクリックします。
② (検索) をクリックします。
③ 検索ボックスが表示されます。
④ 検索ボックスをクリックし、検索ボックス内に**「ToDo」**と入力します。
⑤ 検索結果の一覧が表示されます。
⑥ 検索結果の一覧から、**《Microsoft To-Do》**をクリックします。

参考

URLの入力

URLを入力する方法について、詳しくはP.248を参照。

⑦**《インストール》**をクリックします。

⑧ ダウンロードを開始し、インストールが始まります。

※有料アプリをインストールする場合は、購入手続きが必要です。購入後の払い戻しはできませんので、ご注意ください。

●オンラインアプリケーションの利用

ASPのサービスやSaaSなどで提供されるオンラインアプリケーションは、ユーザー自身でインストール作業をする必要はありません。インストールなどのアプリケーションソフトの管理作業は、サービス提供者が行います。例えば、SaaSを利用する場合、サービス提供者にサービスの利用を申し込み、IDとパスワードを入手します。Webブラウザを起動して、サービス提供者から案内されたURLにアクセスし、IDとパスワードを入力すれば、申し込んだサービスを利用できます。

2 アンインストール

不要になったアプリケーションソフトはコンピュータから削除できます。ハードディスク／SSDの空き容量を確保したい場合、不要なアプリケーションソフトは削除するとよいでしょう。
インストールされているアプリケーションソフトを削除する手順は、次のとおりです。

◆ → （設定）→《アプリ》→《アプリと機能》→一覧からアプリケーションソフトを選択→《アンインストール》→《アンインストール》

❸ アップデート

コンピュータにインストールされているソフトウェアの更新プログラムが提供されたら、アップデートします。ほとんどの場合、更新プログラムはソフトウェアの提供元からインターネットを通じてダウンロードできます。例えば、Office製品やMicrosoftのソフトウェアの更新プログラムは、**「Windows Update」**を使ってアップデートできます。インターネットに接続できない場合、DVDなどのメディアで提供してもらい、アップデートします。

Lesson

Windowsの更新プログラムをインストールしましょう。

① をクリックします。
② （設定）をクリックします。
③**《更新とセキュリティ》**をクリックします。
④**《Windows Update》**をクリックします。
⑤**《更新プログラムのチェック》**をクリックします。

⑥ 更新プログラムがある場合は自動で更新されます。

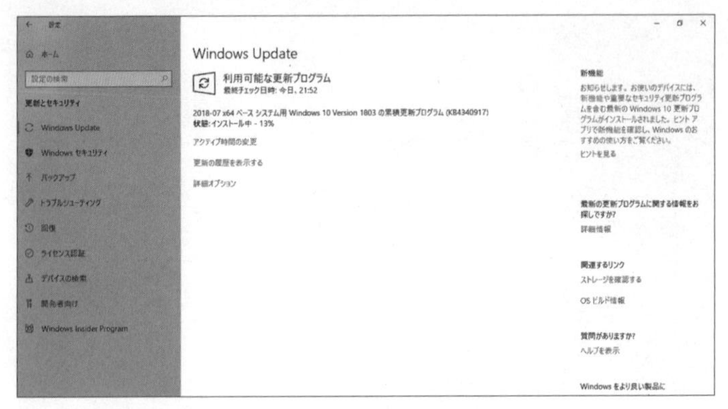

※更新プログラムがない場合は、「最新の状態です」と表示されます。

※更新プログラムの数によっては終了するまでに時間がかかることがあります。

※更新プログラムによってはインストール後に再起動する必要があります。

※すべてのウィンドウを閉じておきましょう。

❹ アップグレード

アップグレード製品は、店頭やインターネットで購入できます。店頭で購入した場合、DVDやCDを使ってインストールします。

インターネットで購入し、そのままアプリケーションソフトをダウンロードできる場合、ユーザーのコンピュータにダウンロードしてインストールします。インストール方法は、アプリケーションソフトによって異なるため、製品に添付されているマニュアルを確認しましょう。

❺ バックアップディスクの作成

通常、ソフトウェアをコピーして使うことは著作権法に違反します。ただし、製品のDVDなどが破損した場合を想定して、バックアップ用のディスク作成を目的としている場合は、その限りではありません。ソフトウェアメーカーが条件を付けてバックアップのためのコピーを許可している場合もあります。使っているソフトウェアの使用許諾契約の内容を読んだうえで作成するようにしましょう。

アプリケーションソフトのDVDのバックアップディスクを作成する場合は、ライティングソフト（書き込みソフト）を利用します。

3-5 練習問題

※解答・解説は巻末にある「解答と解説」P.309に記載しています。

問題3-1

次の画像の各部の名称として、正しい組み合わせを選んでください。

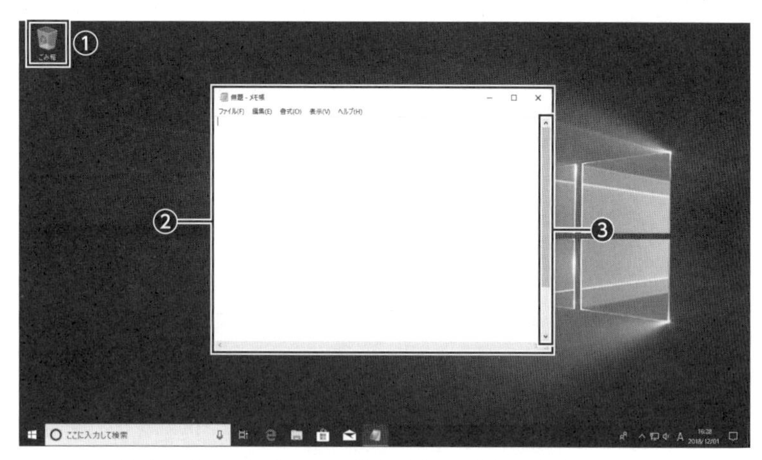

a. ①アイコン　②ダイアログボックス　③ツールバー
b. ①タスク　②ウィンドウ　③スクロールバー
c. ①アイコン　②ウィンドウ　③スクロールバー
d. ①ショートカット　②ダイアログボックス　③ツールバー

問題3-2

次のそれぞれの動作に適した説明はどれですか。適切なものを選んでください。

①再起動　②シャットダウン　③スリープ　④サインアウト

a. コンピュータを省電力の状態に保つ
b. コンピュータを完全に終了する
c. システムの動作が不安定なときなどに行う
d. 利用しているユーザーアカウントでのコンピュータの使用を終了する

問題3-3

USBメモリなどのような取り外しが可能な記憶装置の名称はどれですか。正しいものを選んでください。

a. フォルダ
b. ネットワーク
c. ドライブ
d. リムーバブルディスク

問題3-4

次の文章の(　)に入る組み合わせとして、適切なものを選んでください。

コンピュータでは、複数のアプリケーションソフトを起動して作業ができます。1つのウィンドウでの作業を(　①　)といい、同時に複数の(　①　)を動作させることを(　②　)といいます。現在操作の対象となっているウィンドウは(　③　)といいます。

a. ①タスク　②マルチタスク　③アクティブウィンドウ
b. ①ショートカット　②サムネイルプレビュー　③ドック
c. ①ウィンドウ　②マルチタスク　③サムネイルプレビュー
d. ①シングルタスク　②マルチタスク　③アクティブウィンドウ

問題3-5

ファイルシステムの説明はどれですか。正しいものを選んでください。

a. スパイウェアの対策を行ってくれる
b. 記録媒体に記録されたデータを管理する
c. よく使うコマンドを登録することができる
d. あたかもそこにいるような現実感を作り出してくれる

問題3-6

次のファイルの拡張子を書いてください。

(　　　　　　　　)

(　　　　　　　　)

問題3-7

サーバの共有フォルダに保存されている、あるファイルを開くことができません。考えられる原因として適切なものを選んでください。

a. サーバのハードディスク／SSDの空き容量が少なくなってきている
b. ファイルが読み取り専用に設定されている
c. ファイルに読み取りパスワードが設定されている
d. ファイル名に使用できない文字列が使われている

問題3-8

画像の精細さを表す用語はどれですか。適切なものを選んでください。

a. Unicode
b. ドット
c. 解像度
d. バイト

問題3-9

メモ帳とワードパッドを起動し、開いているウィンドウを重ならないように上下に並べてください。

※パソコンで操作しましょう。
※操作後、すべてのウィンドウを閉じておきましょう。

問題3-10

コンピュータを利用するうえで、一般のユーザーに対して利用を制限する必要がある行為はどれですか。適切なものを選んでください。

a. ファイルを削除する
b. ソフトウェアをインストールする
c. ロック画面の壁紙を変更する
d. 写真を閲覧する

問題3-11

必要最小限のシステム環境でコンピュータを起動し、トラブルに対処することができるものはどれですか。適切なものを選んでください。

a. 組み込みOS
b. ワークステーション
c. CUI
d. セーフモード

問題3-12

Windows 10にインストールされているアプリケーションソフトをアンインストールする方法はどれですか。適切な操作を選んでください。

a. 設定画面の《更新とセキュリティ》を選択する
b. ソフトウェアのプロパティを表示する
c. ソフトウェアのショートカットを《ごみ箱》にドラッグする
d. 設定画面の《アプリ》を選択する

問題3-13

Windows 10で、マウスポインターの速度を設定する方法はどれですか。適切なものを選んでください。

a. 《設定》→《デバイス》→《マウス》→《その他のマウスオプション》→《ポインターオプション》タブ
b. 《設定》→《デバイス》→《マウス》→《その他のマウスオプション》→《ポインター》タブ
c. 《設定》→《システム》→《マウス》→《ポインター》タブ
d. 《設定》→《システム》→《マウス》→《ポインターオプション》タブ

問題3-14

システムの設定を変更して不具合が生じた場合に行う作業はどれですか。適切と思われるものを選んでください。

a. ネットワーク環境の設定を変更する
b. 復元ポイントを作成する
c. ソフトウェアをアンインストールする
d. システムの復元を行う

第4章

ネットワーク

4-1　ネットワークの基礎知識 ………… 157
4-2　インターネットとWWWの概要 …… 172
4-3　クラウドコンピューティング……… 182
4-4　モバイルコンピューティング …… 188
4-5　ネットワークのリスクとセキュリティ… 192
4-6　練習問題 ………………………… 198

4-1 ネットワークの基礎知識

ここでは、コンピュータを使用したネットワークの基礎知識について学習します。

4-1-1 ネットワークとは

「ネットワーク」とは、日本語で“網”や“つながり”を意味します。コンピュータの世界では、様々な機器を通信回線によって接続し、情報を伝達することを**「ネットワーク」**といいます。このネットワーク上には、様々な種類のデータが流れ、情報を伝達する役割を担っています。
ネットワークを活用して伝達できるデータには、次のようなものがあります。

- ●文字
- ●写真
- ●オーディオ(音声、音楽など)
- ●動画(ビデオ)
- ●文書などのファイル

4-1-2 ネットワークのメリット

コンピュータを1台だけで使用していたスタンドアロンに比べて、ネットワークを利用すると、個人の生産性を高めたり、共同作業を容易にしたりできます。ネットワークでは、次のようなメリットがあります。

●コミュニケーションの強化

電子メールやインターネット、グループウェアをコミュニケーション手段として容易に利用できるほか、遠隔地でも格差のないコミュニケーションを図ることによって、個人の生産性を向上させることができます。

●共同作業

ネットワークにグループウェアを導入すると、スケジュールやプロジェクトの進捗状況などの情報を共有でき、ひとつの作業を複数のユーザーが担当するなど、グループでの共同作業が容易になります。

参考

スタンドアロンの場合
プリンタなどの周辺機器をコンピュータごとに用意する必要があり、データの管理も個々のコンピュータで行う必要がある。

参考

グループウェア
ネットワークによるグループ作業を効率的に行うソフトウェアの総称。スケジュール管理やファイル共有などの機能がある。

参考

プロジェクト
一定期間に特定の目的を達成するために行う活動のこと。

また、グループごとに共有できる情報を制限することもできます。たとえば、人事関連の情報は、人事部のユーザーだけが閲覧でき、開発部の作業文書は、開発部のユーザーだけが編集できるように制限するなど、ネットワーク上に公開しながらも機密性を保つことができます。

●リソースの共有

ネットワークに接続すると、複数のコンピュータでプリンタやスキャナなどの周辺機器や、ソフトウェアやファイルなどのデータを共有して利用できます。このような周辺機器やデータのことを**「リソース」**といいます。リソースは、共有することでネットワーク上に公開され、ネットワーク上のさまざまなコンピュータから使用できるようになり、利便性が向上します。

●リソースの集中管理

スタンドアロンでコンピュータごとに周辺機器を接続したりデータを保管したりしている場合は、個々に管理を行う必要がありますが、ネットワークでは、共有した周辺機器やデータを一括して管理できるため、作業の効率化が図れます。

●コスト削減

プリンタやスキャナなどの周辺機器を共有して利用できるので、コンピュータ1台1台に周辺機器を接続する必要がありません。そのため、購入費用を削減でき、周辺機器の稼働率を上げることができます。

4-1-3 インターネットへの接続

1 小規模組織・個人でのインターネットへの接続

スマートフォンは、購入当初からNTTドコモ、au、ソフトバンクなどの通信事業者（キャリア）のネットワークが設定されており、モバイルデータ通信やWi-Fiの電波につながっていれば、自動的にインターネットに接続されて様々なサービスを利用できます。

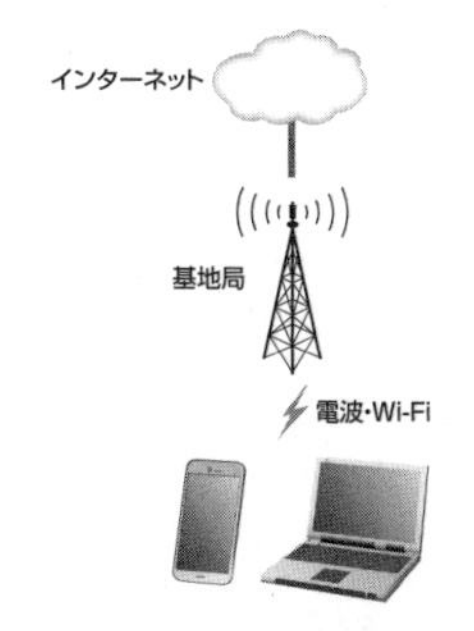

参考

共有

ネットワークに接続されている複数のコンピュータで、周辺機器やデータなどを使用できるように設定すること。

参考

通信事業者

NTTやKDDIなどの電話会社。

参考

Wi-Fi

高品質な接続環境を実現した無線LANのこと。
Wi-Fiについて、詳しくはP.168を参照。

しかし、コンピュータにはインターネット接続サービスは含まれていません。そのため、物理的な回線の使用と、その回線の上でインターネットの通信のやり取りを行うサービスを契約する必要があります。
NTTやKDDIなどの通信事業者が回線を提供し、プロバイダー（インターネットサービスプロバイダー）がその回線上でインターネットを利用するサービスを提供します。この2つがそろわないと、コンピュータをインターネットに接続することはできません。プロバイダーから提供されたIDとパスワードで認証することで、インターネットに接続できます。

参考

インターネットサービスプロバイダー（ISP）

インターネットに接続するサービスを提供する企業。「Internet Service Provider」の略称。「プロバイダー」ともいう。
プロバイダーは、常時インターネットに接続しているサーバを管理している。ユーザーはプロバイダーと契約することで、このサーバを中継点として、インターネットに接続することができるようになる。プロバイダーは、個人ユーザーのインターネットの入り口となり、Webページや電子メールなどのインターネットサービスを提供する。

Lesson

接続設定を行って、インターネットに接続します。プロバイダー、通信事業者との契約は済ませておきましょう。

①［スタート］をクリックします。
②（設定）をクリックします。
③**《設定》**が表示されます。
④**《ネットワークとインターネット》**をクリックします。

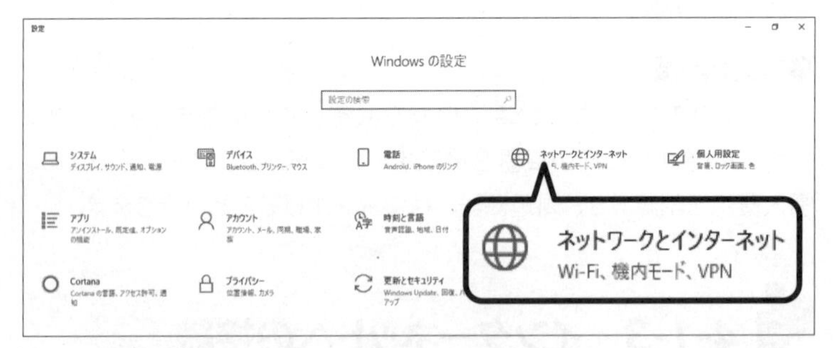

⑤**《イーサネット》**をクリックします。
⑥**《関連設定》**の**《ネットワークと共有センター》**をクリックします。
⑦**《新しい接続またはネットワークのセットアップ》**をクリックします。

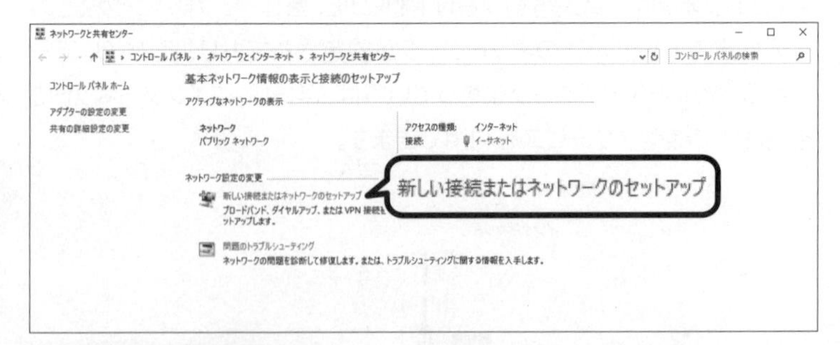

⑧**《インターネットに接続します》**をクリックします。

⑨**《次へ》**をクリックします。
⑩**《新しい接続をセットアップします》**をクリックします。
⑪**《ブロードバンド》**をクリックします。

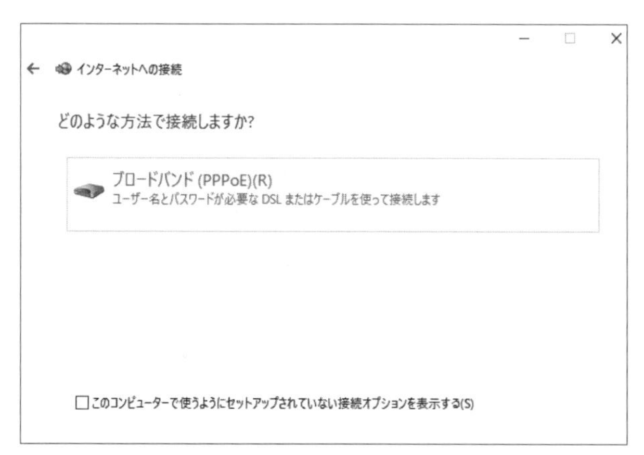

⑫**「ユーザー名」**と**「パスワード」**を入力します。
⑬**《接続》**をクリックすると、インターネットに接続されます。

❷ 企業・学校でのインターネットへの接続

●接続の概要

企業や学校など大規模な組織でインターネットに接続する場合も、通信事業者が提供する物理的な回線と、その上でインターネットのデータをやり取りするためのプロバイダーのサービスが必要です。通常は大量のデータをやり取りできる高速な有線接続（イーサネット）を契約します。
大規模な組織は機密情報を保持しているため、外部の人が自由にアクセスできては困ります。そこで、インターネットと組織をつなぐ経路に組織外からの攻撃を防ぐための**「ファイアウォール」**を設置します。ファイアウォールとは、防火壁の意味で、外部からの不正アクセスを防ぐ役割を果たします。
また、インターネットからの通信を各部署に振り分けるために、ルータの設置が必要になります。

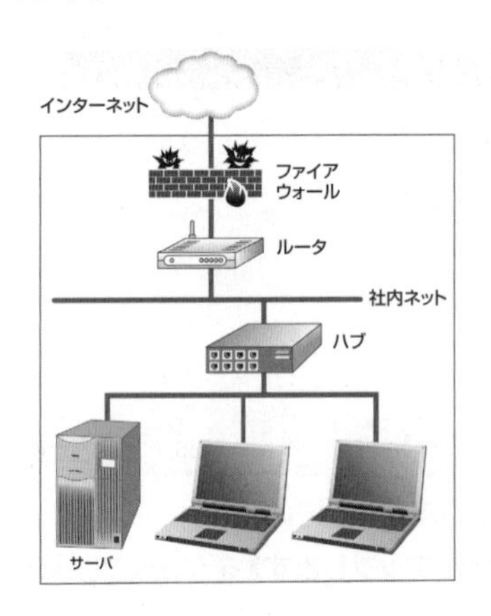

●ルーティング

企業や学校などの大規模な組織でコンピュータを利用する際は、多くの場合、部署ごとにクローズドな企業内LANや学校内LANを構築しています。したがって、企業や学校では、この企業内LANや学校内LANに対して、インターネットとの間の通信を振り分ける必要があります。これを**「ルーティング」**といい、これを実現する機器を**「ルータ」**といいます。
ルータは、具体的には、企業内LANや学校内LANに接続された機器に対して自動的にIPアドレスを割り当てています。そのため、どのコンピュータがどのようなリクエストをどこに送ったのかを把握し、その返事を該当するコンピュータに返すことができます。
規模が大きい組織では、1台のルータだけでは快適な通信環境が実現できないため、複数のルータを設置し、ルータ同士が情報をやり取りして、目的地となるメンバーのコンピュータまでデータを送るための、最適なルーティングを行います。
また、ルータは、企業内LANや学校内LAN同士の間の通信についても最適なルートを決定しています。
ルーティングが確立してはじめて、企業や学校のメンバーは、サーバなどに保存されている情報をお互いに共有し、それを利用して仕事をしていくことができます。

参考

IPアドレス
インターネットやLANなどのネットワークに接続するコンピュータに割り当てられた番号のこと。

●企業内LANや学校内LANへのネットワーク機器の接続

企業や学校のメンバーは各自のコンピュータを企業内LANや学校内LANに接続します。
ルータからのケーブルは、**「ハブ」**(HUB)という回線の物理的な分配機につなげ、ハブからのケーブルを各コンピュータにつなぐことで企業内LANや学校内LANを構成します。個々のコンピュータは、イーサネットケーブルをハブに差し込むことで企業内LANや学校内LANに接続します。物理的な接続だけで**「ワークグループ」**という企業内LANや学校内LANが構成でき、共有フォルダの情報を相互に利用することが可能になります。
スマートフォンの接続管理はキャリアが一手に行っていますが、企業内や学校内のネットワークの管理はそれぞれの企業内LANや学校内LANのネットワーク管理者が行います。企業や学校内のネットワークのIDとパスワードをネットワーク管理者に発行してもらってください。

4-1-4 ネットワークの規模と種類

ネットワークは、接続する規模や種類によって分類されます。

❶ ネットワークの規模

ネットワークは接続する規模によって、次の2つに分類されます。

●LAN

「LAN」とは、同一建物や敷地内などの比較的狭い範囲で、複数のコンピュータやプリンターなどをケーブルなどで接続したネットワークのことです。

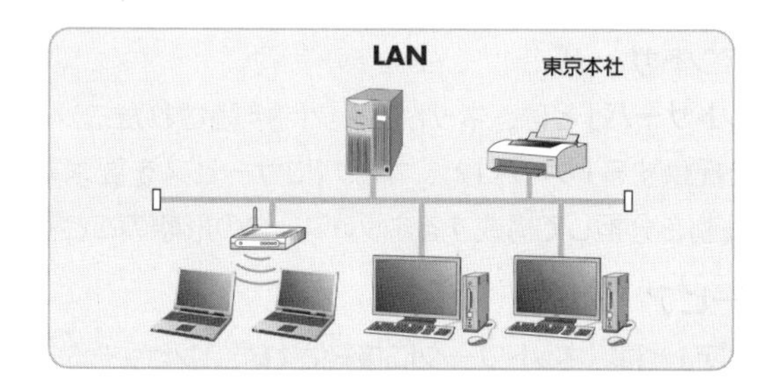

●WAN

「WAN」とは、離れたLAN同士を相互に接続した広域のネットワークのことです。LAN同士を接続するには、公衆網や専用線を使用します。

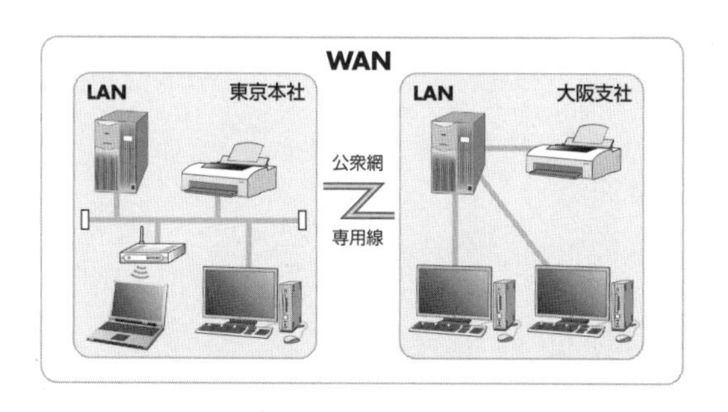

参考
LAN
「Local Area Network」の略称。

参考
WAN
「Wide Area Network」の略称。

❷ ネットワークの種類

ネットワークには、次のような種類があります。

●インターネット

「インターネット」とは、世界共通の技術を利用して、LANやWANなどの様々なネットワークを結んだ世界規模のネットワークの規格です。インターネットへ接続すると、電子メールをやり取りしたり、Webページを使って自由に情報を公開したり閲覧したりできます。

●イントラネット

「イントラネット」とは、社内ネットワークにインターネット技術を適用したネットワークのことです。インターネット技術を利用することで安価に社内ネットワークが構築でき、電子メールや電子掲示板などで情報を交換できます。

参考

電子掲示板

インターネット上で不特定多数の人と様々な話題についての意見や情報を交換できる仕組みのこと。

●エクストラネット

「エクストラネット」とは、複数の企業の間で利用できるイントラネットのことです。企業間で協力して事業活動をする場合にエクストラネットを構築し、情報伝達などに役立てます。

❸ ネットワークの接続形態

ネットワークの接続形態には、次のようなものがあります。

●クライアントサーバ

「クライアントサーバ」とは、ネットワークに接続されたコンピュータにサービスを提供する**「サーバ」**と、サーバにサービスを要求する**「クライアント」**に役割を分担して構成するネットワークの形態のことです。

●ピアツーピア

「ピアツーピア」とは、ネットワークに接続されたコンピュータを役割分担せず、お互いに対等な関係で接続するネットワークのことです。そのため、サーバとクライアントの区別がありません。

参考

VPN

インターネットなどの公衆網上に構築する仮想的に閉じたネットワークのこと。WANなど、遠隔地のネットワーク同士を接続する場合、通信事業者のサービスを介して接続しているにも関わらず、あたかも自社内で構築したネットワークのような使い勝手で利用できる。従来は、このようなネットワークの接続やWANには、専用線が使われていたが、最近では公衆網を企業の仮想の専用線として使うケースが増えている。データを送信する前に暗号化して目的のコンピュータに送信し、認証によって特定のユーザーしかアクセスできないようにする。
「Virtual Private Network」の略称。

4-1-5 クライアントサーバ

ネットワークに接続するコンピュータは、ほかのコンピュータにサービスを提供したり、そのサービスを利用したりします。サービスを提供するコンピュータを**「サーバ」**、サービスを要求し利用するコンピュータを**「クライアント」**といいます。このサーバとクライアントによって構成されるネットワークの形態を**「クライアントサーバ」**といいます。

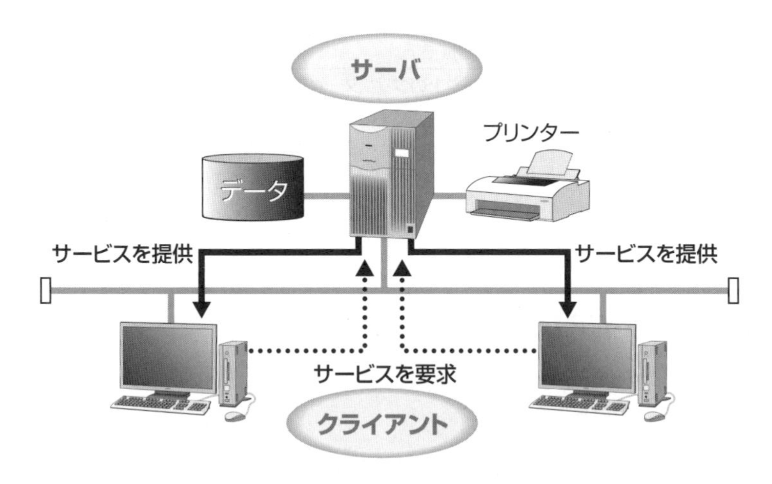

❶ サーバ

サーバは、ほかのコンピュータにサービスを提供し、ネットワークの中心的な役割を持ちます。

●サーバに使われるコンピュータ

ネットワークの規模や種類によって、サーバには様々なコンピュータが使われています。企業などの膨大な量の情報を扱う大規模なシステムでは、高速に大量のデータを処理できるメインフレームやワークステーションなどが採用されています。例えば、OSとしてUNIXやLinuxを搭載したコンピュータは、サーバソフトを組み込むことでネットワークやインターネットのサーバとして利用されています。
そのほか、Windows Server 2016やmacOS ServerなどのサーバOSを搭載したコンピュータもサーバとして利用できます。

参考

メインフレーム
オンライン処理、リアルタイム処理など広い範囲で使用できるように設計されたコンピュータ。座席予約システムや銀行のオンラインシステムなどで使用されている。「汎用コンピュータ」ともいわれる。

参考

ワークステーション
メインフレームよりひと回り小さいサイズのコンピュータ。科学技術計算やCADなどに機能を特化させたものがよく使われる。高性能なCPUが使われ、処理能力も高い。

参考

サーバソフト
サーバ機能を持たせるためのソフトウェアのこと。あらかじめサーバ機能を搭載したサーバOSもある。

●サーバの役割

サーバの代表的な役割には、次のようなものがあります。

役 割	説 明
データの集中管理	大容量のハードディスク／SSDを持つサーバを設置すると、多くのデータを1か所に集中して管理できる。データの使用を許可されているユーザーは、ネットワークに接続されているコンピュータから、サーバに保管されているデータを参照したり、編集したりできる。また、データを1か所で管理することで常に最新のデータを保存しておくことができ、ユーザーは、ネットワークを経由していつでも利用できる。
周辺機器の管理	ネットワーク上のプリンターやスキャナなどの周辺機器を管理できる。使用が許可されているユーザーは、ネットワークに接続されているコンピュータから周辺機器を使用できる。ユーザーが周辺機器を使用すると、その命令はサーバを経由して、周辺機器に伝えられる。周辺機器への命令が、複数のユーザーから同時に発生しても、サーバは順序よく処理できるように制御している。

2 クライアント

クライアントは、サーバに要求を出して、サーバが提供するサービスを利用するコンピュータです。

●クライアントに使われるコンピュータ

コンピュータをクライアントとして使用するには、ネットワーク機能を搭載したOSが組み込まれている必要があります。WindowsやmacOSなどのOSには、ネットワーク機能が搭載されているため、これらのOSを搭載したデスクトップ型パソコンやノート型パソコンがよく使われています。そのほかにも、ネットワーク機能を搭載したOSが組み込まれているスマートフォンやタブレット端末も、クライアントとしてネットワークに接続できます。
最近では、ゲーム機や電化製品もネットワークに接続でき、サーバから最新のプログラムをダウンロードしたり、機能を追加したりできます。

4-1-6 コンピュータの接続方法

コンピュータをネットワークに接続する方法には、**「ケーブル接続」**と**「ワイヤレス接続」**があります。

❶ ケーブル接続

「ケーブル接続」とは、LANケーブルを使用してコンピュータとネットワークを接続する方法です。
ケーブル接続するためのハードウェアには、次のようなものがあります。

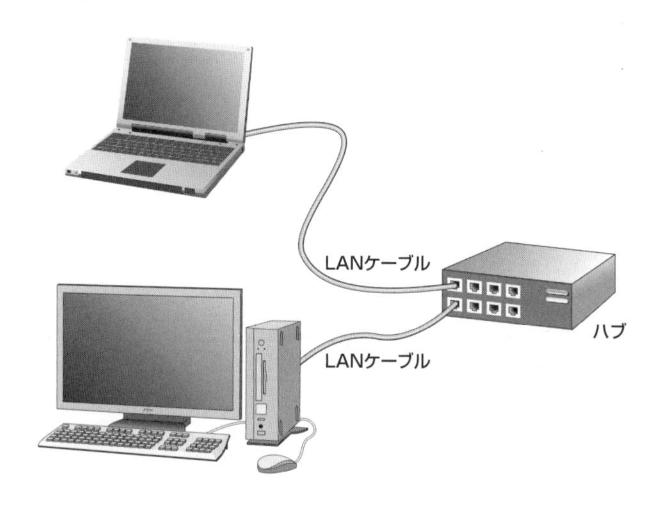

種　類	説　明
LANボード	ネットワークに接続するためのLANケーブルを差し込む「LANポート」を備えた拡張ボード。「LANアダプタ」、「NIC（ネットワークインタフェースカード）」ともいう。コンピュータ本体に内蔵されているものが多い。
LANケーブル	コンピュータをネットワークに接続するためのケーブル。一般的には、「ツイストペアケーブル」が使用されている。ただし、ネットワークの規格によって使用するケーブルが異なる場合がある。
ハブ	コンピュータからLANケーブルを接続する集線装置。ネットワークの中継点としての役割を担う。ハブには、LANケーブルを接続するためのLANポートがあり、LANポートの数だけコンピュータを接続できる。

❷ ワイヤレス接続

「ワイヤレス接続」とは、LANケーブルを使用せず、無線通信でコンピュータとネットワークを接続する方法です。**「ワイヤレス通信」**または**「無線接続」**ともいわれます。LANケーブルを使わないので、オフィスレイアウトを頻繁に変更したり、配線が容易でなかったり、または美観を重視したりするような場所で利用されます。

ワイヤレス接続をするためのハードウェアには、次のようなものがあります。

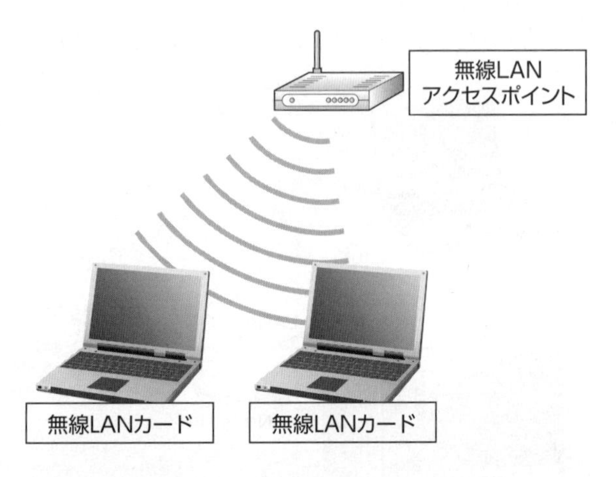

種　類	説　明
無線LANカード	通信機能を備えた拡張カードで、無線LANアクセスポイントを介してネットワークに接続するための装置。コンピュータ本体に内蔵されているものが多い。無線LANアクセスポイントを介さず、無線LANカード同士で直接通信を行う製品もある。
無線LANアクセスポイント	無線LANカード同士のデータのやり取りを仲介する装置。通信エリア内であれば障害物をある程度無視できるため、コンピュータの設置場所を自由に移動して使用できる。

4-1-7 ネットワークの規格

ネットワークには様々な規格があり、規格ごとにケーブルの種類や接続形態などが決められています。異なる種類の機器やネットワーク間でも、規格をそろえることで、通信や共同作業ができるようになります。通信の標準規格として**「イーサネット」**や**「IEEE802.11」**などがあります。

❶ イーサネット

「イーサネット」とは、最も普及しているネットワークの国際標準規格です。
イーサネット規格には、次のような種類があります。

種　類	特　徴
イーサネット	通信速度は10Mbpsで、主に企業や家庭内のコンピュータを接続する用途で使われる。ツイストペアケーブルを利用した10BASE-Tなどがある。
ファスト・イーサネット	通信速度を100Mbpsに高めた、高速なイーサネット規格。光ファイバーケーブルを利用した100BASE-FXなどがある。
ギガビット・イーサネット	通信速度を1Gbps(1000Mbps)に高めた、高速なイーサネット規格。光ファイバーケーブルを利用した1000BASE-LXなどがある。

❷ IEEE802.11

「IEEE802.11」は、無線LANを構築するための最も普及している国際標準規格です。使用する周波数や通信速度によっていくつかの規格があり、主に5つの規格が使われています。

規　格	使用周波数帯	通信速度	特　徴
IEEE802.11a	5.2GHz	54Mbps	通信速度が遅い。使用周波数帯が高いため、障害物の影響を受けやすい。
IEEE802.11b	2.4GHz	11Mbps	通信速度が遅い。使用周波数帯が低いため、障害物の影響は受けにくい。
IEEE802.11g	2.4GHz	54Mbps	IEEE802.11bと互換性があり、これと比較して通信速度は速い。

参考

Wi-Fi

高品質な接続環境を実現した無線LANのこと。現在では無線LANと同義で使われている。無線LANが登場して接続が不安定だった頃、高品質な接続が実現できるものをWi-Fiと呼んで区別した。「Wireless Fidelity」の略。直訳すると「無線の忠実度」の意味。
近年では、様々な場所にWi-Fiのスポットが設置されており、パソコンや携帯情報端末などを接続できる。家庭用のWi-Fiも普及している。

規　格	使用周波数帯	通信速度	特　徴
IEEE802.11n	2.4GHz／5.2GHz	600Mbps	複数のアンテナ利用により理論上600Mbpsと通信速度が速い。現在の主流となっている。
IEEE802.11ac	5.2GHz	6.9Gbps	IEEE802.11nの後継となる次世代の規格であり、これと比較して複数のアンテナの組み合わせ利用により通信速度はさらに速い。

4-1-8　ネットワークの通信方式

ネットワークに接続するための通信方式には様々なものがあり、それぞれ特徴や必要な機器が異なります。環境やコスト、通信速度、信頼性などを考慮して通信方式を選択します。
現在では、ブロードバンドの**「FTTH」**や**「CATV」**などが主流です。ブロードバンドは、高速な通信や常時接続、定額料金などを特徴としています。企業などの大規模な組織では、インターネットとの接続に、光ファイバーや**「専用線」**などのブロードバンドが採用されています。
主なブロードバンドの通信サービスの種類は、次のとおりです。

参考
ブロードバンド(BroadBand)
広い帯域を使った高速で大容量な通信サービスのこと。
「ブロード」(Broad)は、幅が広いという意味。「バンド」(Band)は、通信に利用する周波数の帯域を意味する。かつては「ナローバンド」という狭い帯域を使った低速で容量の少ない通信サービスが存在した。

❶ FTTH

「FTTH」(光ファイバー通信)とは、光ファイバーを使用して光信号を流す、高速な通信方式です。利用するには、建物内に光ファイバー回線の引き込み工事が必要です。最大2Gbpsと、個人ユーザーが利用できる通信方式の中では、現在最も高速にインターネットへ接続できます。

参考
FTTH
「Fiber To The Home」の略称。

参考
光ファイバー
石英ガラスやプラスチックなどでできている細くて軽いケーブル。データの劣化や減衰がほとんどなく信号を伝送することができ、電磁波の影響を受けない。

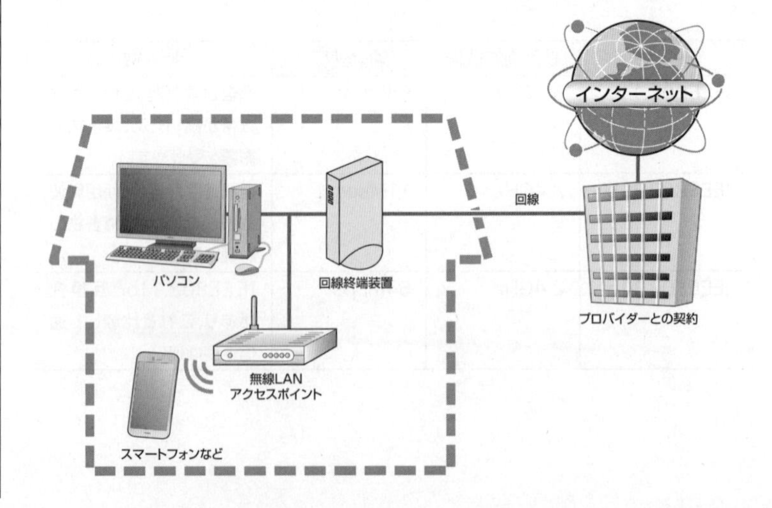

② CATV

「**CATV**」(ケーブルテレビ)とは、映像を送るためのケーブルテレビ回線で使われていない帯域を利用して、ネットワークに接続するサービスのことです。ケーブルテレビ会社にもよりますが、最大320Mbps程度の高速通信ができます。この通信方式では、**「ケーブルモデム」**という装置が必要です。

参考

ケーブルモデム
ケーブルテレビ回線からネットワークに接続するための機器。

③ ADSL

「**ADSL**」(非対称デジタル加入者回線)は、DSLという電話回線の通話で利用していない高い帯域を利用し、高速データ通信ができる非対称型サービスのことです。非対称とは、上り(コンピュータからネットワーク)と下り(ネットワークからコンピュータ)で通信速度が違うことで、上りで512Kbps～5Mbps、下りで1.5Mbps～50Mbpsの通信ができます。特にインターネットのWebページの閲覧やファイルのダウンロードなど、下りの通信量が多い場合に適した通信サービスです。
通信速度が速く、1つの回線を音声通話とデータ通信の両方で共用するため、電話をしながらインターネットを利用できます。
この通信方式では**「ADSLモデム」**と**「スプリッタ」**という装置が必要です。

参考

ADSL
「Asymmetric Digital Subscriber Line」の略称。

参考

ADSLモデム
コンピュータをADSLに接続する場合に必要になる機器。

参考

スプリッタ
電話回線をADSLモデムと電話に分配して、ネットワークと電話を利用できるようにするための機器。

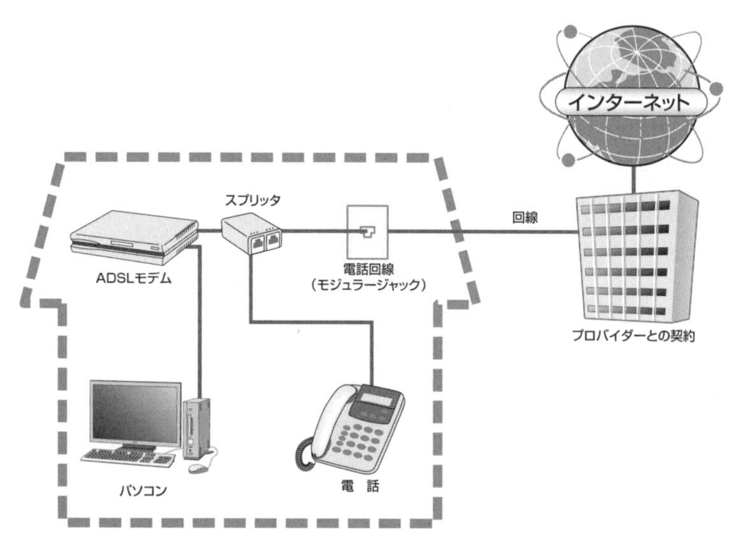

④ 専用線

特定の2つの拠点を結ぶ通信回線です。専用線を、インターネットの接続に利用している企業があります。専用線の使用にコストがかかるため、個人ユーザーが利用することはあまりありません。

4-1-9　ネットワークに接続できる機器

コンピュータ（パソコン）以外にも、様々な機器がネットワークに接続できます。

●スマートフォン

自由に持ち運びができる電話のことです。携帯できる電話機でありながら、ネットワークに接続でき、電子メールやインターネットの利用、クラウドサービスで提供される様々なアプリケーションを使用することができます。

●タブレット端末

タッチパネル式の携帯できるコンピュータのことです。ネットワークに接続されることを前提として作られています。キーボードなどは付いておらず軽量であるため、携帯して手軽にインターネットを利用するのに便利です。

●IP電話

デジタル化した音声を、インターネットを利用して伝送するサービスです。電話回線よりも設備コストを抑えることができるため、比較的使用料が低く設定されています。また、通話距離による料金格差もないため、遠隔地への通話コストを低く抑えることもできます。

●コンピュータゲームシステム

コンピュータゲームシステムに無線LANやインターネットなどの通信機能が組み込まれ、手軽にネットワークに接続できます。

4-2 インターネットとWWWの概要

ここでは、インターネットやWWWの基礎知識、様々なWebサイト、Webページの構成要素などについて学習します。

4-2-1 インターネットとWWW

「インターネット」とは、様々な地域のネットワークを相互につなげた、世界規模の巨大なネットワークのことです。家庭で使用されているコンピュータを、FTTHなどを使ってインターネットに接続すると、そのコンピュータもインターネットの一部になります。また、企業などのLANを経由してインターネットに接続すると、そのLANもインターネットの一部といえます。

「WWW」(World Wide Web)とは、インターネットを使ってWebページを表示する仕組みのことです。**「Webページ」**とは、インターネット上に公開された情報のことで、テキストデータ(文字データ)だけではなく、画像、音声、動画などの情報を扱うことができます。Webページはインターネット上にある**「Webサーバ」**または**「WWサーバ」**(以下**「Webサーバ」**と記載)で管理されており、利用者はWebサーバにアクセスすることで、情報収集やオンラインショッピングなどでWebページを自由に閲覧したり、作成したりできます。

4-2-2 インターネットやWWWの基礎知識

インターネットやWWWに関連する用語には、様々なものがあります。

❶ Webページの仕組み

ほとんどのWebページは、通常、複数のページから構成されています。例えば、図のページは"トップページ""自己紹介""掲示板""写真集"の個々のWebページが1つのまとまりになって、それぞれのWebページを自由に移動できるようになっています。このWebページがまとまった単位を**「Webサイト」**といいます。また、Webサイトの入り口に当たるWebページを**「トップページ」**といいます。

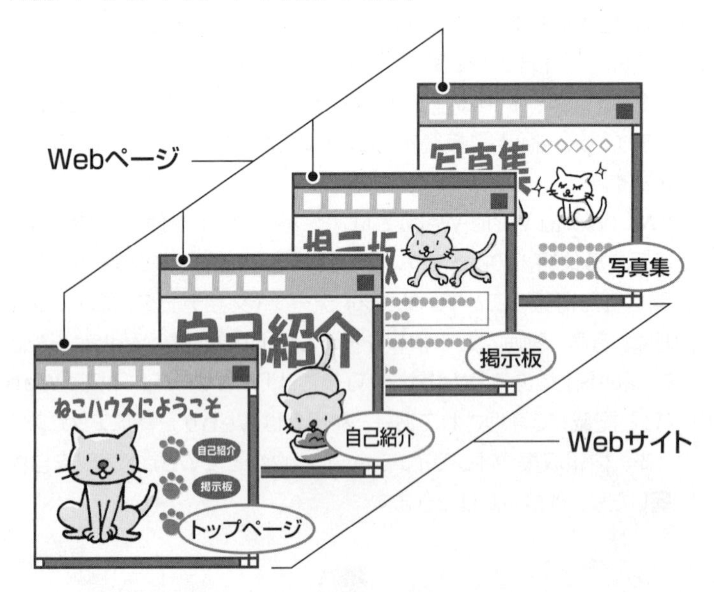

また、Webページは、Webページの構造を定義する言語を使用して作成します。Webページを作成するときによく使われる言語には**「HTML」**と**「XML」**があります。

言語	説明
HTML	見出しや段落などの文書の構造を記述するマークアップ言語の1つ。コンピュータが文書の構造を判断できるように、「タグ」といわれる制御文字を使って、どのようにWebページを表示するのかを指示する。 HTMLで記述されたファイルを「HTMLファイル」という。
XML	HTMLと同じように、見出しや段落などの文書の構造を記述するマークアップ言語の1つ。タグを独自に定義することができることから、拡張可能なマークアップ言語といわれる。

参考

ホームページ

本来ホームページは、Webブラウザを起動すると最初に表示されるWebページのことを意味していたが、現在は、Webページそのものを指す言葉やインターネット上の情報の総称として使用されている。

参考

HTML

「HyperText Markup Language」の略称。

参考

XML

「eXtensible Markup Language」の略称。

❷ URL

インターネットでは、情報を引き出すために**「URL」**を使用します。URLは、Webページが保存されている場所を示すための規則で、単に**「アドレス」**ともいいます。身近な例でたとえると住所のようなものになり、Webページのある場所を示した文字列ですべて固有のものとなっています。WebページのURLがわかる場合は、直接URLを入力してWebページを表示します。
URLは、**「HTTP」**というプロトコルとWebサーバの**「ドメイン名」**で構成されています。

●URLの例

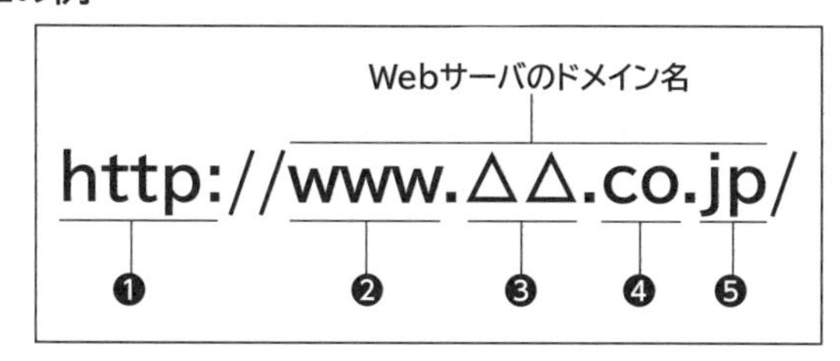

要　素	説　明
❶プロトコル	コンピュータ同士が通信を行うときの転送方法の規則、手順。 「HTTP」は、WebブラウザからWebサーバにデータを送受信するときに使われるプロトコル。
❷Webサーバ名	アクセスするWebサーバの名前を表す。
❸組織名	企業や団体などの組織名を表す。
❹組織種別	組織の種類を表す。 co：企業　go：政府機関 ne：ネットワークサービス関連　ac：大学系教育機関 ed：小中高等学校　or：法人など、その他の団体
❺国際ドメインコード	国名や機関名を表す。 jp：日本　uk：イギリス　fr：フランス　cn：中国

※❷～❺は、ドメイン名を構成する要素です。

参考

HTTPS
HTTPにセキュリティ機能を追加したプロトコルのこと。プライバシーに関わる情報やクレジットカード番号などを安全にやり取りすることができるため、オンラインショッピングを行うWebサイトでよく利用される。
「HyperText Transfer Protocol Security」の略称。

参考

FTP
インターネット上でファイルのアップロードやダウンロードに利用されるプロトコルのこと。
「File Transfer Protocol」の略称。

参考

IPアドレス
インターネットやLANなどのネットワークに接続するコンピュータに割り当てられた番号のこと。各コンピュータの住所を表し、IPアドレスで各コンピュータを識別している。特に、インターネットの世界で割り当てるIPアドレスを「グローバルIPアドレス」といい、世界中で重複しないように管理されている。

❸ Webブラウザの機能

Webブラウザは文字や画像、音声、動画などの情報を、HTMLやXMLなどのマークアップ言語で記述されたとおりに画面に表示します。

■HTMLファイル

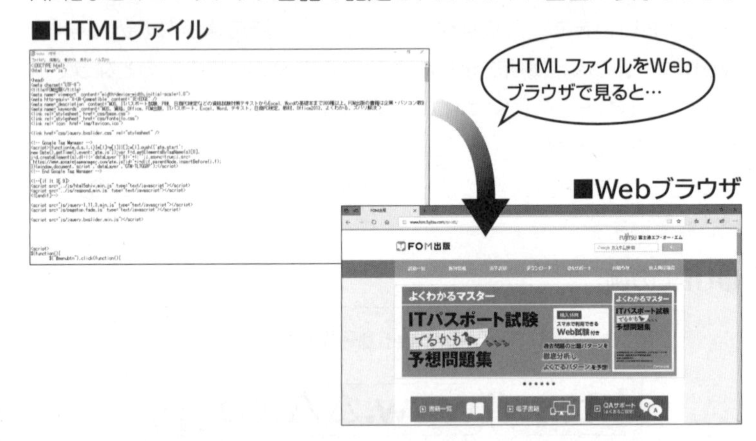

Webブラウザに、閲覧するWebページのURLを入力すると、URLが示しているWebサーバ内のデータを探し出してWebブラウザ上に表示します。ただし、Webブラウザの特定のバージョン（例えば最新バージョンなど）を使用しないと、正しく表示されないWebページもあります。また、Webブラウザはキャッシュを利用することでWebページが表示されるまでの時間を短くすることができます。

●キャッシュ

「キャッシュ」とは、Webページが表示されるまでの時間を短縮するために、以前表示したWebページを一時的に保存しておく仕組みのことです。Microsoft Edgeでは**「インターネット一時ファイル」**といいます。以前表示したWebページを再度閲覧するときに、Webブラウザではキャッシュからwebページを読み込んで表示します。しかし、キャッシュにあるWebページは最新の情報でないことがあるので、最新の情報に更新するとよいでしょう。なお、Microsoft Edgeで最新の情報に更新するには、［↻］（最新の情報に更新）をクリックします。

❹ インターネットのセキュリティ

インターネットの普及により簡単に情報をやり取りできますが、個人情報などの大切な情報は、自分で管理して守らなくてはいけません。
コンピュータで情報を保護する技術には、次のようなものがあります。

技 術	説 明
暗号化	ネットワーク上のデータを一定の規則で変換し、第三者にわからないようにすること。データの漏えい・改ざんを防止できる。 代表的な暗号化に、「SSL」がある。SSLは、Webページに入力した情報がほかの人に漏れないように暗号化する仕組みのこと。SSLを使ったWebページを表示すると、WebページのURLに「https://～」と表示される。クレジットカードで代金を支払う場合は、クレジットカード番号や有効期限など、重要な情報を入力するので、SSLに対応したWebページを利用する。
デジタル証明書	認証局が発行する、データの内容や発信元を証明するデータ。インターネットで商取引を行う場合などに、内容が改ざんされていないことや発信元が本人であることを認証局によって証明することができる。

参考

SSL

「Secure Sockets Layer」の略称。

参考

認証局

電子商取引事業者などに、デジタル証明書を発行する機関。

❺ インターネットを利用した技術

インターネットではWWW、メールなどの規格を基に、さらに手軽に情報を発信する仕組みが提供されています。よく使われている技術には、次のようなものがあります。

技 術	説 明
RSS	Webページの見出しや要約などの情報を記述する形式のこと。RSS形式のデータを「RSSフィード」という。RSSフィードを利用することにより、Webページにアクセスすることなく、見たいWebページの更新情報を知ることができる。
ブログ	Weblogのことで、作者の身辺雑記から世間のニュースに関する意見まで、自分の意見や情報をインターネット上に発信できるWebページ。各プロバイダーなどでブログを簡単に作成できるサービスが提供されている。
Wiki	Webブラウザを使用して簡単にWebページの作成・編集ができるWebコンテンツ管理システムのこと。Wikiの利用例として、複数のユーザーが共同してインターネット上の百科事典を作る「Wikipedia」がある。
ポッドキャスト	アップル社の携帯型音楽プレーヤー「iPod」と、放送「broadcast」という言葉を組み合わせた造語。音楽やラジオなどの音声や動画ファイルを配信する機能や仕組みを指す。ポッドキャストを利用すると、インターネット上で配信されている最新の音声・動画を自動的にダウンロードして視聴することができる。

参考

RSS

RSSには複数の規格があり、日本ではRSS2.0という規格が普及している。
「Really Simple Syndication」の略称。

4-2-3　様々なWebサイト

インターネットには様々な目的のWebサイトがあります。

●商用

商用のWebサイトでは、商品の閲覧から購入、決済までを行うことができます。インターネットを利用して、契約や決済などの取引を行うことを**「e-コマース」**といいます。

商用のWebサイトの多くは、**「オンラインデータベース」**を利用しています。オンラインデータベースとは、ネットワーク上のサーバに蓄積されている大量の情報のことで、ネットワークを利用して、必要な情報を即時に表示します。在庫情報を表示する販売店のWebページや予約状況を表示する旅行会社のWebページなどは、オンラインデータベースを利用して情報を提供しています。

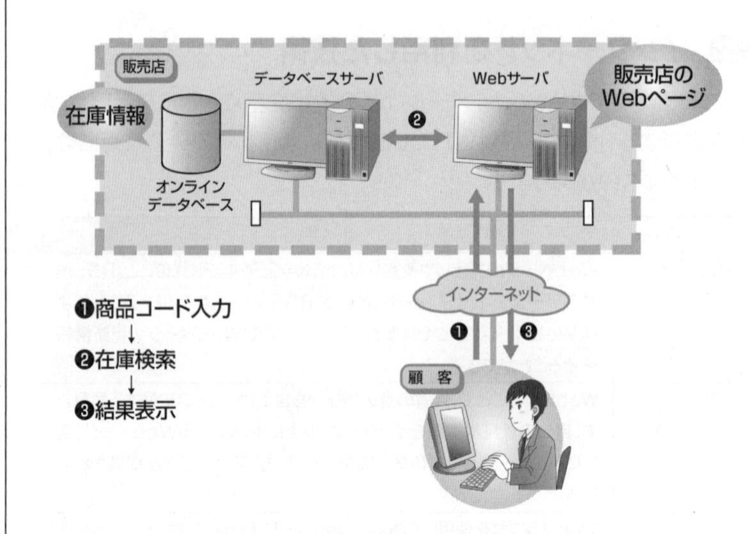

現在では、このような在庫状況や旅行予約状況の確認だけでなく、オンライントレードやオンラインショッピングなど、インターネットを利用した商取引も盛んに行われています。

参考

e-コマース
「Electric Commerce」の略称。

参考

オンライントレード
インターネットを利用して、株式や投資信託などの金融商品を取り引きすること。

参考

オンラインショッピング
インターネット上の通信販売のこと。時間を気にせず、24時間いつでもWebページ上で買い物ができる。

参考

安全なWebページ
インターネット上で商取引を行う場合には、特に個人情報の取り扱いに注意が必要である。
データを送受信する際は、不用意に個人情報が漏えいしないようにSSLで暗号化されている安全なWebページを利用する。

●学術研究での情報共有

学術研究のWebサイトでは、大学や研究所で行われている研究内容や成果などの情報が公開されています。情報の共有や意見調査を行うことで、学術研究の促進を図っています。

●非営利団体からの情報提供

学校や病院、介護施設などの非営利団体のWebサイトでは、様々な目的で情報を配信しています。施設の紹介から環境や福祉の問題など、市民のための生活に必要な情報が提供されています。

●政府機関や地方自治体からの情報提供

政府機関や地方自治体のWebサイトでは、行政に関する活動や取り組みが報告されています。

●世界各国からの情報収集

世界中の多くの国でWebサイトが公開されているので、世界各国のニュースや旅行で訪れる国々の情報などを調べることができます。

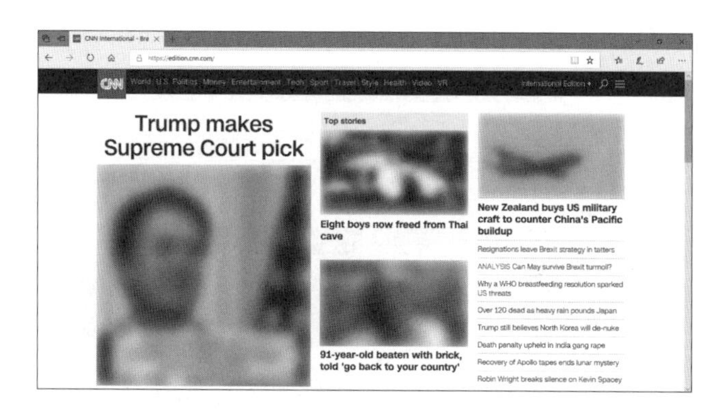

参考

CNN.com

CNN.comは24時間365日最新のニュースを提供している。世界中のユーザーからアクセスがあり、記事だけでなく記者のブログやビデオなど、サービスは多岐にわたる。

●検索エンジン

「検索エンジン」または**「検索サイト」**（以下**「検索エンジン」**と記載）は、インターネット上の情報を探し出す仕組み、またその仕組みの付いたWebサイトのことです。インターネット上のたくさんの情報の中から自分の目的に合ったWebページを探し出すときに利用します。目的のWebページのURLを知らなくても、膨大な数のWebページの中から目的のWebページを探し出すことができます。
代表的な検索エンジンには、**「Google」**や**「Yahoo! JAPAN」**などがあります。

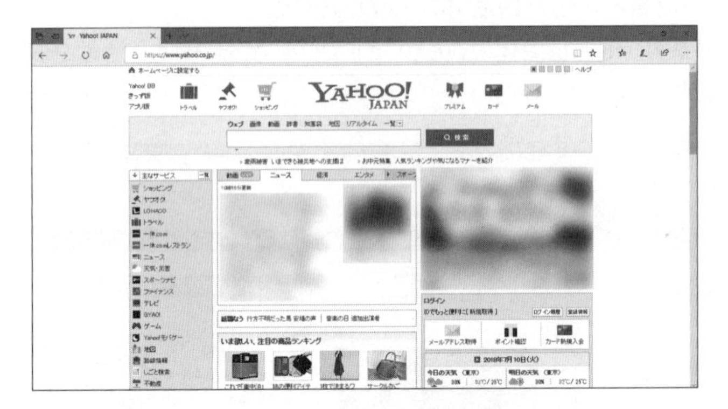

●ポータルサイト

「ポータルサイト」は、インターネットの入り口となるWebサイトのことです。Webページの検索機能やニュース、天気予報などの情報提供、Webメールサービスなど、インターネットで必要とされる機能を無料で提供しています。
代表的なポータルサイトには、マイクロソフト社が提供している**「MSN」**や**「@nifty」**などがあります。

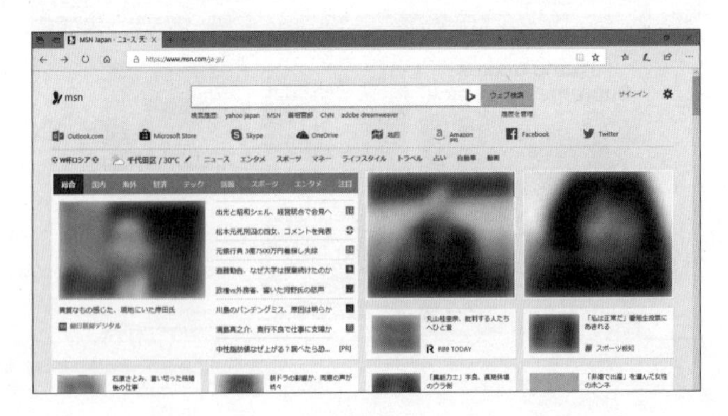

●オンラインアプリケーションを配信しているWebサイト

「オンラインアプリケーション」とは、Webブラウザで展開するアプリケーションソフトのことです。
オンライントレードやオンラインショッピングで利用する電子商取引システムなど、インターネット上では様々なオンラインアプリケーションが配信されているので、ユーザーはこれらのアプリケーションソフトをWebブラウザ上で利用できます。

●地図検索サイト

インターネット上のサービスの1つに、地図情報を公開しているWebサイトがあります。このようなサイトを**「地図検索サイト」**といい、ほとんどの場合、無料で利用できます。仕事での訪問先への道順を調べたり、海外の行ったことのない国々の地図を見たり、利用の目的は様々です。
代表的な地図検索サイトには、**「Googleマップ」**や**「Mapion」**があります。中でも、**「Googleマップ」**では地図を航空写真で見たり、地上から見た道路の風景を表示したりできます。

参考

オンラインアプリケーションを提供する地図検索サイト

地図検索サイトには、Webブラウザ上で地図情報を立体画像で表示できるようにオンラインアプリケーションを提供しているものもある。

●SNS

「SNS」（ソーシャルネットワーキングサービス）とは、インターネット上で、友人・知人や趣味嗜好が同じ人など、人と人とを結び付け、コミュニケーションを促進する手段や場を提供するWebサイトのことです。
代表的なSNSに、**「Facebook」**や**「Instagram」**があります。

●ブログ

作者の身辺雑記から世間のニュースに関する意見まで、自分の意見や情報をインターネット上に発信できるWebサイトです。

4-2-4 Webページの構成要素

Webページは、基本となるHTMLファイル、画像ファイル、音声ファイルなどの複数のファイルから構成されています。

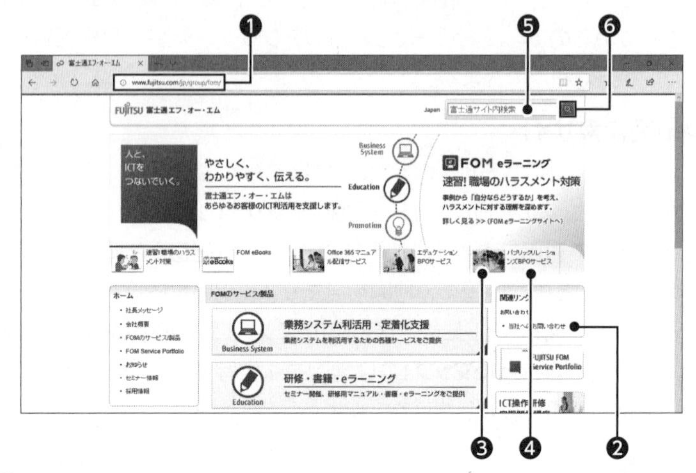

❶ URL

現在表示されているWebページのURLです。

❷ ハイパーリンク

クリックすると関連している情報のWebページに移動します。単に**「リンク」**（以下**「リンク」**と記載）ともいわれます。リンクには、テキストに設定したリンクと画像に設定したリンクがあります。

❸画像

画像ファイルを配置できます。リンクを設定することもできます。

❹ テキスト

文字列を表示します。

❺ フォーム

テキストボックスなどを表示します。テキストボックスには文字列を入力できます。そのほかに、選択肢から複数の項目を選択する**「チェックボックス」**や選択肢から1つの項目を選択する**「オプションボタン」**などがあります。

❻ ボタン

ボタンをクリックすると登録されているコマンドが実行されます。リンクを設定することもできます。

参考

動画の配置

ビデオやアニメーションなどの動画をWebページ上に配置できる。動画には、リンクを設定することもできる。

参考

オプションボタン

「ラジオボタン」ともいわれる。

4-3 クラウドコンピューティング

ここでは、クラウドコンピューティングの基礎知識を学習します。

4-3-1 クラウドコンピューティングとは

「クラウドコンピューティング」とは、従来企業などの内部に置いたサーバやパソコンのコンピュータリソース（資源）で行っていた処理を、インターネットなどのネットワークを経由して利用する仕組みのことです。
これらのコンピュータリソースは、クラウドコンピューティングのサービス業者が提供するデータセンターに置かれています。利用者にとっては目に見える形でコンピュータがあるわけではなく、手元の端末機器から雲（クラウド）の向こうのコンピュータを利用しているようなイメージです。
遠隔にあるリソースを利用して計算処理を行うため、手元の端末機器の性能はさほど問わないという利点があります。データがデータセンターに集約されているため、様々な場所から同じデータにアクセスできることもメリットです。

4-3-2 クラウドコンピューティングの仕組み

❶ Webアプリケーション

コンピュータやスマートフォンで利用するたくさんのWebアプリケーションやWebサービスも、クラウドコンピューティングを利用して提供されています。
例えばオンラインゲームなどは、アプリケーションソフトを提供する側が自社でコンピュータリソースを購入してサービスを提供していては、急激な利用者の増加などに対応するのが困難です。対応が遅れると、アクセスのしづらさや処理速度などが利用者の不満につながり、利用者を減らしてしまいます。
そこで、クラウドコンピューティングを利用して、計算処理や回線容量などのリソースをすばやく増減できるようにしておき、アクセスの増減などに合わせて調整していくことで、利用者の快適な利用を実現しています。
今やクラウドコンピューティングなしには、コンピュータやスマートフォンのアプリケーションソフトを利用することも難しくなっているのです。

❷ サーバの仮想化

クラウドコンピューティングのコンピュータリソースは、サービス提供者のデータセンターに収納された膨大な数のサーバを使用して提供されます。
「仮想化」とは、コンピュータの物理的な構成にとらわれず、リソースを論理的に分割・統合することです。サーバOS上に、VMwareなどの仮想化ソフトを導入することで、複数の仮想的なOSが別々に動くようにします。この仮想化を用いて、クラウドコンピューティングを提供するための巨大なリソースを構成しています。
例えば、1台のサーバを分割することで、複数の異なるOSをインストールし、それぞれのOSの上でアプリケーションソフトを動かして、コンピュータのリソースを有効活用できます。
クラウドコンピューティングの仕組みが登場する以前は、年々増加していくコンピュータ処理に必要なCPUの能力やメモリ、ハードディスク／SSDなどの記憶媒体が足りなくならないように、ハードウェア単位で購入していました。
しかし、クラウドコンピューティングを利用することで、使用するコンピュータリソースを必要な分だけ増減し、その分の料金を負担するだけで利用できるようになったのです。

多くの企業では新しいシステムを導入するときに、内部にサーバを置いて利用するか、クラウドコンピューティングを利用するかを、価格や利便性に応じて検討しています。

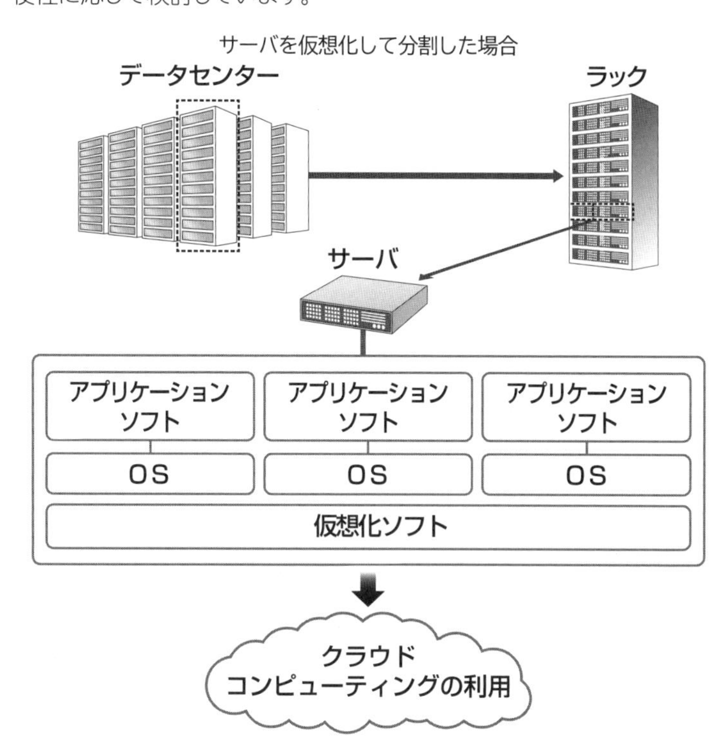

❸ オンラインストレージ

サーバ上のコンピュータリソースの利用方法の基本となるのが、クラウド上の記憶領域をインターネットを経由して利用する**「オンラインストレージ」**です。

当初、重要なデータをクラウド上に置くことにセキュリティの不安を訴える声もありましたが、現在では自社内に置くのと同程度のセキュリティが実現されました。

オンラインストレージ上のデータは、様々な場所や機器から同じデータにアクセスが可能なため、1つのデータを多人数で扱う**「コラボレーション作業」**にも向いています。オンラインストレージ上では多くのユーザーが一度にアクセスしてもそれぞれの処理が干渉し合わないように、一連の処理全体を1つの処理単位として管理する**「トランザクション処理」**という仕組みで提供されます。

4-3-3 クラウドコンピューティングの実現形態

クラウドコンピューティングは、ユーザーへの提供範囲によって**「パブリッククラウド」「プライベートクラウド」「ハイブリッドクラウド」**の3種類の実現形態に分けられます。

❶ パブリッククラウド

「パブリッククラウド」は、インターネットを経由して提供される、企業・個人を問わず利用できるサービスです。

❷ プライベートクラウド

「プライベートクラウド」は、企業や団体などが仮想化を利用したクラウドコンピューティング環境を、自社内に構築して、自社内のクローズドなネットワーク経由で従業員などが利用します。データセンターやサーバなどは、自社資産の場合、アウトソーシングによる調達などの場合もあります。パブリッククラウドと比べて、構築や運用の負担が増えますが、アクセスの安全性などの高いセキュリティを確保できます。

❸ ハイブリッドクラウド

「ハイブリッドクラウド」は、パブリッククラウドやプライベートクラウド、オンプレミスを組み合わせたもので、使用するシステムやデータ、業務などによって柔軟な使い分けが可能になります。

参考

アウトソーシング
自社の業務の一部を外部に委託すること。

参考

オンプレミス
サーバなどの情報システムを自社内の設備で運用すること。近年広く普及しているクラウドコンピューティングと対比して使われる。

4-3-4 クラウドコンピューティングのサービス形態

クラウドコンピューティングが急速に普及した背景には、従来企業がコンピュータを利用して行っていた様々な処理に必要なリソースを、個別に切り分けてネットワーク、サーバ、ストレージ、アプリケーションなどの単位で提供するサービスがたくさん登場したことが挙げられます。クラウドコンピューティングの代表的なサービス形態は次のとおりです。

❶ SaaS

「SaaS」とは、インターネット経由でソフトウェアの必要な機能だけを提供するサービスのことです。Google社のGoogle Appsのように、最初からSaaSであったもの以外に、マイクロソフト社のMicrosoft

参考

SaaS
Software as a Serviceの略称。

Office 365など、以前はパッケージ販売が主流だったものが、多数サブスクリプションモデルに移行しています。そのほかにも、企業が使う業務アプリなど、サーバにインストールされて提供していたものも、SaaSへの移行が進んでいます。

参考

サブスクリプションモデル
月額課金モデル。毎月安価な使用料を払うことで、使用権とアップデートが利用できる。

❷ PaaS

「PaaS」とは、インターネット経由でアプリケーションソフトを動作させるためのハードウェアやOSなどの基盤（プラットフォーム）を提供するサービスのことです。主に開発者向けのサービスであり、ソフトウェアの開発・実行環境が提供されます。仮想化されたアプリケーションサーバのOSやデータベースなどが提供されています。Google社のGoogle App EngineやMicrosoft社のWindows Azureなどが代表的なサービスです。

参考

PaaS
Platform as a Serviceの略称。

❸ IaaS

「IaaS」とは、インターネット経由でハードウェアやネットワークなどのインフラを提供するサービスのことです。サーバ仮想化や共有のディスクストレージなどで構成されています。ユーザーはこの上にOSなどを含めてシステムを導入・構築できます。代表的なものに、Amazon Web ServicesのAmazon EC2があります。HaaS（Hardware as a Service）と呼ばれることもあります。

参考

IaaS
Infrastracture as a Serviceの略称。

❹ DaaS

「DaaS」とは、インターネット経由でデスクトップ環境を提供するサービスのことです。コンピュータの処理をクラウド側で行い、端末に情報を残さないため、高度なセキュリティが期待できます。

参考

DaaS
Desktop as a Serviceの略称。

参考

XaaS
「SaaS」や「PaaS」、「IaaS」の総称。クラウドと関連付けた利用の仕方をするそのほかのサービスも、XaaSに含めるケースがある。「X」は未知の値を指す。「X as a Servise」の略称。

4-3-5 クラウドコンピューティングのメリット

クラウドコンピューティングのメリットには次のようなものがあります。

❶ 様々な機器からのアクセス

クラウドコンピューティングは、タブレット端末やスマートフォンなど、様々な機器から利用できます。従来手元のコンピュータで行っていた処理を遠隔地のサーバに預けているため、端末のコンピュータの性能やデータ容量はあまり問題にはなりません。
また、インターネット上にサーバを構築しているため、様々な場所から同じデータにアクセスできることもメリットです。

❷ サーバ導入コストの削減

コンピュータで何らかの作業を行う際は、高額なサーバ導入費用が必要でした。しかしクラウドコンピューティングを利用すれば、クラウド上の仮想化サーバを利用するため、必要最小限のコストに抑えることができます。
初期費用だけでなく、ビジネスの変化に伴うサーバの増設・削減にも対応することができます。仮想化サーバ上での運用になるためめ、コンピュータの買い替えのコストが必要ありません。多くのクラウドコンピューティングサービスは、利用した分だけ料金を支払う**「従量制料金」**を採用しているため、必要なときに必要なだけ、柔軟にコンピュータリソースを利用することができます。

❸ ソフトウェアのメンテナンス

SaaSやPaaSを利用する場合は、これまでかかっていたアプリケーションソフトのバージョンアップ費用が削減できるほか、自社で更新作業を行う必要がないため、メンテナンスコストの削減にもつながります。

4-4 モバイルコンピューティング

ここでは、モバイルコンピューティングについて学習します。

4-4-1 モバイルコンピューティングとは

「モバイル」とは、持ち運びできるという意味を持ち、**「モバイルコンピューティング」**とは、持ち運びできるモバイル端末から、コンピュータを利用することです。

4-4-2 モバイルコンピューティングの仕組み

クラウドコンピューティング化が進んだことで、データやアプリケーションソフトはクラウド上に置かれるようになりました。そのため、アプリケーションソフトがインストールされている据え置きのコンピュータ以外からでも、様々な業務や処理が行えるようになります。
モバイル端末を持っていれば、無線LAN (Wi-Fi) などを使ってインターネットに接続することで、外出先からでもアプリケーションソフトやデータの利用が可能です。

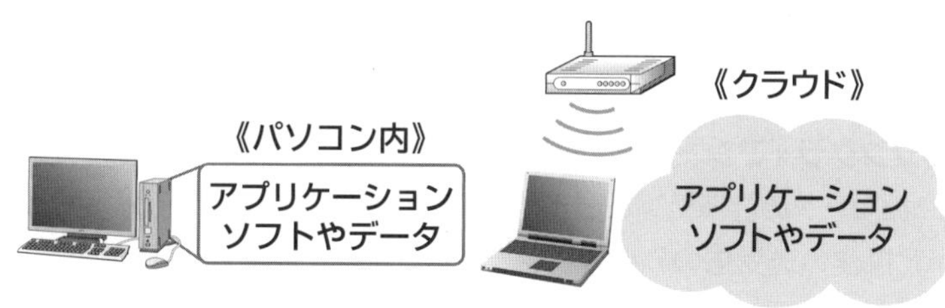

4-4-3 モバイルコンピューティングのメリット

モバイルコンピューティングの利用によって、移動時間にも作業が行えたり、報告書作成のために帰社する必要がなくなったり、出張中でも決済が可能になったりなど、時間を節約して効率的に仕事を進めることができます。
「フリーアドレス制」や**「テレワーク」**など、働き方も進化してきていますが、場所に縛られずに仕事ができるモバイルコンピューティングの利用は欠かせません。こうした利用には、Officeなどのドキュメント作成用アプリケーションと共に、社内外で意思の疎通を図るためのコミュニケーションツールが利用されます。

参考
フリーアドレス制
従業員の席を固定せず、働く席を自由に選択できる制度。

参考
テレワーク
インターネットなどを活用し、時間や場所に縛られない働き方のこと。

4-4-4 様々なモバイル端末

持ち運びできるコンピュータのことを**「モバイル端末」**といいます。モバイル端末には、次のようなものがあります。

●ノート型パソコン

ノート型パソコンは社内でデスクトップ型パソコンの代わりにも使われますが、モバイル利用では軽量なものが主に利用されます。客先で商品カタログを見せるなどの使い方であれば、タブレット端末として着脱可能な2in1タイプがよいでしょう。セキュリティを高めるために、**「仮想デスクトップ(VDI)」**端末として利用する方法や、VPNを利用する方法などがあります。また、管理側から画面をロックすることで安全を図ることもできます。

参考
仮想デスクトップ(VDI)
1台のディスプレイに対して、独立した仮想的なデスクトップ環境を提供するソフトウェア。端末上にデータを残さないため、セキュリティは高い。
「Virtual Desktop Infrastructure」の略。

●シンクライアント

コンピュータの計算処理とデータの保存をすべてサーバで行う、画面表示と操作の送受信のみを行う端末です。現在は仮想デスクトップでの利用が主流です。どの端末からも同じ環境にアクセスすることができます。端末上に情報が残らないため、遺失や盗難時にもデータ漏えいの心配はありません。

●タブレット端末

軽量さと直感的なタッチアクションで多くの企業にモバイル端末として利用されているタブレット端末は、顧客と対話しながら、互いに画面を見るなどの利用に向いており、多くの業務アプリケーションが開発されています。テキスト入力の方法は基本的にはソフトキーボードなので、

参考
ソフトキーボード
タブレット端末やスマートフォンでモニタ上にキーボードを表示して入力する仕組み。物理キーボードほどの入力速度は実現できない。

大量の文字入力が必要な業務には向きません。

●スマートフォン

スマートフォンも大画面モデルが登場し、業務利用のモバイル端末として価値が出てきました。キャリアの回線とインターネットへのアクセス機能を持っているため、1台でモバイル環境を実現できます。しかし、画面サイズや入力の制限があるため、向かない処理もあります。別種の端末の接続用に利用されることも多いです。

4-4-5 モバイルコンピューティング導入時の検討事項

モバイルコンピューティングを導入するためには様々な課題が考えられます。
モバイルコンピューティングを導入するということは、企業がこれまで使用してきた有線ネットワークに加え、どこからでもアクセスが可能な新しいネットワークシステムを導入するということを認識して、解決すべき課題に取り組んでいく必要があります。
モバイルコンピューティング導入時の検討事項には、以下のようなものがあります。

●ネットワーク(通信経路)の選定

モバイルコンピューティングは無線でのアクセスが基本です。フリーWi-Fiのアクセスポイントも増えてきていますが、企業の重要なデータを外部とやり取りするには、誰に見られるかわからないフリーWi-Fiの利用は適しません。通信を暗号化してやり取りする**「VPN」**の利用がおすすめです。企業システムのインターネットの出入り口での外部からのアクセスの認証や、社内LAN上のデータベースのアクセス範囲の設定なども、モバイルの利用を前提に再考する必要があります。

●導入するモバイル端末の選定

ノート型パソコン、タブレット端末、スマートフォンなどを、どの職種の従業員に貸与するかを決めなくてはなりません。管理職用のモバイル端末と営業職用の端末では、利用する状況や使用するアプリケーション、モバイルで行いたい業務も異なります。社内データベースで在庫確認を行うために最適な端末や、社外から稟議の決済を行うために最適な端末などを、それぞれの基準で選ぶ必要があります。

●コミュニケーション製品の選定

モバイルを推進していくと、テレワークなどの導入で従業員が対面で話

参考

VPN

「VPN」とは、公衆回線をあたかも自社内で構築したネットワークのような使い勝手で利用できる仮想的なネットワークのこと。VPNにはプロバイダが所有する閉じたネットワークを利用する「クローズドVPN」と、インターネットを利用して安価なコストで運用できる「インターネットVPN」がある。
「Virtual Private Network」の略。

す機会が減少することもあるため、社内外での打ち合わせや会議に使用するコミュニケーションソフトを選択します。効果的に情報共有を実現する**「グループウェア」**や、遠隔でもコミュニケーションが取れる**「Web会議」**、リアルタイムに意見交換できる**「チャットツール」**など、仕事のシチュエーションに合わせて導入し、生産性の向上に役立てます。モバイル端末用だけでなく、既存の社内のコンピュータに導入する必要も出てきます。

●モバイル端末の資産管理法の検討

モバイル端末は社外に持ち歩くため、盗難・紛失対策なども必要です。また、落下による故障の可能性も高まります。モバイルコンピューティングを効果的に継続するためには、機材を管理する部署で予備機を準備したり、盗難・遺失時の対処のルールを決めたりしておくことが重要です。

●セキュリティ管理法の検討

モバイルコンピューティングで注意すべきポイントというと、真っ先にセキュリティの問題が思い浮かびます。本来、社外に持ち出すことを禁止されている会社のデータや、会社のモバイル端末を社外で使おうとすると、そこには様々な危険が考えられます。モバイル端末の盗難や置き忘れなどは企業情報の漏えいにつながりかねません。そのため、認証の仕組みを検討する必要があります。社外からのアクセス制限を強化するなどの措置が必要になる場合もあります。

●運用方法の検討

モバイル端末の導入で、従来の社内ネットワークの運用・保守に加え、新たな仕事が増えるため、情報システム部などの負担が増大してしまう危険性があります。導入時には社内での効率的な運用管理を検討すると共に、モバイル端末と通信の運用・保守をアウトソーシングするなどの可能性を検討する必要もあるでしょう。

●導入時教育の検討

従業員は便利になった新しい機能は喜んで使いますが、それ以外は従来のデバイスと同じように使いたがるかもしれません。そのため、モバイル導入の目的と、それに合わせた使用法を最初に納得してもらう必要があります。モバイル端末では使用できないソフトウェアやアクセスできないサーバがあるなど、会社側で決定した制限についても納得してもらったうえで、使ってもらうようにしましょう。

参考

アウトソーシング
自社の業務の一部を外部に委託すること。

4-5 ネットワークのリスクとセキュリティ

ここでは、ネットワークを利用したときのリスクと、セキュリティの基本原則について学習します。

4-5-1 ネットワークのリスク

ネットワークを利用すると、リソースの共有などにより利便性は向上しますが、その反面、次のような問題が発生する可能性があります。

●自主性や独立性の損失

個々のユーザーが使用しているコンピュータで、周辺機器やデータを直接管理する必要がなくなり、一人一人が責任を持ってコンピュータを利用するという意識が薄くなる可能性があります。

●プライバシーやセキュリティの侵害

ネットワーク上には、企業が保有する情報や個人情報などの重要な情報が保存されていることが多く、情報の漏えいによりプライバシーやセキュリティが侵されて、生活の安全性が脅かされる可能性があります。企業で問題が発生すると、日常業務に支障が発生し、復旧に膨大な労力を要する可能性もあります。

●ネットワークの障害

ケーブルや回線の障害などにより、ネットワーク全体が利用できなくなる可能性があります。ネットワーク機能が停止すると、情報のやり取りやリソースの利用ができなくなり、業務の継続が難しくなります。その結果、多大な損害を受けることが予測されます。

●ウイルスやクラッカーによる攻撃

多くのコンピュータをネットワークで結ぶと、ウイルスやクラッカーの侵入経路が増え、コンピュータに障害が発生したり、ネットワークを不正に利用されたりする危険性も高くなります。

参考

クラッカー

不正にシステムに侵入し、情報を破壊したり改ざんしたりして違法行為を行う者のこと。

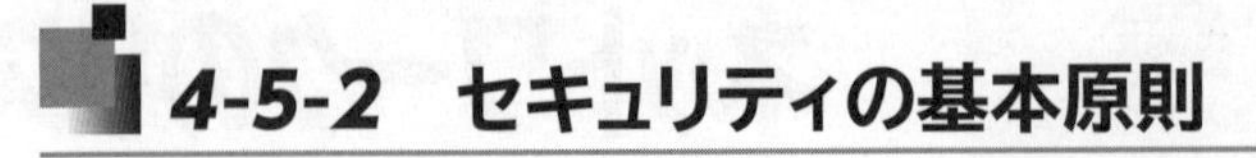

4-5-2　セキュリティの基本原則

企業や組織、個人で保有している情報の中には、機密情報や個人情報など、重要な価値を持つものが多くあります。これらの情報を安全に維持するために、情報の機密性を守り、不正使用や改ざんを防ぐことを**「セキュリティ」**といいます。様々なユーザーが利用するネットワークにおいては、リスクを回避するために、セキュリティの基本原則に基づいて事前に十分な対策を講じることが重要です。

❶ 新規ユーザーの登録

ネットワークの管理者は、ユーザー一人一人を識別するためのユーザーIDとパスワードを登録し、ネットワークへの参加や共有リソースの使用を許可する権限を割り当てます。ユーザーはネットワークを使用するときに、管理者から通知されたユーザーIDとパスワードでサインインします。サインインの操作を行うことで、ネットワークの利用者を登録されているユーザーに限定できます。

❷ ユーザーの認証

ユーザー認証は、正当なユーザーであるかを確認することを目的にしています。

●ユーザーIDとパスワード

コンピュータやネットワークを使用する際、ユーザーは**「ユーザーID」**と**「パスワード」**を入力します。入力したユーザーIDとパスワードは、サーバ上のユーザー登録リストと照合され、一致した場合だけ、正当なユーザーであると確認される仕組みになっています。

●生体認証

「生体認証」とは、固有の身体的特徴である指紋や静脈などを識別する照合技術のことです。**「バイオメトリクス認証」**ともいわれます。ユーザーIDやパスワードを入力する必要がなく、身体的特徴を使って本人を識別するため安全性が高く、なおかつ忘れにくいというメリットがあります。コンピュータへのサインインや建物の入退室管理などに活用されています。

代表的な生体認証は、次のとおりです。

種　類	特　徴
指紋	手指にある紋様の特徴点を抽出して照合する方法（特徴点抽出方式）や、紋様の画像を重ね合わせて照合する方法（パターンマッチング方式）などがある。
静脈	手指や手のひらの静脈を使って照合する方法。静脈を流れる血が近赤外線光を吸収するという性質を利用して、静脈のパターンを照合する。
顔	顔のパーツ（目や鼻など）の特徴点を抽出して照合する方法。カメラの前に立って認証する方法や、通路を歩行中に自動的に認証する方法などがある。
網膜	網膜（眼球の奥にある薄い膜）の毛細血管の模様を照合する方法。
虹彩	虹彩（瞳孔の縮小・拡大を調整する環状の膜）の模様を照合する方法。

3 外部からの脅威に対する防御

企業や家庭などにおいてインターネットの利用が大きな割合を占めてきています。インターネットは誰でも自由に利用できるメリットがありますが、インターネットへの接続は、データの改ざんや情報漏えいなどの危険にさらすことになります。外部からの侵入を防ぐための機器やコンピュータを設置するか、同等の機能を持つソフトウェアを導入するなどして対策を講じます。

●ファイアウォールの導入

「ファイアウォール」とは、クラッカーからの攻撃を防ぎ、セキュリティを確保するために設置する機器やソフトウェアのことです。企業や家庭のネットワークとインターネットの出入り口となって、通信を監視し、不正な通信を遮断します。

●プロキシサーバの設置

「プロキシサーバ」とは、コンピュータがインターネットにアクセスするときに通信を中継するコンピュータやソフトウェアのことです。プロキシサーバを経由すると、インターネット側からみたときに、各コンピュータは隠され、プロキシサーバと通信していることになります。
これにより、コンピュータが攻撃の対象となる危険性を減少させることができます。

●DMZの設定

企業の情報は、外部に見せたくないものと、外部とやり取りして価値があるものとがあります。例えばWebサーバで発信する広報的な企業情報は、外部からアクセスできなくてはならず、外部とメールのやり取りができなければ仕事になりません。そこで、社外からもアクセスできるエリアをシステム的に区切って構成するのが**「DMZ」**です。DMZは**「非武装地帯」**を意味します。
DMZには、通常Webサーバ、メールサーバ、プロキシサーバなどが置

参考
DMZ
「DeMilitarized Zone」の略。

かれ、これらのサーバには社内外からはアクセス可能ですが、区切られた社内ネットワークへの外部からのアクセスはできません。

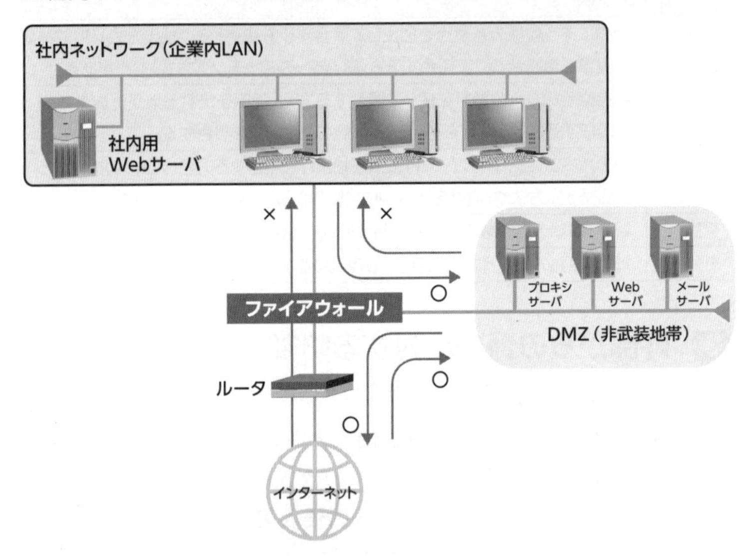

❹ ネットワークの監視

ネットワーク管理者やセキュリティ担当者、インターネットサービスプロバイダー(ISP)は、ウイルスやクラッカーなどから保護するために、様々な対策をサーバに講じる必要があります。また、ウイルスの侵入経路となりやすい電子メールのウイルスチェックを行ったり、コンピュータを安全に使う方法をユーザーに紹介したりすることも大切です。さらに、ネットワークの安全性を維持するために、定期的に不正な侵入やシステムの利用状態を監視して問題点を発見し、迅速にその対策を講じることができるようにしています。

❺ ワイヤレス接続のセキュリティ対策

ワイヤレス接続では、電波の届く範囲内であれば通信ができてしまうということから、ケーブルを利用したネットワーク以上にセキュリティを考慮しなければいけません。セキュリティ対策でよく用いられるものには、**「認証機能」**や**「通信暗号化機能」**があります。

●認証機能

電波の届く範囲であれば、本来ならば無関係のネットワークにワイヤレス接続することが可能です。この状態を放置すると、隣家の住人によってワイヤレス接続が盗用されたり、建物に接近したクラッカーによってネットワークへの侵入を試みられたりする危険性があります。また、複数のワイヤレス接続が隣接している場合、通信が混信する可能性も考えられます。そのため、無線LANアクセスポイントと無線LANカードの通信を制御する必要があります。具体的には、**「ESSID」**によってネットワークにIDを設定して認証したり、あらかじめ登録された無線LANポートだけ通信を許可したりするなどの認証方法があります。

●通信暗号化機能

ネットワークに侵入されると、通信が盗聴される可能性があります。そのため、通信時のセキュリティとして、通信を暗号化する必要があります。具体的には、**「WPA2」**などによって電波そのものを暗号化して保護します。認証機能と組み合わせることで、より強固なセキュリティが実現します。

●MACアドレスフィルタリング

「MACアドレスフィルタリング」とは、LANのアクセスポイント（接続点）にあらかじめ登録されているMACアドレスのコンピュータとだけLANに接続するようにする機能のことです。これにより、MACアドレスが登録されていないコンピュータが無線LANに接続できないようにします。

❻ ソーシャルエンジニアリング対策

ネットワークなどを経由せず、人手によってパスワードなどの情報を盗み出すのが**「ソーシャルエンジニアリング」**です。コンピュータを操作する人間の背後からののぞき見や撮影、ごみ箱からヒントになりそうな書類を見つけるなど、人の侵入による情報漏えいの危険は小さくありません。ソーシャルエンジニアリング対策としては、従業員以外の人間を社内の作業エリアに入れない、コンピュータを操作させない、システムにアクセスさせないといった点が重要になります。そのためには、オフィスの物理的なセキュリティを高める必要があります。

●施錠・入退室管理

増加しているフリーアドレス制の会社では、自席がなく、社内の自由な場所で仕事ができるため、部外者がいても発見しづらくなるという問題があります。社外の人間との打ち合わせスペースと内部との間は施錠可能な扉で区切り、従業員のみが解錠して入室できるシステムを導入するのが有効です。解錠方法としては、IDカードによる入室やナンバーパネルへの暗証入力で解除できるロックなどが一般的です。従業員が携帯するスマートフォンが接近すると解錠するサービスなどもあります。

●侵入者対策

運送業者や清掃業者などを装って、事務所内に不正に侵入される場合があります。また、従業員の多い会社では、スーツ姿であれば社員であるか外部の人間なのか区別が付きにくい場合があります。このような

参考

ESSID
IEEE802.11の無線LANで利用されるネットワークの識別子のこと。最大で32文字までの英数字を設定できる。ネットワーク上のコンピュータにESSIDを設定し、このESSIDが一致するもの同士でなければ通信することができない。
「Extended Service Set IDentifier」の略称。

参考

WPA2
無線LANの通信を暗号化する規格の1つ。
「Wi-Fi Protected Access 2」の略称。

参考

MACアドレス
LANボードなどに製造段階で付けられる48ビットの一意の番号のこと。ネットワーク内の各コンピュータを識別するために付けられている。
MACは「Media Access Control」の略称。

偽装者による不正侵入対策は総務部門と調整のうえ、規則を設ける必要があります。最低限、次のことを考えておくようにします。

- **社員の名札（IDカード）の着用を義務付ける。**
- **外来者や訪問者の出入り口は1つにする。**
- **外来者や訪問者は受付を通すようにし、訪問記録を残す。**
- **社員の通用口を設ける場合、IDカードによる開錠など社員しか入退室できないような仕組みを考える。**
- **外来者や訪問者はゲスト用の名札を着用してもらう。**
- **運送業者や清掃業者など事務所内に出入りする業者にも名札を着用してもらう。**

7 セキュリティポリシーと意識の共有化

「セキュリティポリシー」とは、企業の重要な情報を守るためのセキュリティ対策をまとめた社内ルールのことです。企業として情報セキュリティにどのように取り組むか、脅威に対してどのように対処するかの標準を取り決めた文書です。
情報漏えいを避けるために、企業はセキュリティポリシーを策定し、それを従業員に周知する教育を行う必要があります。
このセキュリティポリシーをもとに、企業はセキュリティに関する社内規定やマニュアルなどを作成し、その取り扱いや危機管理の手順などを徹底して、共通の意識を持つことが大切です。セキュリティ技術の導入も、このセキュリティポリシーにのっとって行われなくてはなりません。
また、基準をもとに手順を決めておくことが重要です。例えば社内のサーバへのアクセス権については、異動や退職に伴うアクセス権の削除などを何日以内に行うといったことを手順として決めておかないと、情報漏えいにつながり、不正なアクセスが発生しかねない状況になります。
なお、セキュリティポリシーは一度決めればよいというものではなく、**「PDCAサイクル」**を回しながら、新しい脅威の登場などにも対応していけるように、最新の状態に保っておく必要があります。

参考

PDCAサイクル
Plan（計画）、Do（実行）、Check（評価）、Act（改善）の4段階を繰り返すことによって、業務を改善していく手法のこと。

4-6 練習問題

※解答・解説は巻末にある「解答と解説」P.311に記載しています。

問題4-1

ピアツーピアの説明はどれですか。正しいものを選んでください。

a. ネットワークに接続されたコンピュータを役割分担せず、お互いに対等な関係で接続するネットワーク
b. 社内ネットワークにインターネット技術を適用したネットワーク
c. LANやWANなどの様々なネットワークを結んだ世界規模のネットワーク
d. サーバとクライアントに役割を分担して構成するネットワーク

問題4-2

モバイルコンピューティングの特徴はどれですか。間違っているものを選んでください。

a. 社内ネットワークにつなぐことができるので、商談中であっても在庫の確認などが可能
b. 意思疎通が難しい状況でも、会話やメッセージの交換が可能
c. 場所は日本国内に限られるため、コミュニケーションの向上はあまり見込めない
d. 日報などの作成もできるため、商談後でも直帰することができ、時間を短縮できる

問題4-3

次の(　)内に入る組み合わせとして、適用なものを選んでください。

インターネットを利用して、契約や決済などの取引を行うことを(　①　)といいます。商用のWebサイトの多くは、(　②　)を利用しています。現在では、(　③　)や(　④　)など、インターネットを利用した商取引も盛んに行われています。

a. ①オンラインショッピング　②RSS　③Webサイト　④ブログ
b. ①e-コマース　②オンラインデータベース　③オンライントレード　④オンラインショッピング
c. ①オンラインショッピング　②サーバ　③Wikipedia　④ポッドキャスト
d. ①e-コマース　②RSS　③オンラインデータベース　④オンライントレード

問題4-4

次の文章の(　)に入る組み合わせとして、正しいものを選んでください。

(　①　)とは、同一の建物や敷地内などの比較的狭い範囲でのネットワークのことをいい、(　①　)と(　①　)を相互に接続した広域のネットワークのことを(　②　)といいます。また、(　①　)や(　②　)などの様々なネットワークを結んだ世界規模のネットワークのことを(　③　)といい、(　③　)の技術を適用した社内のネットワークのことを(　④　)といいます。

a. ①LAN　②WAN　③サーバ　④イントラネット
b. ①LAN　②WAN　③インターネット　④イントラネット
c. ①WAN　②LAN　③インターネット　④イントラネット
d. ①WAN　②LAN　③イントラネット　④インターネット

問題4-5

ネットワークの規格はどれですか。適切なものを2つ選んでください。

a. FTTH
b. イーサネット
c. ブロードバンド
d. IEEE802.11

問題4-6

クラウドコンピューティングのメリットで間違っているものはどれですか。適切なものを選んでください。

a. 初期費用を抑えられる
b. 必要に応じてデータ容量を確保できる
c. 更新作業は自分で行う必要がある
d. 複数の人と同じデータを共有できる

問題4-7

クラウドコンピューティングのうち、ソフトウェアの必要な機能だけを提供するサービスはどれですか。適切なものを選んでください。

a. SaaS
b. PaaS
c. IaaS
d. DaaS

問題4-8

次の文章の(　　　)に当てはまる語句をそれぞれ選んでください。

> クラッカーからの攻撃を防ぎ、セキュリティを確保するために設置する機器やソフトウェアのことを、(　①　)といいます。企業や家庭のネットワークとインターネットの(　②　)となって、通信を(　③　)し、不正な通信を(　④　)します。

a. 監視
b. 出入り口
c. ファイアウォール
d. 遮断

問題4-9

サーバの役割や特徴の説明として、間違っているものはどれですか。適切なものを選んでください。

a. 膨大な量の情報を扱う大規模システムでは、サーバとしてデスクトップ型パソコンやノート型パソコンがよく利用される
b. プリンターを接続すると、ネットワークに接続しているユーザーがそのプリンターを共有して利用できる
c. サーバとしてメインフレームが使われることもある
d. 企業固有のデータベースなど、共有データを保存して集中管理する

問題4-10

インターネット上の情報を探し出す機能が付いたWebサイトで、目的に合ったWebページを探すときに利用するものはどれですか。適切なものを選んでください。

a. ポータルサイト
b. 検索エンジン
c. RSSフィード
d. フォーム

問題4-11

DMZの説明はどれですか。正しいものを選んでください。

a. 個人を特定する指紋や声紋などを識別する技術
b. 社内だけでなく、社外からもアクセスできる領域をシステム的に区切って構成する
c. インターネットからの不正侵入を防御するツール
d. 社内のコンピュータがインターネットにアクセスするときに経由するサーバ

問題4-12

次の(　)内に入る組み合わせとして、適切なものを選んでください。

インターネットでは、情報を引き出すために(　①　)を使用します。(　①　)は、(　②　)と(　③　)で構成されています。なお、以前表示したWebページを一時的に保存しておくことを(　④　)といいます。

a. ①トップページ　②HTML　③XML　④ブックマーク
b. ①URL　②HTTP　③ドメイン名　④キャッシュ
c. ①URL　②HTML　③XML　④ブラウザ
d. ①トップページ　②URL　③HTTP　④キャッシュ

問題4-13

クラッカーからの攻撃を防ぎ、セキュリティを確保するために設置する機器やソフトウェアの名称はどれですか。適切なものを選んでください。

a. プロキシサーバ
b. 生体認証
c. ISP
d. ファイアウォール

問題4-14

ワイヤレス接続の説明として、間違っているものはどれですか。適切なものを選んでください。

a. 認証機能や通信暗号化機能などのセキュリティ対策を実施するべきである
b. ネットワークに侵入されると通信が盗聴されることがある
c. 通信エリア内であれば、自由にコンピュータを配置できる
d. 通信エリア内の障害物をすべて取り除く必要がある

第5章

ICTの活用

5-1 社会におけるICTの利用…………203
5-2 ICTを利用したコミュニケーション…210
5-3 電子メールの仕組み・使い方 ……214
5-4 電子メールの送受信…………………217
5-5 Webページの閲覧 ………………246
5-6 情報の検索 ……………………254
5-7 SNS ……………………………260
5-8 Web会議・インスタントメッセージソフト…266
5-9 ICT利用者のセキュリティ上の注意点…269
5-10 機密情報の漏えい対策…………275
5-11 機密情報の取り扱い……………279
5-12 情報の配信 ……………………284
5-13 練習問題 ………………………290

5-1 社会におけるICTの利用

参考

ICT

「Information and Communication Technology」の略称。「情報通信技術」と訳される。
従来は「IT(Information Technology)」という言葉が用いられたが、ネットワークに接続されることが一般的になり、「C」を加えて現在ではICTが用いられている。

「**ICT**」とは、情報処理や情報通信に関する技術の総称のことです。ここでは、ICTやネットワークが社会(企業、家庭、学校など)でどのように活用されているかを紹介します。

5-1-1 ICTを利用した活動

ICTやネットワークは、現代社会において様々な場面で活用され、次のような活動の促進に役立っています。

●情報の収集

インターネットを利用することで、自宅や会社にいながら必要な情報を収集できます。例えば、卒業論文や発表内容の根拠となる各種の統計資料、発表に必要な参考資料などを、インターネット上から探し出すことができます。

●情報の整理

データベースソフトを使って、膨大な量のデータを効率よく管理できます。例えば、大量の顧客データを性別や居住地などで分類したり、様々な角度で検索したりできます。

●情報の評価

表計算ソフトを使って収集したデータを一覧表やグラフ化することで、比較や評価がしやすくなります。例えば、製品の性能や社員の能力の評価に活用できます。

●情報のやり取り

インターネットを利用することで、手軽に情報のやり取りをすることが可能になります。例えば、作成した文書をすぐに電子メールで送信するなど、時間や距離などを意識することなく情報をやり取りできます。

●生産性の向上

ICTの活用は、業務の生産性の向上にも役立っています。文書作成ソフトと顧客管理データベースソフトを組み合わせて利用すれば、顧客に送付する大量の案内状を、すばやく作成できます。また、表計算ソフトを利用すれば、日々蓄積された売上情報から、瞬時に月次の売上集計を作成できます。

●他者との共同作業

ネットワーク上のリソースを利用したりグループウェアを導入したりすることで、情報の共有化やプロジェクトメンバーのスケジュールの把握、進捗管理などがしやすくなります。

●現実社会の問題解決

試算したプロジェクトのコストが予算を超えてしまっているような場合には、コストを抑える代替手段の情報をインターネットで収集したり、コストの配分を表計算ソフトでシミュレーションしたりするなど、現実社会で抱える問題を分析し解決できます。

●コミュニティーの形成

インターネットを利用すると、不特定多数の人と様々な話題について意見や情報を交換したり、同じ居住地域や出身校、趣味などの交流の場として活用したりできます。インターネット上のコミュニティーには、電子掲示板やチャット、SNS、ブログなどがあります。

●学習の促進

自宅で手軽に学習を始められる学習支援ソフトやeラーニングが次々に開発されています。映像による解説や音声認識機能など、ICTの特徴を活かした教材によって、より高い学習効果が期待できます。

●創造性の向上

ICTによって、これまで技術や知識を必要とした作業が簡単にできるようになり、ものを作り出す可能性を様々な人に広げています。例えば、画像作成ソフトを使用して頭の中で思い描いたイメージを画像として具体化したり、録音した音から譜面をおこして曲を作ったりすることができるようになっています。

●クリティカルシンキングのサポート

Webページを閲覧したり、電子メールや電子掲示板で意見を交換したりすることで、様々な人の意見や考えを知り、クリティカルシンキングを養うことができます。多種多様な考え方があるということがわかると、物事をいろいろな角度から見ることができるようになり、客観的な立場で自分の考えを批判的に考慮し、論理的な結果を導き出すことに役立ちます。

参考

eラーニング

ICTやインターネットを利用した教育のこと。

参考

クリティカルシンキング

物事を批判的、客観的、論理的な観点で熟慮すること。

●日常生活を便利にする

インターネットの普及に伴い、インターネットを活用したビジネスが急速に広がっています。インターネットを介した銀行振込や株取引、買い物、オークションなどによって、商取引が盛んに行われるようになりました。インターネットを介して政府や自治体などの行政機関に申請したり、テレビを視聴したりするなど、活用の幅が広がっています。

5-1-2 日常生活の舞台裏で活躍するICT

日常使用しているパソコンやスマートフォン以外にも、日常生活の多くの舞台裏で様々なICTが活躍しています。ここでは、ICTが日常生活にどれくらい密接し活用されているかを紹介します。

●金融機関のオンラインシステム

ATMをはじめとする金融機関のオンラインシステムによって、銀行間で資金の移動が簡単に行えるようになりました。振り込みなどの手続きを営業時間外に行えるなど、利便性がより向上しています。

●オンライン予約

インターネットのWebページによって、旅行の予約や各種チケット販売、航空機や鉄道の座席予約などの商取引システムが提供されています。予約時にわざわざ代理店まで出向く必要がなく、料金や空き状況などを確認した上で計画できるため、利便性が向上しています。

●カード決済

決済の手段として現在広く利用されているクレジットカードやデビットカードには、磁気ストリップが組み込まれており、現金に代わる決済方法として人々の生活を支えています。

●POSシステム

バーコードを利用したPOSシステムは、コンビニエンスストアやスーパーマーケットなどで活用されており、購入した商品の情報や買い物客の年齢層などの情報を収集しています。収集した情報は、商品開発や店舗展開などの戦略に活かしたり、季節や地域、時間帯などによって発注量や在庫量を管理したりするのに役立てられます。また、POSシステムに対応した電子マネーによって電子決済することができるPOSレジも急速に普及しており、様々な店舗で活用されています。

参考

磁気ストリップ

磁気の読み取り部分となる黒い帯のこと。カード番号やユーザー識別番号などのデジタルデータが記録されている。クレジットカードやデビットカードのほか、ATMカードにも組み込まれている。

参考

クレジットカード

消費者とカード会社の契約にもとづいて発行されるカードのこと。消費者はこのカードを利用して、条件（有効期限や利用限度額など）の範囲内で、代金後払いで商品を購入したり、サービスを受けたりすることができる。

参考

デビットカード

銀行に口座を開設した際に発行されるATM用のキャッシュカードを使って、代金を支払うサービス。代金は、銀行口座から即座に引き落とされ、預金残高の範囲内での買い物ができる。

参考

電子マネー

現金と同等の価値を持たせた、電子的なお金の情報のこと。また、ICチップを内蔵したICカード（キャッシュカード、クレジットカードなど）や携帯電話によって、商品の代金を支払うこと、またはその仕組みのことを指す場合もある。代表的な電子マネーとして、「Edy」「Suica」「PASMO」「nanaco」「WAON」「iD」などがある。

●工場の製造ライン

製造業の工場にもICTが導入されています。ICTを搭載した産業ロボットや製造ラインによって、製品の組み立てや品質検査、梱包、出荷などを自動化できます。これらは、正確かつ高速な作業や生産性の向上に役立っています。

●家電製品

水流を自動的に調整する洗濯機や、食材を管理できる冷蔵庫、料理に合わせて最適な方法で加熱する電子レンジなど、ICTの制御によって、家電製品は複雑な作業を行うことが可能になっています。これらの家電製品にはマイクロコンピュータが組み込まれており、遠隔地から操作できるものもあります。

●自動車

自動車にもICTが搭載されています。エンジンの総合的な制御や、歩行者や障害物を検知して運転速度を調整する機能、前を走行している車両との車間距離を保つ機能などを付加することによって、環境性や安全性に配慮しています。

●産業機器

工業設備機器や信号機、エレベータなど、様々な産業を実現するために使われる機器にもICTが内蔵されています。そのほか、飲料などの物品を販売する自動販売機や自動改札などのサービスを提供する自動サービス機など、様々な機器が生活に密着しています。

●気象予報

気温・湿度・気圧・風速・風向などの気象データの観測には大型のICTが使われており、観測した気象データを瞬時に解析し、気象を予測しています。日々の天気予報のほか、防災気象情報を迅速に発表し警戒を呼びかけるなど、災害の防止・軽減に役立っています。

●医療用機器や科学用機器

医療用の手術用品や処置用機器にもICTが利用され、ハイテク化しています。これにより、内視鏡手術や遠隔手術などが実現可能となっています。また、電圧や温度、光などの様々な変化を検出し計測するセンサーを内蔵した科学用機器の開発により、科学技術の進歩にも役立っています。

参考

マイクロコンピュータ

主に、制御を目的に使用される機器組み込み用の超小型コンピュータのこと。

●衛星利用測位システム

人工衛星を利用して衛星から電波を受信し、自分が地球上のどこにいるのかを正確に割り出すことができます。カーナビゲーションシステムや携帯電話などにGPS受信機能が組み込まれ、人や物資の移動を支えています。

参考

GPS

「Global Positioning System」の略称。

●防犯システム

敷地や建物の防犯システムとして、生体認証や電子キー、監視カメラなどが使われています。従来は人と人との信頼関係で行われていた防犯対策をICT化することによって、建物の入退室管理や本人確認などの厳密化に役立っています。

5-1-3 ICTによる情報処理の変化

様々な場面でICTが利用されることによって、従来の情報処理の過程は、次のように変化しています。

●e-コマース

従来は直接出向いたり電話したりして取引することがほとんどでしたが、現在は、e-コマースが物品やサービスを購入する際の主要な手段のひとつとして選択されるようになりました。オンライントレードによる株取引やオンラインショップでの商品購入など、e-コマースの活用が広がっています。

●流通経路の変化

e-コマースの活用により、企業が従来の流通経路に依存するのではなく、小売店や顧客と直接取引を行えるようになりました。資材の調達から在庫管理、製品の配送までをICTやインターネットを利用して総合的に管理することも多くなっています。

●ニュースや情報の発信

従来のインターネットは、マスメディアがニュースやその他の情報を発信していました。しかし、現在は、個人でもニュースやその他の情報、制作した音楽やビデオなどを発信できるようになっています。これは、ICTや周辺機器の高性能化、通信の高速化、SNSやブログなどの普及に伴うものです。

●オンラインでの学習

従来の学習方法は、教室での集合教育や、書籍や参考書による自習がほとんどでした。しかし、インターネットの普及によって、離れた場所の教育機関での教育を受けられるようになっています。例えば、インターネットを介して画像や音声を中継する仕組みを用いて大学や予備校の講義を遠隔地に向けて配信したり、テレビ電話を用いてマンツーマン指導をしたりするなど、時間的制約や地域的な格差のない学習機会を与えることができるようになっています。

●生産効率の向上

ICTやインターネットの普及は、製造業にも技術革新をもたらしています。産業ロボットを導入して作業者の肉体的負担を軽減したり、製造ラインを自動化したりするなど、従来は作業者の熟練した技術に頼っていたことをICTで制御することによって、生産性が劇的に向上しています。

●業務の効率化

近年、人々の業務も変化しています。電子メールを使って世界的な規模でコミュニケーションを行ったり、グループウェアを利用して共同作業を行ったりすることが容易になっています。そのため、在宅で勤務する形態も増えてきました。さらに、給与支払いや保険など、雇用に関する諸手続きを自動化するシステムが開発されたり、ネットワーク上のアプリケーションソフトやリソースを利用して共同作業を行うシステムが開発されたりするなど、業務の過程が飛躍的に変化しています。

●コミュニティーの多様化

インターネットのサービスであるSNSやブログなどは、人々の交流や情報交換の方法を変化させました。こうしたコミュニティーが、地理的な境界を越えて、共通の関心を持つ人々を結び付けるようになり、人と人との結び付きが多様化しています。

●災害復興の支援

テレビやラジオに代わる、迅速な災害復興の手立てとしてインターネットが役立っています。緊急地震速報の配信や災害用伝言板の活用など、最も速い情報の配信手段として使われています。

5-1-4　地域活動や社会活動の支援

ICTやインターネットの利用が一般的になり、その活用の場は、地域の社会活動にも広がっています。

●身体障がい者の支援

技術の進歩により、ICTで身体障がい者を支援するシステムが開発され、身体障がい者の生活や仕事などに必要なコミュニケーションを促進

参考

災害用伝言板
地震や噴火などの災害時に、自分の安否情報を登録したり、知人の安否情報を検索したりできるサービス。携帯電話やパソコンなどを使って利用できる。なお、電話によって声で安否情報を登録する方法を「災害用伝言ダイヤル」という。

しています。視覚障がい者は、画面に表示されている情報を音声で読み上げるソフトウェアや、点字ディスプレイ、点字印刷システムを使うことで、ICTによる労働が可能になります。ほかにも、発声障がい者向けの会話システムや、聴覚障がい者が手話をICTで学習するシステムなど、様々な身体障がい者を支援する技術が開発されています。これらの技術は、子供が文章の読み方を学習したり、聴覚障がい者以外の人が手話を学習するなど、すべてのICTの利用者に対して技術的な革新をもたらしています。

●社会的弱者の支援

ICTは、社会的弱者の就労支援にも役立てられています。所得の低い人には、eラーニングなどの費用負担が少ない方法でICTの知識や技術を身に付けられる学習機会を提供し、雇用の機会が増えるように支援しています。また、ICTによる職業訓練で就労に必要な技術や技能を身に付けたり、ICTで履歴書を作成したり、ネットワークを通して様々な地域の職を探したりすることができます。

●公共サービスの向上

公共施設の利用予約システム、図書館での図書の検索システム、ハローワークの求人情報検索など、様々な公共サービスの向上にICTが使われています。図書の検索システムを例にとると、あらかじめ蔵書の有無や貸出可能かなどを調べられ、場合によっては予約して都合のよいときに受け取りに行くことができます。誰もが、いつでも、どこでも公共サービスを利用できるようになることで、公共の利益をもたらすことに貢献しています。

●電子政府

自宅や企業のICTからインターネットを利用して、政府・自治体などの行政機関における申請をすることができます。わざわざ行政機関の窓口へ行かなくても、24時間好きなときに手続きができます。個人の利用では、主に、住民票の写し、戸籍の附票の写し、印鑑登録証明書などの交付請求、例規集や議会会議録の検索などが利用できますが、それぞれの市町村によって利用できるサービスは異なります。

5-2 ICTを利用したコミュニケーション

ここでは、ICTを利用したコミュニケーションの手段や構成要素、ユーザーの識別方法について学習します。

5-2-1 ICTを利用したコミュニケーションの手段

近年、ICTを利用したコミュニケーションは、他者との情報のやり取りや共同作業に利用されています。ICTを利用したコミュニケーションでは、データを電気信号で転送するので、離れた場所にメッセージを送信した場合でも瞬時に届けることができます。また、費用は送信側も受信側もインターネットへの接続料だけなので、低コストに抑えることができます。
ICTを利用したコミュニケーションには様々な手段があり、それぞれに特徴があります。

●電子メール

「電子メール」は、インターネットを介して世界中のユーザーとメッセージをやり取りできる仕組みです。手軽にコミュニケーションを取る手段として浸透しています。
電子メールでは、文字列のメッセージだけでなく、画像や音声などのファイルを添付して送ったり、同じ内容の電子メールを同時に複数の人に送ったりできます。
また、送信側が受信側の都合を気にすることなく、いつでもメッセージを送ることができるという特徴もあります。ただし、受け取り手も自分の都合のいいときにメッセージを読んだり、返事をしたりできるので、双方向での情報の伝達が必ずしも速い手段とはいえません。

●ショートメッセージサービス

「ショートメッセージサービス」は、同じメーカーの携帯電話同士でメッセージを送受信できるサービスのことです。**「SMS」**ともいいます。使用できる文字数に制限があったり、機種によっては表示できない文字があったりなど、機能に制限があるものもあります。

●SMS+

「SMS+」は、NTTドコモ、au、ソフトバンクの携帯キャリア3社が始め

参考

メーリングリスト
電子メールの同報機能のようなもので、1通の電子メールがリストに登録されているメンバー全員に届けられる機能。

参考

電子メールの通信履歴
電子メールソフトでは、送受信の履歴を管理できる。ビジネスやプライベートなど様々な場面での交渉の経緯や結果などを電子メールのやり取りを通じて記録しているので、トラブルが発生した場合、この履歴は解決のための重要な手がかりとなる。
また、プロバイダーや企業では、電子メールの送受信を履歴として管理している。通常、個人情報として伏せられている送信先や内容なども、警察や法的機関の要求に応じて公開する必要があり、その履歴は社会的な事件解決の糸口としても重要視されている。

参考

SMS
「Short Message Service」の略称。

たサービスです。通常SMSは、電話番号宛に短いメッセージを送るサービスですが、SMS+は規格を統一し、**「LINE」**のようなスタンプを送れる形のサービスとして発表されました。電話番号を知っている人同士の安全なコミュニケーション手段として浸透を図っています。

参考

LINE
SNSのサービスのひとつ。
LINEについて、詳しくはP.261を参照。

●インスタントメッセージ

「インスタントメッセージ」は、インターネット上で同じアプリケーションソフトを利用している人同士が、リアルタイムで短いメッセージを交換できる仕組みです。メッセージに画像や音声などのファイルを添付して送信したり、音声やビデオを使った通信ができたりするものもあります。
代表的なインスタントメッセージソフトに、**「iChat」「Skype」「Googleハングアウト」**などがあります。

参考

チャットルーム
チャットは、インターネット上に用意されたWebページで行う。このWebページを「チャットルーム」といい、話題ごとにチャットルームが用意されている。

●チャット

「チャット」は、インターネット上で複数の参加者同士がリアルタイムに文字列で会話ができる仕組みのことです。参加者が入力した文字列は順次モニタに表示され、自分が入力した意見も、その場で参加者全員に見てもらうことができます。複数の人と同時に会話するのに便利です。
ユーザーは自分のコンピュータにWebブラウザがあればチャットを利用できます。また、チャットサービスによっては、チャットの画面上でファイルをやり取りすることができます。

●オンライン会議

「オンライン会議」(Web会議)は、ネットワークを使用して、リアルタイムに双方向で音声やビデオを送受信しながら行う電子会議のことです。離れた場所にいる複数の参加者間でお互いの顔を見ながら会議が行えます。遠隔地の営業所同士で会議を行う場合のほか、プレゼンテーションや研修などの様々な共同作業の場で利用されています。

●SNS

「SNS」(ソーシャルネットワーキングサービス)は、インターネット上で、友人・知人や趣味嗜好が同じ人など、人と人とを結びつけ、コミュニケーションを促進する手段や場を提供するWebサイトのことです。このWebサイト内では、ユーザー同士でメッセージを送ることができます。
代表的なSNSに、**「Facebook」「Instagram」**があります。

●ブログ

「ブログ」は、作者の身辺雑記から世間のニュースに関する意見まで、自分の意見や情報をインターネット上に発信できるWebページです。自分で設置したブログに個人の意見を投稿するほか、ほかの人のブログに書かれた記事に対してコメントを寄せることで、コミュニケーションをとることができます。

●音声

固定電話や携帯電話のように一般的に使用されている電話も、電話回線網を利用するネットワークのひとつです。電話回線網は、標準規格が設定されているため世界的な規模で広がっており、電話番号さえわかれば、どこからでも世界中の相手とコミュニケーションを取ることができます。
また、デジタル化した音声をインターネットによって伝送するIP電話や、インターネット電話のサービスも普及しています。電話回線よりも設備コストを抑えることができるために、比較的使用料が低く設定されています。通話距離による料金格差もないため、遠隔地への通話コストも低く抑えることができます。

> **参考**
>
> **VoIP**
>
> インターネットを使って音声をデータとして送受信する電話技術のこと。音声がデータ通信網に統合されるので回線を効率的に使え、通信コストを下げるのが本来の目的。VoIP技術を使った通話サービスに「IP電話」や「インターネット電話」がある。IP電話は特定プロバイダーのネットワーク範囲内で構築したもの、インターネット電話は複数ネットワークを経由したインターネットでつないだものと区別することがある。
> 「Voice over Internet Protocol」の略称。

5-2-2 ICTを利用したコミュニケーションの構成要素

ICTを利用したコミュニケーションには様々な手段がありますが、情報のやり取りをするときの構成は基本的に同じです。どの手段でも、ユーザーエージェントがインターネット上にあるサーバを介して通信が行われます。

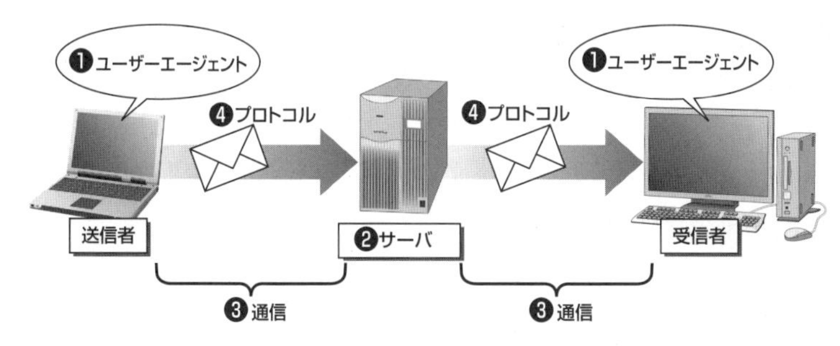

❶ ユーザーエージェント

ネットワークなどでデータを利用するために、コンピュータや携帯電話などにインストールされたソフトウェア、またはインターネット上で提供されているサービスを**「ユーザーエージェント」**といいます。
電子メールを送受信するときの**「電子メールソフト」**やインスタントメッセージを行うときの**「インスタントメッセージソフト」**などがこれにあたります。

> **参考**
>
> **その他のユーザーエージェント**
>
> その他のユーザーエージェントとして、ショートメッセージサービスを利用するときの「ショートメッセージサービスソフト」やマルチメディア通信を利用するときの「マルチメディア通信ソフト」、オンライン会議を行うときの「ビデオ会議サイト」などがある。

❷ サーバ
ネットワーク上で送信された電子情報を、ユーザーエージェントやほかのサーバに伝達する役目を持つコンピュータのことを**「サーバ」**といいます。

❸ 通信
ネットワーク内で行われるデータのやり取りのことを**「通信」**といいます。

❹ プロトコル
ネットワーク上のコンピュータが相互に情報をやり取りするための通信基準を**「プロトコル」**といいます。インターネットでは**「TCP/IP」**というプロトコルが使われます。

参考

メールサーバ
電子メールを配信したり、保存したりするためのサーバ。電子メールは、直接相手のコンピュータに送られるわけではなく、契約しているプロバイダーのサーバを経由してやり取りされる。
企業内のネットワークの場合は、送信された電子メールは社内専用のメールサーバに送られ、メールサーバが相手先の電子メールアドレス宛に配信する。

5-2-3 ICTを利用したコミュニケーションで行われるユーザーの識別

ICTを利用したコミュニケーションでは、各ユーザーを固有のユーザーとして識別するために、固有の電子メールアドレスや電話番号、ユーザーID(ユーザー名)などが使われています。

●電子メールアドレスによる識別
電子メールやインスタントメッセージなどでは、ユーザーごとに固有の電子メールアドレスが割り当てられます。メッセージを受信した相手は、電子メールアドレスによって送信者が誰なのかを識別します。

●電話番号による識別
携帯電話で音声通話やショートメッセージサービスを利用するときには、ユーザーごとの固有の電話番号でユーザーの識別が行われます。音声通話やショートメッセージを受信した相手は、電話番号によって送信者が誰なのかを識別します。

●認証用IDによる識別
SNSやブログ、オンライン会議などでは、ユーザー一人一人を識別するためのユーザーID(ユーザー名)とパスワードを登録し、サービスへ参加する権利を取得します。サービスを使用するときに、管理者から通知されたユーザーID(ユーザー名)とパスワードでサインインすることで、サービスの利用者を登録しているユーザーに限定できます。

5-3 電子メールの仕組み・使い方

ここでは、電子メールアドレスや電子メールの構成要素といった仕組みと、電子メールの使い方について学習します。

5-3-1 電子メールアドレス

電子メールをやり取りする場合、電子メールの宛先を指定するために**「電子メールアドレス」**を使います。身近な例でたとえると、電子メールを配達するために使う私書箱のようなものになり、電子メールを利用するユーザーには、固有の電子メールアドレスが割り当てられます。
電子メールアドレスは、**「ユーザー名」**と**「ドメイン名」**を@マークで区切って構成されます。

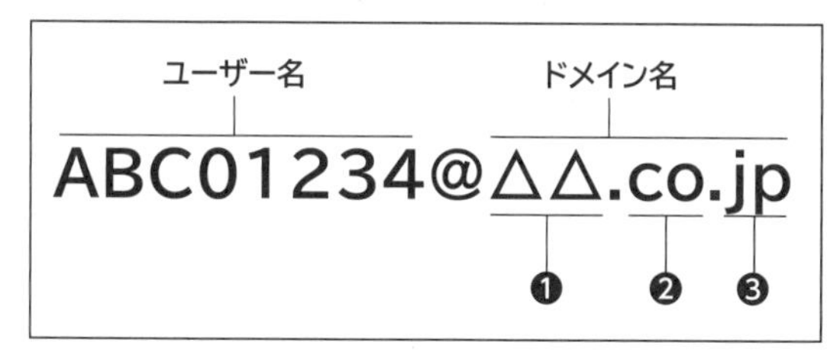

●ユーザー名

@マークの前の部分は、**「ユーザー名」**を表します。メールサーバに登録されているユーザーを識別します。

●ドメイン名

@マークのうしろの部分は、**「ドメイン名」**を表します。ドメイン名は、メールサーバ名や組織名、組織種別、国際ドメインコードなどから構成されます。どこの国で使用され、どんなプロバイダーや組織に所属しているのかを識別できます。

要　素	説　明
❶メールサーバ名／組織名	メールサーバの名前や、企業や団体などの組織名を表す。
❷組織種別	組織の種類を表す。 co：企業　go：政府機関 ne：ネットワークサービス関連　ac：大学系教育機関 ed：小中高等学校　or：法人など、その他の団体
❸国際ドメインコード	国名や機関名を表す。 jp：日本　uk：イギリス　fr：フランス　cn：中国

参考

米国の国際ドメインコード
インターネットは当初米国国内で使われていたため、米国の電子メールアドレスには国名を表す国際ドメインコードが付いておらず、組織種別だけが付いている。

組織種別	意　味
com	企業
edu	教育機関
gov	政府機関
org	法人など、その他の団体

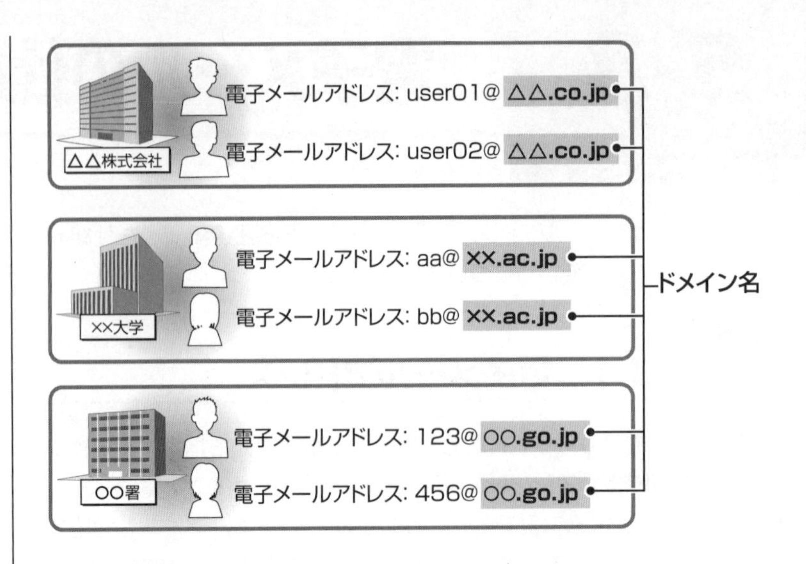

5-3-2 電子メールの構成要素

電子メールは、主に次のような要素で構成されています。

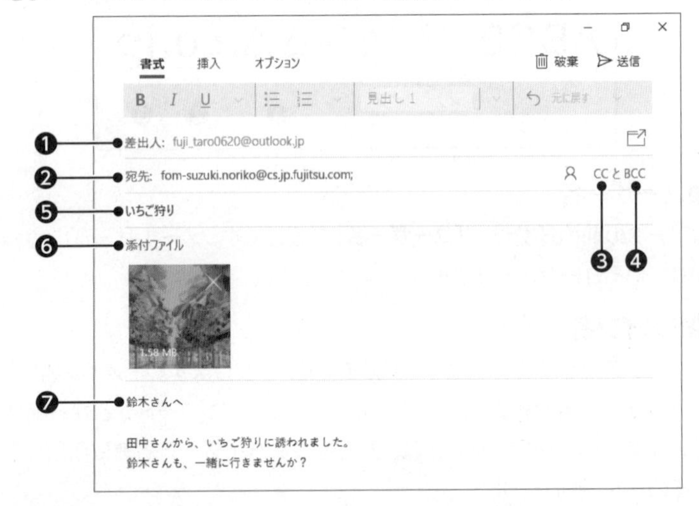

❶ 差出人

電子メールの送信者です。

❷ 宛先

電子メールの送信先の電子メールアドレスを指定します。

❸ CC

本来の宛先以外に、参考のため同じ電子メールを送りたい相手先がある場合、その送信先の電子メールアドレスを指定します。

参考

Windows 10の「メール」アプリ

ここではWindows 10の「メール」アプリを使って電子メールの仕組みと使い方を学習する。「メール」アプリはWindows 10に標準搭載されているため、すぐに使うことが可能。

参考

CC

「写し」というような意味。
「Carbon Copy」の略称。

❹ BCC
ほかの送信者に隠して、同じ電子メールを送りたい相手先がある場合、その送信先の電子メールアドレスを指定します。BCCに指定した電子メールアドレスは、当人以外に公開されません。電子メールを別の人に送ったことを知られたくない場合や電子メールを送る相手同士が面識のない場合などに使います。

❺ 件名
電子メールのタイトルを入力します。

❻ 添付ファイル
電子メールに、写真などのファイルを添付する場合に使います。

❼ 本文
電子メールの内容を入力します。

5-3-3 電子メールソフトの機能

電子メールソフトを使って電子メールをやり取りする場合、単純に送受信するだけでなく、**「返信」**や**「転送」**などの機能を利用できます。

1 返信

受信した電子メールに返事を出す機能を**「返信」**といいます。返信機能を使用すると、受信した電子メールの送信者の電子メールアドレスが自動的に**《宛先》**に表示され、入力ミスを防ぐことができます。また、**《件名》**には、受信した電子メールの返信であることを示す**「RE:」**が表示されます。そのほか、受信した電子メールの本文をそのまま引用することができるので、質問されたことに対しての回答を返信するときなどに便利です。

2 転送

受信した電子メールを第三者に送信する機能を**「転送」**といいます。転送機能を使用すると、**《件名》**に受信した電子メールの転送であることを示す**「FW:」**が表示されます。
例えば、取引先から作業依頼を電子メールで受け取る場合、窓口担当者が受信した電子メールをそのまま作業担当者へ転送すれば、依頼内容を作業担当者へ間違いなく伝えることができます。ただし、電子メールを転送するときには、送信者のプライバシーや著作権を侵害する場合もあるので、もとの電子メールの送信者の了解が必要な内容かどうかを確認しましょう。

参考
BCC
「隠しの写し」というような意味。
「Blind Carbon Copy」の略称。

参考
CCとBCCの表示
初期の設定では、CCとBCCが表示されていない。CCとBCCを表示する方法は、次のとおり。
◆《メールの新規作成》→《宛先》の《CCとBCC》

参考
全員に返信
受信した電子メールの送信者と、宛先に指定された自分以外の受信者全員に対して、電子メールを返信できる。《全員に返信》を使用すると、送信者と宛先に指定された自分以外の受信者全員が《宛先》に表示され、《件名》には、受信した電子メールの返信であることを示す「RE:」が表示される。

5-4 電子メールの送受信

ここでは、電子メールの送受信について学習します。

※本章では、Windowsのデスクトップのデザインを《Windows》に設定した環境を基準に、サンプル画面を掲載しています。

※本書では、電子メールソフトとしてWindows 10の「メール」アプリを使って実習します。

※本書で使用している電子メールアドレスは架空のものです。

5-4-1 電子メールソフトの起動

電子メールソフトを起動します。

Lesson

電子メールソフトを起動しましょう。

① をクリックします。

② アプリの一覧を下方向にスクロールし、**《メール》**をクリックします。

参考

メールアドレスの登録

「メール」アプリを利用するには、メールアドレスを登録する必要がある。プロバイダーのメールアドレスを登録する方法は、次のとおり。

◆「メール」アプリを起動→《+アカウントの追加》→《詳細設定》→《インターネットメール》→各項目を入力→《サインイン》

※一般の企業やプロバイダーが配布するメールアドレスだけでなく、Outlook.com、Live.com、Hotmail、MSN、Gmail、iCloudメールなどインターネット上で無償で利用できるメールアドレスも登録できる。

5-4-2 Windows 10の「メール」アプリの画面構成

Windows 10の**「メール」**アプリの画面の各部の名称と役割は、次のとおりです。

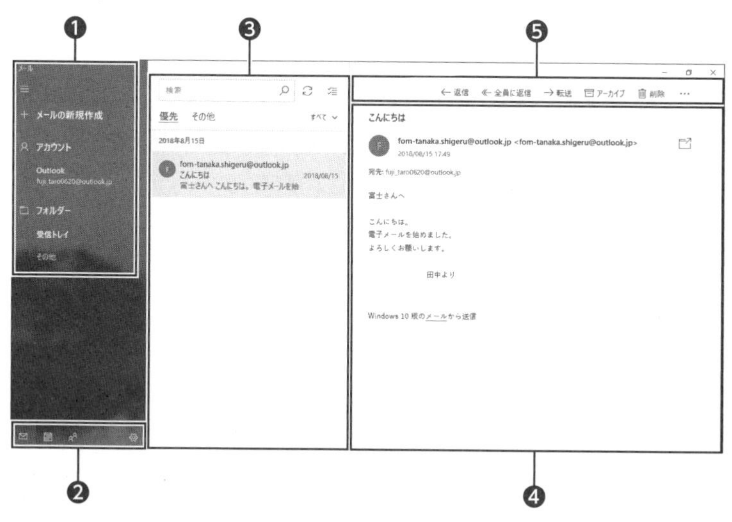

❶ フォルダーウィンドウ

電子メールの新規作成のほか、使用しているアカウント、送信、受信した電子メールを整理するためのフォルダを表示します。フォルダはあとから作成することもできます。あらかじめ用意されているフォルダは、次のとおりです。

フォルダー	説　明
受信トレイ	受信した電子メールを保存する。
その他	送信トレイ、受信トレイ、アーカイブ、下書き、会話の履歴、ごみ箱、送信済み、迷惑メールを表示する。

❷ ショートカット一覧

電子メールやカレンダー、連絡先などの表示を切り替えます。

❸ メッセージ一覧

選択したフォルダ内の電子メールの一覧を表示します。

❹ プレビューウィンドウ

メッセージ一覧で選択した電子メールの内容を表示します。

❺ リボン

「メール」アプリのコマンドがアイコンとして登録されています。

5-4-3　電子メールの送受信

電子メールを送受信します。受信した電子メールは返信したり、別のユーザーに転送したりすることもできます。また、CCやBCCを使って複数のユーザーに電子メールを送信したり、メッセージに書式を付けたり、重要度を設定したりして送信することもできます。

❶ 電子メールの新規作成と送信

宛先、件名、本文を入力し、電子メールを作成します。
作成した電子メールは、▷をクリックして送信します。
※宛先は、1人だけでなく複数入力することも可能です。

Lesson

電子メールを作成して、田中さん宛に送信しましょう。

その他の方法

電子メールの新規作成
◆ Ctrl + N

宛先：fom-tanaka.shigeru@outlook.jp

①《**メールの新規作成**》をクリックします。

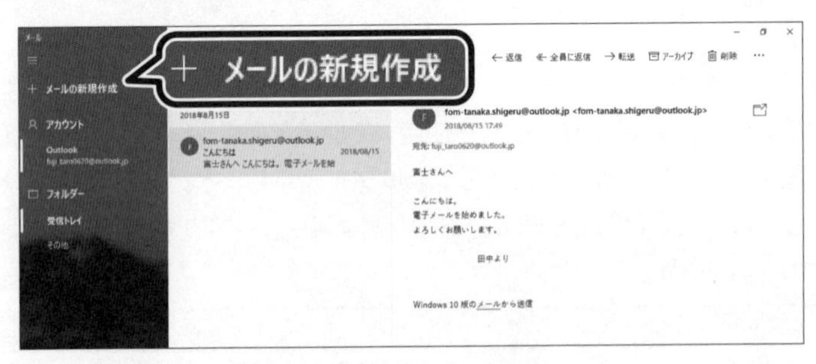

② メッセージを作成する画面が表示されます。
③《**宛先**》に田中さんの電子メールアドレスを入力します。
④《**件名**》を入力します。
⑤ 下側の枠の中をクリックし、本文を入力します。
⑥《**送信**》をクリックします。

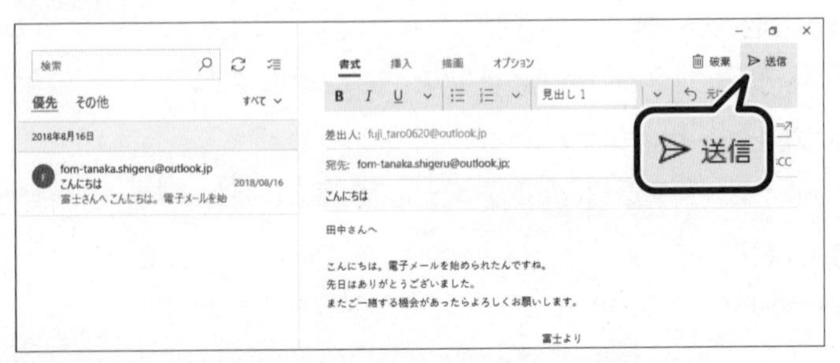

※送信された電子メールは、《フォルダー》→《送信済み》に保存されます。

❷ 電子メールの受信と確認

電子メールを受信するときは、メールサーバ内の自分のメールボックスに電子メールが届いているかをチェックします。
Windows 10の**「メール」**アプリの場合は、メールボックスから自分のコンピュータに受信した電子メールが**《受信トレイ》**に保存されます。また、**《受信トレイ》**の右側には未読メールの数が表示されます。
自分宛の電子メールを受信し、内容を確認しましょう。

Lesson

メールボックスに届いている電子メールを受信し、内容を確認しましょう。

① **《受信トレイ》**をクリックします。
② （このビューを同期）をクリックします。

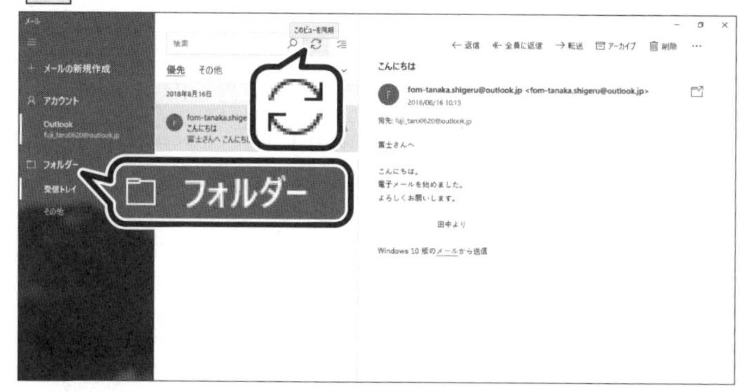

③ メッセージ一覧から新しく受信した電子メールをクリックします。
④ プレビューウィンドウに電子メールの内容が表示されます。

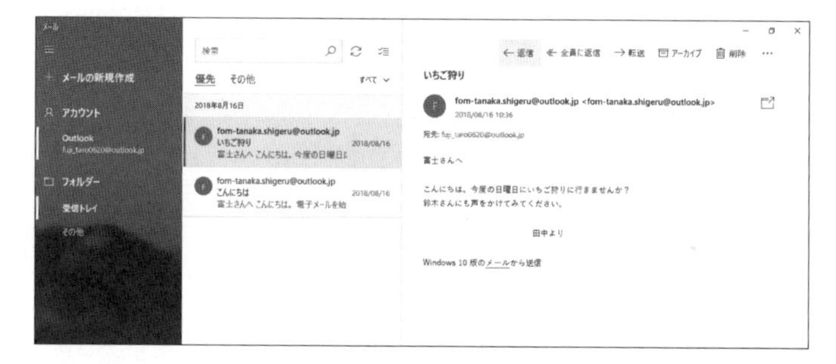

❸ 電子メールの返信

電子メールに返事を出す場合は、返信を行います。返信の際は件名に**「RE:」**が付きます。

その他の方法

電子メールの返信
◆電子メールを選択→Ctrl+R

第5章 ICTの活用

参考

全員に返信

受信した電子メールの送信者と、宛先に指定された自分以外の受信者全員に対して、電子メールを返信できる。

受信者全員に返信する方法は、次のとおり。

◆電子メールを選択→《全員に返信》

Lesson

田中さんから届いた電子メールに返信しましょう。

①**《受信トレイ》**が選択されていることを確認します。

② メッセージ一覧から返信する電子メールを選択します。

③ プレビューウィンドウに電子メールの内容が表示されます。

④**《返信》**をクリックします。

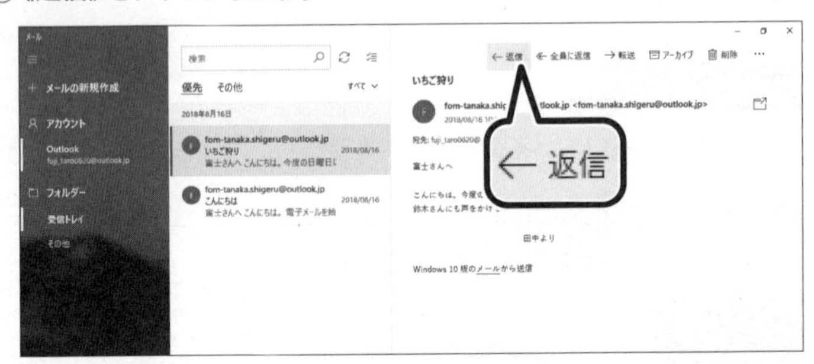

⑤**《宛先》**に返信先の表示名が表示されていることを確認します。

⑥**《件名》**に返信を表す**「RE:」**と件名が表示されていることを確認します。

⑦ 下側の枠の中をクリックし、本文を入力します。

⑧**《送信》**をクリックします。

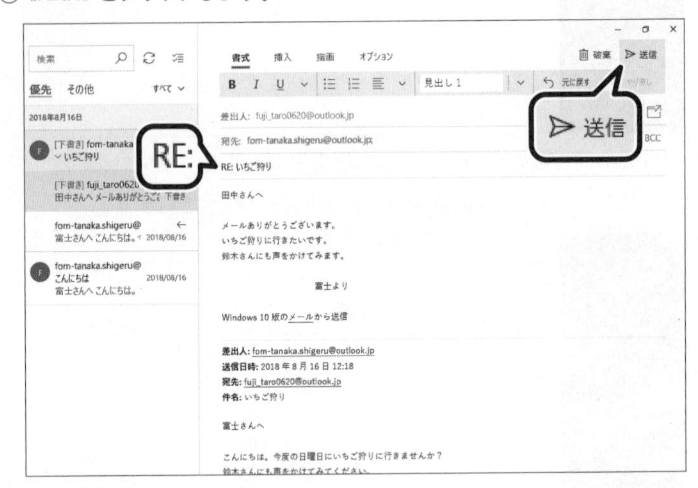

❹ 電子メールの転送

受信した電子メールを第三者に送信する場合は、転送を行います。

Lesson

受信した電子メールを鈴木さんに転送しましょう。

宛先：fom-suzuki.noriko@outlook.jp

①《**受信トレイ**》が選択されていることを確認します。
② メッセージ一覧から転送する電子メールを選択します。
③ プレビューウィンドウに電子メールの内容が表示されます。
④《**転送**》をクリックします。

⑤《**宛先**》に転送先の電子メールアドレスを入力します。
⑥《**件名**》に返信を表す「**FW:**」と件名が表示されていることを確認します。
⑦ 下側の枠の中をクリックし、本文を入力します。
⑧《**送信**》をクリックします。

5 CCを利用した送信

電子メールを送信するときに、その内容をほかの人にも送信したい場合はCCを使用します。

その他の方法

電子メールの転送

◆電子メールを選択→Ctrl+F

参考

BCCを利用した送信

一斉送信するとき、他の受信者に電子メールアドレスが知られてはいけない場合はBCCを利用する。ただし、誤ってCCとして送信してしまうと大規模な情報漏えいにつながる恐れもあるので、メールマガジンの一斉送信などには利用しない。

BCCを利用した送信方法は次のとおり。

◆《メールの新規作成》→《CCとBCC》

Lesson

田中さん宛の電子メールをCCで鈴木さんにも送信しましょう。

宛先：fom-tanaka.shigeru@outlook.jp

CC ：fom-suzuki.noriko@outlook.jp

①**《メールの新規作成》**をクリックします。

②**《宛先》**に田中さんの電子メールアドレスを入力します。

③**《CCとBCC》**をクリックします。

④**《CC》**に鈴木さんの電子メールアドレスを入力します。

⑤**《件名》**を入力します。

⑥ 下側の枠の中をクリックし、本文を入力します。

⑦**《送信》**をクリックします。

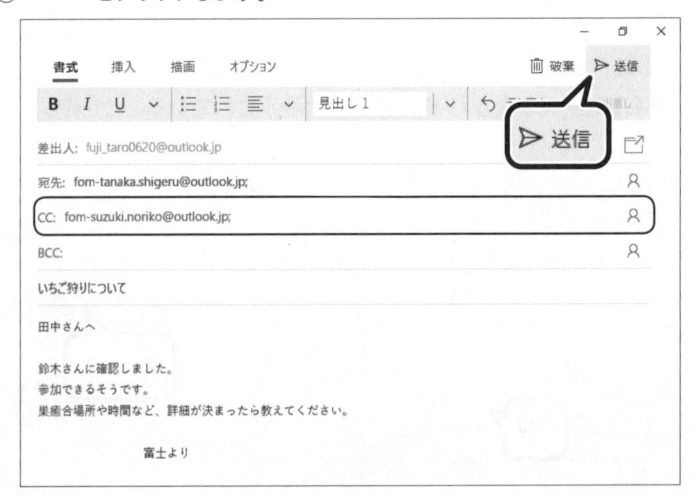

6 電子メールの書式の設定

Windows 10の**「メール」**アプリで扱うことができるメール形式には、**「HTML形式」**と**「テキスト形式」**の2つがあります。

HTML形式の電子メールとは、内容にイメージデータを表示したり、フォントのサイズや色などの書式を設定したりできる電子メールのことです。また、テキスト形式の電子メールとは、文字情報だけで構成されたシンプルな電子メールのことです。

Windows 10の**「メール」**アプリは、テキスト形式の電子メールを受信することはできますが、作成できる電子メールのメール形式はHTML形式のみです。HTML形式の電子メールを作成する場合、リボンを使って書式を設定します。

Lesson

本文のフォントサイズを設定しましょう。

①《**メールの新規作成**》をクリックします。
②《**宛先**》に電子メールアドレスを入力します。
③《**件名**》を入力します。
④ 下側の枠をクリックし、本文を入力します。
⑤ 本文の一部分を範囲選択します。
⑥《**書式**》タブを選択します。
⑦ ⌄（フォントの書式設定）をクリックします。
⑧《**フォント**》グループの 10.5 の ⌄ をクリックし、一覧から《**18**》を選択します。

※選択を解除しておきましょう。

※次の操作のために、《破棄》をクリックして保存せずに閉じておきましょう。破棄するかどうかのメッセージが表示された場合は、《破棄》をクリックします。

5-4-4　電子メールの管理

受信した電子メールが多くなると、目的の電子メールをすぐに探し出すことが難しくなります。大切な電子メールにフラグを付けたり、フォルダを作成して電子メールを分類したり、不要になった電子メールを削除したりして整理できます。また、メッセージ一覧から電子メールを検索

参考

連続する電子メールを選択

連続する電子メールを選択する方法は、次のとおり。

◆メッセージ一覧から1つ目の電子メールをクリック→ Shift を押しながら連続する最後の電子メールをクリック

参考

連続しない電子メールの選択

連続しない電子メールを選択する方法は、次のとおり。

◆メッセージ一覧から1つ目の電子メールをクリック→ Ctrl を押しながら2つ目以降の電子メールをクリック

参考

未読の状態に戻す

既読の状態になった電子メールを未読の状態に戻す方法は、次のとおり。

◆電子メールを右クリック→《未読にする》

参考

未読の電子メールの表示

未読の電子メールだけを表示する方法は、次のとおり。

◆メッセージ一覧の《すべて》→《未読》

したり、電子メールを並べ替えたりすることもできます。
大切な電子メールはなくならないように、バックアップしておくことも重要です。

❶ 電子メールの選択

電子メールを選択するには、メッセージ一覧から対象となる電子メールをクリックします。選択した電子メールは、青色で表示されます。
未読の電子メールを選択してメッセージの内容がプレビューウィンドウに表示されたあと、返信したり別の電子メールをクリックしたりすると、既読の状態に変わります。

未読	件名が太字で表示される。
既読	件名が標準の文字で表示される。

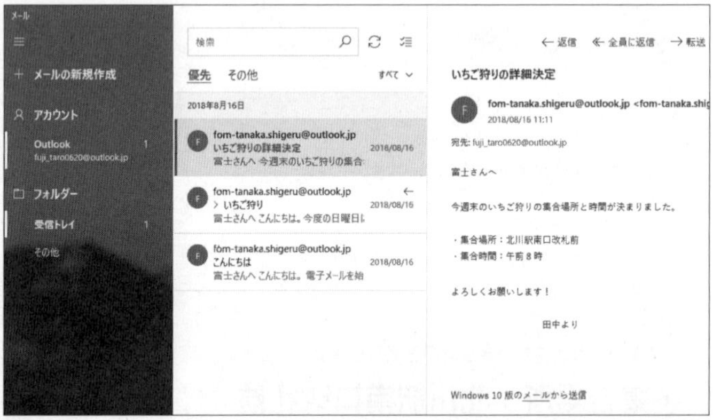

参考

フォルダの作成

◆《フォルダー》→ ＋（新しいフォルダーの作成）

❷ フラグを付ける

受信した電子メールは、**「フラグ」**を付けてマークしておくことができます。フラグを付けた電子メールはメッセージ一覧の**《すべて》**をクリックし、**《フラグ付き》**をクリックすれば一覧表示することができます。あとで再確認したい電子メールにだけ付けておけば、目的の電子メールをすばやく閲覧することができて便利です。

その他の方法

フラグを付ける

◆電子メールを右クリック→《フラグの設定》

参考

フラグの解除

電子メールのフラグを解除する方法は、次のとおり。

◆電子メールを右クリック→《フラグのクリア》

◆電子メールをポイント→ （アイテムのフラグをクリアします）

Lesson

電子メールにフラグを付けましょう。

①**《受信トレイ》**をクリックします。

② メッセージ一覧からフラグを付ける電子メールを選択します。

③ [アイコン]（アイテムにフラグを設定する）をクリックします。

❸ 電子メールの削除

不要になった電子メールを削除します。

Lesson

不要になった電子メールを削除しましょう。

①**《受信トレイ》**をクリックします。

②メッセージ一覧から削除する電子メールを選択します。

③ [アイコン]（このアイテムを削除する）をクリックします。

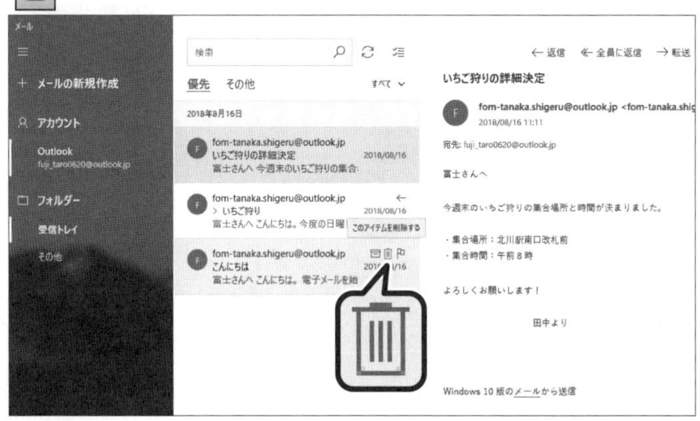

④**《その他》**をクリックします。

⑤**《ごみ箱》**をクリックすると、削除した電子メールが確認できます。

❹ 電子メールの検索

電子メールの差出人、件名、受信日付などをもとに**「検索」**ができます。たくさんの電子メールの中から、目的の電子メールを効率よく探すことができます。**「tanaka　いちご狩り」**のように、単語と単語の間にスペースを入れて検索すると、**「tanaka」**と**「いちご狩り」**のいずれかを含むメッセージが表示されます。

参考

削除した電子メールを取り戻す

《ごみ箱》に保存されている電子メールは、完全に削除されていないので、取り戻すことができる。

削除した電子メールを取り戻す方法は、次のとおり。

◆《フォルダー》→《ごみ箱》→取り戻す電子メールを選択→保存するフォルダまでドラッグ

参考

完全に電子メールを削除する

完全に電子メールを削除する場合には、《ごみ箱》に保存されている電子メールを削除する。

完全に電子メールを削除する方法は、次のとおり。

◆《ごみ箱》から削除したい電子メールを選択→《削除》

参考

電子メール内の検索

現在選択している電子メール内で特定の単語を検索する方法は、次のとおり。

◆リボンの [アイコン]（アクション）→《検索》

Lesson

受信した電子メールの中から、差出人が**「tanaka」**、件名に**「いちご狩り」**が含まれる電子メールを検索しましょう。

①**《受信トレイ》**をクリックします。

②**《検索》**をクリックします。

③検索したい単語を入力します。

④ Enter を押します。

⑤検索結果が表示されます。

※検索結果の一覧から電子メールをクリックすると、電子メールの内容を確認できます。

※確認後、×（検索を閉じる）をクリックして閉じておきましょう。

5 IMAPによる同期

「IMAP」とは、電子メールをパソコン上にダウンロードせず、サーバ上で管理する仕組みです。そのため他の端末とも同期でき、開封状態なども共有されます。スマートフォンとパソコンなど、複数の端末で電子メールを管理したい時に使用します。

参考

電子メールの並べ替え

電子メールの未読、フラグ付き、日付、名前などをもとに「並べ替え」ができる。例えば未読の電子メールを優先的に表示する方法は、次のとおり。

◆メッセージ一覧の《すべて》→《未読》

参考

電子メールのアーカイブ

「アーカイブ」とは、複数のファイルをひとつにまとめる処理のこと。

企業によっては、メールサーバ上の送受信した電子メールをすべて記録する「電子メールのアーカイブ」を利用することがある。アーカイブの機能を使うと、電子メールのバックアップに対して上書き保存できないため、情報漏えいなどの事件や事故が発生したときにすみやかに目的の電子メールを探したり、監査用のデータなどを長期保存したりするときに有効である。

参考

IMAPによる同期の設定

IMAPによる同期の設定方法は、次のとおり。

◆《アカウント》→《アカウントの追加》→《詳細設定》→《インタネットメール》→《メールアドレス》《ユーザー名》《パスワード》《アカウント名》《この名前を使用してメッセージを送受信》《受信メールサーバ》を入力→《アカウントの種類》を《IMAP4》にする→《メールの送信（SMTP）サーバー》にアドレスを入力→《サインイン》

5-4-5 ファイルの添付

電子メールには、本文のほかに、別のアプリケーションソフトで作成したファイルを添付できます。離れた場所のユーザーに、瞬時に画像ファイルを送ったり、複数のユーザー同士で同じファイルを共有したりできます。

1 添付ファイルの挿入

電子メールにファイルを添付します。

Lesson

電子メールに《**ピクチャ**》にある画像ファイルを添付しましょう。

①《**メールの新規作成**》をクリックします。
②《**挿入**》タブをクリックします。
③ ファイル（ファイルの追加）をクリックします。

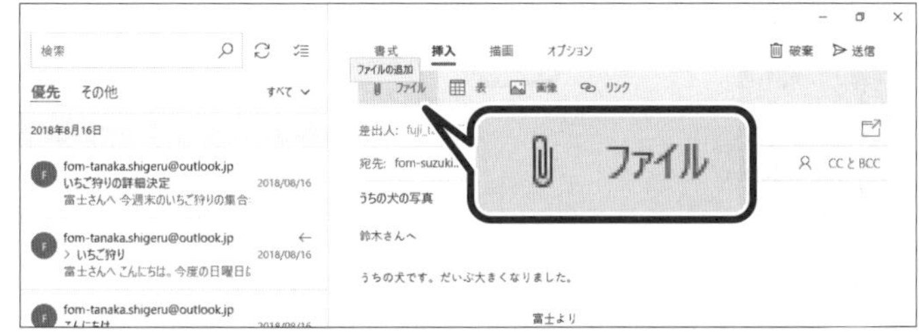

④《**開く**》が表示されます。
⑤《**PC**》をクリックします。
⑥《**ピクチャ**》をダブルクリックします。
⑦ 任意のファイルを選択し、《**開く**》をクリックします。
※《ピクチャ》に任意の画像ファイルを格納していることを前提にしています。

⑧ ファイルが添付されます。

※次の操作のために、《破棄》をクリックして保存せずに閉じておきましょう。破棄するかどうかのメッセージが表示された場合は、《破棄》をクリックします。

その他の方法

添付ファイルの挿入

◆添付したいファイルを《メールの新規作成》のプレビューウィンドウにドラッグ

参考

添付ファイルの上限

1通あたりの電子メール送信で添付できる容量には上限がある。大きすぎる容量の電子メールは相手のサーバに負担をかけるおそれがあるので、避けた方がよい。

参考

添付ファイルの削除

添付したファイルを削除する方法は、次のとおり。

◆添付ファイルの ☒（添付ファイルの削除）
◆添付ファイルを右クリック→《削除》

❷ 添付ファイルを開く

受信した電子メールの添付ファイルは、クリックして開くことができます。

Lesson

受信した電子メールの添付ファイルを開きましょう。

① メッセージ一覧から受信した電子メールを選択します。

※ファイルが添付されている電子メールを選択します。ファイルが添付されている電子メールには、メッセージ一覧の右側に📎が表示されています。

② プレビューウィンドウの添付ファイルをクリックします。

※HTML形式では、電子メールの本文にも画像が表示されます。

③ 添付ファイルが開きます。

※添付ファイルのウィンドウを閉じておきましょう。

参考

添付ファイルの保存

受信した電子メールの添付ファイルは、ハードディスク／ＳＳＤなどに保存できる。

添付ファイルを保存する方法は、次のとおり。

◆添付ファイルを右クリック→《保存》

参考

添付ファイルをすべて保存

添付ファイルが複数ある場合、すべての添付ファイルをまとめて保存できる。

添付ファイルをすべて保存する方法は、次のとおり。

◆任意の添付ファイルを右クリック→《すべての添付ファイルを保存》

❸ 添付ファイルをパソコン内に保存する

受信した電子メールの添付ファイルは、パソコン内に保存することもできます。

Lesson

受信した電子メールの添付ファイルをパソコン内に保存しましょう。

① メッセージ一覧から受信した電子メールを選択します。

※ファイルが添付されている電子メールを選択します。ファイルが添付されている電子メールには、メッセージ一覧の右側に📎が表示されています。

② プレビューウィンドウの添付ファイルを右クリックします。

③《**保存**》をクリックします。

④ 保存場所とファイル名を指定して保存します。

5-4-6 URLやメディアファイルの埋め込み

電子メールには、添付ファイル以外にも、本文中にURLやメディアファイルを埋め込んで送信できます。

❶ URL

本文中に、URLを直接入力します。受信者は、このURLをクリックするだけで、そのWebページを表示できます。受信者に見てもらう情報(ファイル)が常に一定の場所にある場合や電子メールとして送信するには添付ファイルのサイズが大きすぎるなどといった場合は、URLを記載するとよいでしょう。

参考

URLの埋め込み

電子メールの本文内にテキストとURLを埋め込む方法は、次のとおり。

◆《挿入》タブ→[リンク](リンクの挿入)

❷ メディアファイル

本文中にカーソルがある状態で、**《挿入》**タブ→**《画像》**をクリックして、本文中にグラフィックなどのメディアファイルを組み込むことができます。

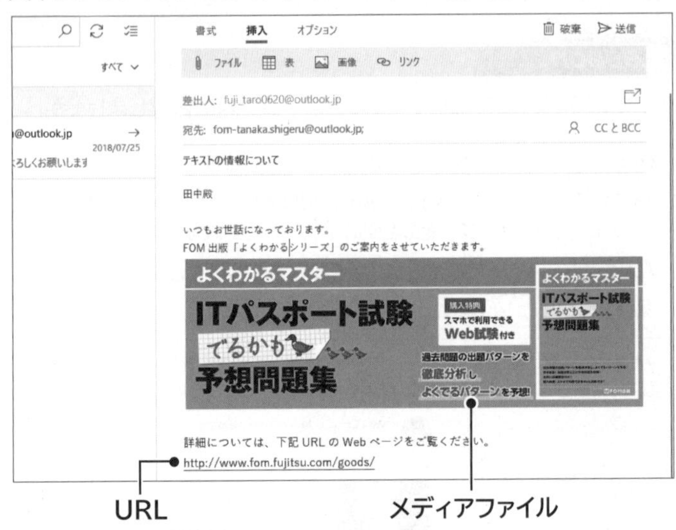

> **参考**
> **メディアファイル**
> メディアファイルには、画像や音声、動画などがある。

5-4-7 Peopleの利用

「People」には、名前や電子メールアドレス、住所、電話番号などの連絡先を登録できます。電子メールを作成するとき、Peopleを利用すると、名前を選択するだけで宛先を指定できます。電子メールアドレスの入力の手間が省け、入力ミスを防ぐこともできます。

> **参考**
> **People**
> PeopleはWindowsにコミュニケーションソフトの連絡先情報を統括しており、電子メールアドレス以外にも、電話番号や住所など、様々な項目を設定することができる。

❶ 電子メールアドレスの登録

Peopleに新しい電子メールアドレスを登録します。

Lesson

次の電子メールアドレスをPeopleに登録しましょう。

> **名　前：田中　茂**
> **電子メールアドレス：fom-tanaka.shigeru@outlook.jp**

① ショートカット一覧の (連絡先に切り替える) をクリックします。

> **参考**
> **連絡先の修正**
> 登録されている連絡先の情報を修正する方法は、次のとおり。
> ◆《People》ウィンドウの一覧から修正する連絡先をクリック→《編集》

> **参考**
> **連絡先の削除**
> 登録されている連絡先を削除する方法は、次のとおり。
> ◆《People》ウィンドウの一覧から連絡先を右クリック→《削除》→《削除》

②《People》が表示されます。

③ ＋（新しい連絡先）をクリックします。

④《姓》《名》《個人用のメールアドレス》を入力します。

⑤《保存》をクリックします。

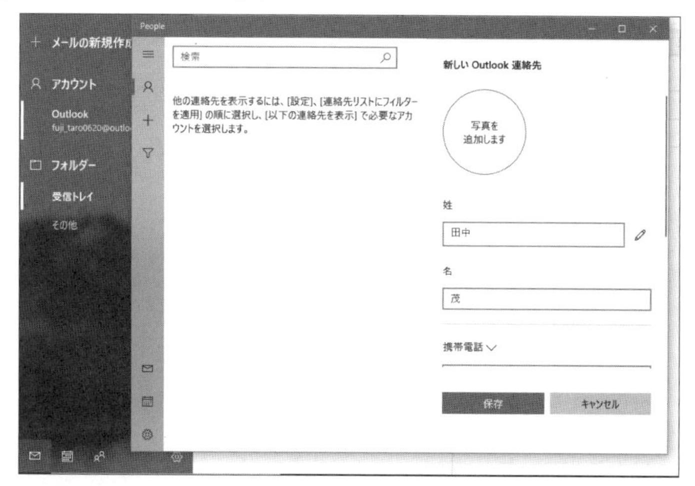

⑥ 一覧に**「田中 茂」**が追加されていることを確認します。

※《People》ウィンドウを閉じておきましょう。

❷ 連絡先を利用した宛先の指定

連絡先に登録されているユーザーに電子メールを送信する場合は、連絡先の一覧から名前を選択して宛先を指定します。また、複数人を宛先に指定したいときは、連絡先で複数のユーザーにチェックを付ければまとめて指定されるため、同じ操作を何度も繰り返す必要がありません。Peopleに登録されているユーザーに電子メールを送信する場合は、連絡先の一覧から名前を選択して宛先を指定します。複数人を宛先に指定したいときは、複数のユーザーにチェックを付けて指定します。

Lesson

連絡先を利用して、電子メールの宛先を指定しましょう。

①**《メールの新規作成》**をクリックします。

②**《宛先》**の［連絡先を選択アイコン］（連絡先を選択）をクリックします。

③**《People》**が表示されます。

④一覧から**「田中 茂」**を選択します。

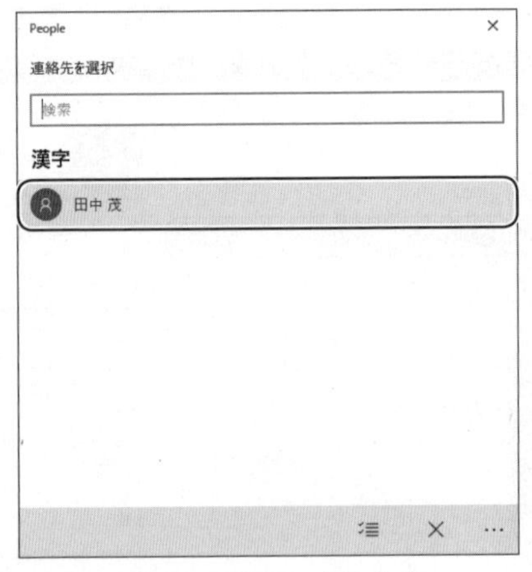

⑤送信する電子メールアドレスをクリックします。

⑥**《宛先》**に選択した連絡先の名前が表示されていることを確認します。

※次の操作のために、《破棄》をクリックして保存せずに閉じておきましょう。破棄するかどうかのメッセージが表示された場合は、《破棄》をクリックします。

3 受信した電子メールを使った電子メールアドレスの登録

受信した電子メールから、差出人の電子メールアドレスを連絡先に登録できます。

Lesson

受信した電子メールから、差出人の電子メールアドレスを連絡先に登録しましょう。

① **《受信トレイ》**をクリックします。
② メッセージ一覧から差出人の電子メールアドレスを登録する電子メールをクリックします。
③ 電子メールアドレス部分を選択します。
④ **《保存》**をクリックします。

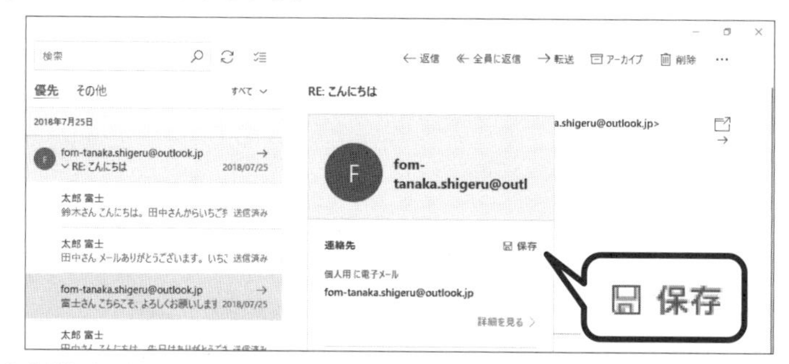

⑤ **《姓》《名》**を入力します。
⑥ **《保存》**をクリックします。

5-4-8　オプションの設定

電子メールソフトには、電子メールの送受信以外にも、様々な機能があります。電子メールソフトによって異なりますが、代表的なものは、次のとおりです。

1 署名の登録・自動化

自分の名前や電子メールアドレスなどの個人情報を**「署名」**として登録できます。電子メールの本文の最後に署名を記入することで、送信相手に自分が誰であるかをわかるようにするだけでなく、電話番号やURLなどの有用な情報を知らせることができます。
あらかじめ登録した署名は、電子メールの作成時に手動で追加してもかまいませんが、自動的に追加されるように設定することもできます。自動的に追加されるように設定しておくことで、入力する手間が省け、すべての電子メールに確実に署名を付けることができます。
署名が自動的に追加されるように設定する方法は、次のとおりです。

◆ (設定)→《署名》→下側のテキストボックスに入力→《 すべてのアカウントに適用する》→《保存》

参考

署名の自動化
署名が自動的に追加されるように設定するためには、署名の内容をあらかじめ入力しておく必要がある。

参考

自動応答のサポート

現在、自動応答をサポートしているのはOutlook.com、Hotmail、Office 365のアカウントのみ。
※2018年8月現在

❷ 電子メールの自動応答

受信した電子メールを自動的にほかの電子メールアドレスに転送したり、代理人の電子メールアドレス宛てに送信したりするようにルールを設定できます。
また、不在時などに、送信者宛にあらかじめ設定しておいた電子メールを自動返信（自動応答）することができます。現在不在であることや帰社予定時間などを自動返信のメッセージとして設定しておけば、自分が不在のときでも帰社時間などを相手に伝えることができます。

◆ （設定）→《自動応答》

❸ 電子メールの受け取り拒否

迷惑メールフォルダに移動すれば、以降同じ差出人から受信した電子メールは自動的に迷惑メールフォルダに振り分けられます。
電子メールの受け取り拒否をする方法は、次のとおりです。

◆任意の電子メールを右クリック→《迷惑メールにする》

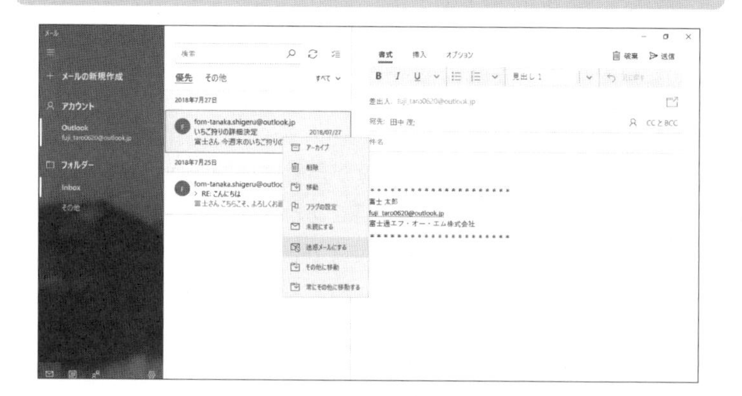

その他の方法

電子メールの受け取り拒否

受け取り拒否をする電子メールをドラッグしながら《その他》フォルダへ移動させると、《迷惑メール》フォルダが表示される。《迷惑メール》フォルダの上でドロップすると、振り分けが完了する。

5-4-9　電子メールのメリット

電子メールのメリットには、次のようなものがあります。

●スピードとコストの削減

電子メールは、情報を電気信号で転送するので、離れた場所へメッセージを送信した場合でも瞬時に届けることができます。また、費用は送信側も受信側もインターネットへの接続料だけなので、低コストに抑えることができます。

●時間を問わず、いつでも好きなときに送受信できる

電子メールは24時間いつでも送受信し、読むことができます。そのため、緊急の用事でない限り、自分の好きなときに電子メールを送受信することができます。

●様々な機器からのアクセス

お互いに通信できる環境があれば、遠隔地同士でもコンピュータや携帯電話などの様々な機器を利用してコミュニケーションをとることができます。また、時間を問わず、いつでも好きなときに送受信できるため、効率的です。

●複数の人とのコミュニケーションと情報の共有化

1対1の通信はもちろん、1対多の通信ができるので、複数の人とのコミュニケーションが容易に行えます。複数の人への連絡が一度にできるので、情報（文書やその他のリソースなど）を共有する手段として有効です。
また、SNSなどと比較して、長文のテキストの送受信にも適しています。

●文書、画像などの送受信

テキストだけでなく、文書や画像のファイルを添付して送受信できます。

●通信履歴の記録や確認

送受信した電子メールは、通信履歴が自動的に記録されていきます。送受信した電子メールの日時や内容をあとで確認したり、ときには犯罪の追跡捜査にも利用されたりすることがあります。

5-4-10　電子メールのリスク

電子メールのリスクには、次のようなものがあります。

●回線の不具合による送受信エラー

サーバ自体の不具合や回線の切断など技術的な問題で、メッセージの送受信ができなくなる場合があります。サーバの不具合の場合は、少し時間をおいてから再度送受信を実行してみましょう。送信エラーと表示された場合は、送信トレイにそのメッセージが残っているか確認し、残っていれば再度送信を試みます。どうしてもうまくいかない場合は、プロバイダーやコンピュータのサポートセンターに相談してみましょう。

●電子メールソフトの不具合による送受信エラー

電子メールソフトの不具合でメッセージが送受信できなくなる場合があります。電子メールソフトの開発元のWebページで不具合を解決するための方法が公開されているかどうかを確認しましょう。また、**「メール」**アプリやMicrosoft Outlookなどのマイクロソフト社の製品では、**「Windows Update」**と呼ばれるソフトウェアの不具合をまとめて修正するプログラムが定期的にダウンロードできるようになっており、ソフトウェアの不具合をまとめて修正できます。

●メールボックスのオーバーフロー

電子メールの場合は、メールサーバ上にあるメールボックスの容量はサーバの管理者によって決められています。決められた容量になると、メールボックスが限界値を超えることであふれ（オーバーフロー）、電子メールを受信できなくなる場合があります。メールサーバ上の不要な電子メールは定期的に削除するようにします。

●受信したメッセージの文字化け

受信したメッセージの内容が文字化けして、読めない場合があります。同じ日本語でも複数の種類の文字コードがあるため、アプリケーションソフト側の表示設定が合っていないと、受信したメッセージが文字化けして正しくメッセージを読むことができません。通常、文字化けした場合は、手動でエンコードの表示設定を行いますが、Windows 10の**「メール」**アプリでは文字コードを変更することができません。電子メールが文字化けした場合は、Microsoft Outlookなど、別の電子メールソフトで閲覧しましょう。

●添付ファイルを開いたり保存したりできない

送信元と受信先とで異なるテキスト形式を使用している場合、添付ファイルを開いたり保存したりできないことがあります。ファイルを添付して送信する際は、リッチテキスト形式でなくシンプルテキスト形式で送信するようにしましょう。なお、Windows 10の文字コードはShift-JISですが、他のOSはUTF-8を採用していることが多いため、ファイル名に日本語を使用すると文字化けが起こりやすくなります。ファイル名には英数字を使用するようにしましょう。

●軽率な応答による信頼性の低下

電子メールは、送受信した内容が履歴として保存されます。軽率な発言は信頼性の低下をまねく可能性があるので、内容を十分に確認したうえで送信するようにしましょう。

●ビジネスとプライベートの混同

電子メールを利用する際は、ビジネスとプライベートできちんと区別する必要があります。ビジネスでのメッセージには、機密情報が含まれている可能性があり、機密情報の漏えいは企業の信用問題に発展しかねません。また、ビジネスにおいて、業務以外のメッセージの送受信を行うことは、企業のサーバやネットワークに負荷がかかり、ほかの業務の効率を妨げる可能性があるのでやめましょう。

また、送信者が登録した**「ニックネーム」**（表示名）は受信者側にも表示されます。相手に失礼なニックネームをつけてはいけません。また、電子メールの送受信経路においても公開されているので、発表前のプロジェクト名などを記述すると情報が漏えいする可能性があります。

●電子メールの内容が信頼できない

電子メールは、インターネット上の様々なネットワークを経由してくるので、送信者の知らないところでねつ造されたり、不正に改ざんされたり

参考

テキスト形式の書式くずれ

テキスト形式の電子メールしか表示できない電子メールソフトでは、HTML形式のメッセージを受信した場合に、書式がくずれた状態で表示される。

参考

ニックネーム（表示名）

電子メールでは、メールアドレスの前に「ニックネーム」を記述できる。

富士 太郎<ABC01234@△△.co.jp>

ニックネーム

する可能性があります。内容や送信者の電子メールアドレス、日時などの情報が本当に正しいかどうかは、受信者が判断しなくてはなりません。内容に矛盾がある、または不審な点がある場合は、送信者に確認しましょう。

●詐欺、いたずら、デマ情報が含まれる可能性

電子メールの中には、詐欺やいたずら、デマ情報といったものが含まれている可能性があります。そのようなメッセージを受信した場合は、詐欺やいたずら目的であることも考慮して、差出人を確認し、あわてずに対処します。

●ウイルスやその他のセキュリティの脅威

「ウイルス」とは、コンピュータに入り込んでデータを破壊したり、コンピュータの動作を不安定にしたりするような悪質なプログラムのことです。多くの場合“インターネットを経由してやり取りするメッセージに添付されてやってきて、登録されているアドレスに勝手に自身を添付して送る”仕組みになっています。
ウイルスは、電子メールに添付されたファイルを開いたり、実行したりすると感染してしまうので、知らない人からの電子メールや心当たりのない英字の電子メールは開かないようにし、また知人からの電子メールでも本文の内容からファイルが添付されていることが不自然な場合には、添付ファイルは開かずに削除しましょう。
またウイルスを検出、駆除するためのウイルス対策ソフトが多数販売されているので、これらのソフトウェアを利用するとよいでしょう。

●コミュニケーションツールの悪用

本やメモなど持ち込みが禁止されている試験では、受験時にスマートフォンなどの機器の使用も認めらない場合が一般的です。試験受験時のカンニングや違法行為として、これらの機器で電子メールやショートメッセージサービスなどのコミュニケーションツールが利用されたケースが報告されています。

5-4-11 メッセージを作成・送信する場合の注意点

ビジネスやプライベートを問わず、電子メールでコミュニケーションを行うことはすっかり一般的になりました。それだけに、様々な注意点を押さえておくことが一層重要となっています。

1 メッセージを作成する場合の注意点

コミュニケーションを行う場合、受信する対象や、目的を明確にしたうえでメッセージを作成します。また、メッセージを作成する場合には、次のような点にも注意します。

●本文の内容がわかる件名を付ける

メッセージの件名は、メッセージの内容を把握する上で大切なものです。また、受信済みのメッセージの中から特定のメッセージを探し出す場合に、件名をもとに探す人も大勢います。メッセージの件名は、メッセージの内容がひと目でわかるような簡潔なものにしましょう。

●本文はわかりやすくまとめる

本文は簡潔に要点をまとめて書くようにします。1行の文字数が多く、横に長い文章になっても読みづらいので、きりのよいところで改行したり、話の内容が変わるところで1行空けたりして、相手が読みやすい文章にするとよいでしょう。一般的には、1行に30～35文字までの文章が読みやすいといわれています。また、本文に変換ミスや入力ミスなどの誤字脱字がないかどうか、相手に失礼がないように、送信前には一度読み直すようにします。文末には、誰から送られてきた電子メールであるのかがわかるように、署名（自分の名前や所属）を記入するとよいでしょう。

●メッセージの表現方法を考慮する

企業や学校、団体などでは、それぞれに守るべきルールのガイドラインを設定しています。ビジネス上でやり取りするメッセージは、ガイドラインに従い、ビジネス文書と同じ要領で作成します。電話でのやり取りと違い、電子メールは印刷して残しておくこともできるので、メッセージを作成する場合は正しい文法を守り、ビジネスにおける好ましい表現、適切な言い回しを使用します。ビジネスの場合では、相手に失礼のないように、略語や省略形の言葉の使用は控えましょう。
また、友人とやり取りするメッセージは、堅苦しい表現ばかりではなく、ユーモアを交えた表現を使用してもかまいません。顔文字などを使用すると、言葉だけで表現するよりも相手に自分の気持ちが伝わりやすくなります。

2 メッセージを送信する場合の注意点

メッセージを送信するときには、受信側に迷惑がかからないように注意を払う必要があります。メッセージを送信する場合の注意点には、次のようなものがあります。

参考

一般的な顔文字

内　容	顔文字
うれしい	(^o^)
驚き	(*_*)
お願い	m(_ _)m
泣く	(T_T)

参考

メッセージに使用する文字

メッセージには、半角カタカナや特殊記号など、機種に依存した文字は環境によっては正しく表示されない場合があるため使用しないようにする。
一般的には、JIS第一水準、JIS第二水準で定められた、ひらがな・カタカナ・漢字・記号・半角英数を使用する。

●使用できる記号

＋ － × ÷ ± 「」『』“ ” ！ ？ ＝ ＜ ＞ ≦ ≧ ≠ ∴ ∞ ♂ ♀ ％ ＃ ◆ ○ ◎ ☆ ★ □ ■ ◇ △ ▲ ※ 〒 → ← ↑ ↓ ￥ ＄ ¢ £ ＠ § ＊ など

●使用できない記号

① ② ③ ④ ⑤ ⑥ ⑦ ⑧ ⑨ ⑩ ⑪ ⑫ ⑬ ⑭ ⑮ ⑯ ⑰ ⑱ ⑲ ⑳ Ⅰ Ⅱ Ⅲ Ⅳ Ⅴ Ⅵ Ⅶ Ⅷ Ⅸ Ⅹ ㍉ ㍍ ㌔ ㌧ ㌶ ㍑ ㌫ ㊤ ㊥ ㊦ ㊧ ㊨ ㈱ ㈲ ㈹など

●宛先を確認する

メッセージを送信する宛先はよく確認して、違う相手に送らないよう気を付けます。宛先は、1文字でも間違えると相手には届きません。例えば、宛先を間違えてメッセージを送信したことで、社外秘の重要なメッセージを関係のない人に送信してしまう情報漏えいの事故も多くみられます。宛先の指定には十分注意しましょう。

●CC、BCCを適切に指定する

電子メールでは、CC、BCCに指定する人を適切に選択する必要があります。CCに指定した電子メールアドレスは、電子メールを受信した人全員に見えてしまうため、送信する人に迷惑がかからないかどうかを考えて判断します。一方で、BCCに指定した電子メールアドレスは見えませんが、本当にメッセージを伝達する必要があるかどうか、十分に考えて指定するようにします。

3 メッセージを返信・転送する場合の注意点

メッセージを返信・転送する場合の注意点には、次のようなものがあります。

●返信と転送

メッセージを受信したら、適宜返信します。複数の宛先やCCが指定されている場合は、原則的には全員に返信します。多数の人が関わる会話が続いているメールで、全員への返信と送信者のみへの返信が混在すると、会話の流れが途切れ、内容が理解できない人が出てきてしまいます。ただし、電子メールの内容によっては、受信者に迷惑がかかったり、もとになっている電子メールの送信者が困惑したりするので、受信者全員に対しての返信が必要なのかどうか、よく確認して判断する必要があります。

また、電子メールを転送する場合、送信者のプライバシーや著作権を侵害する場合もあるので、もとの電子メールの送信者の了解が必要な内容かどうかを確認する必要があります。簡単な操作で、全員に返信や転送が行えるので、誤って送信してしまうと機密情報の漏えいで企業の信用問題に発展しかねません。

参考

返信時の電子メールの形式

電子メールソフトによっては、受信した電子メールの形式で返信できる。

例えば、HTML形式で送信されてきた電子メールを返信すると、メッセージは自動的にHTML形式で作成される。ただし、Windows 10の「メール」アプリなど、最初からHTML形式でのメッセージ作成にしか対応していないものもある。

●全文引用は控える

メッセージを返信する場合に、もとの電子メールの本文を含めて記入したほうがわかりやすい場合があります。例えば、質問に答える場合、回答だけ記述しても受信側は理解しづらいので、もとの質問内容を引用すると、相手がわかりやすくなります。

ただし、全文を引用してしまうと、場合によってはデータ量が多くなってしまうので注意が必要です。引用は要点だけにとどめておく部分引用がよいでしょう。
引用する場合は、行頭に「>」などの引用符を付けます。

■全文引用

RE: ソフトボール大会について

田中さん

はい。参加予定です。　富士より

差出人: fom-tanaka.shigeru@outlook.jp
送信日時: 2018 年 7 月 25 日 11:17
宛先: fuji_taro0620@outlook.jp
件名: ソフトボール大会について

富士さん

先日の慰労会はご出席できなかったとのことで、残念でした。
次回は、ぜひご参加ください。

ところで、今週末のソフトボール大会には出席されますか？

■部分引用

RE: ソフトボール大会について

田中さん

ソフトボール大会の質問について回答します。

>当日のスケジュールを教えてください。
09：00　開会式
09：20　試合開始
16：00　閉会式
16：30　解散

>集合場所と時間を教えてください。
江戸川運動グラウンドに 8：30 でお願いします。

>現在の参加者の状況がわかりましたら、教えてください。
山本殿、佐藤殿、大西殿、工藤殿、塚原殿、高橋殿、斎藤殿です。

以上です。　富士

5-4-12　添付ファイルに関する注意点

電子メールに添付ファイルを付けて送受信する場合は、離れた場所のユーザーと瞬時にファイルを共有できるといったメリットがある一方、添付ファイルの容量やセキュリティ対策について注意する必要があります。

❶ 送信する添付ファイルの容量

容量（サイズ）の大きいファイルを電子メールに添付すると、電子メール全体のサイズが大きくなり送受信に時間がかかります。時間がかかると、送信側と受信側の双方に通信費用がかさんだり、ネットワークの負荷がかかったりします。また、容量によっては、相手がメッセージを受け取れない場合もあります。このような場合は、圧縮ツールを使用して、添付するファイルの容量を小さくしたり、ファイルを分割したりして送信します。相手にファイルを添付して送信してよいかどうかも確認しておくとよいでしょう。
また、ファイルそのものを添付する代わりに、ファイルの保存場所のURLだけを本文内に埋め込む方法もあります。この方法は、添付したいファイルの容量が大きいときや、サーバ上に常にそのファイルが配置されているときに利用するとよいでしょう。ただし、アプリケーションソフトによっては、本文中に埋め込んだURLや図、アニメーションなどを表示できないものもあります。

参考

URLの配布
重要な情報などを含むWebページをほかのユーザーに知らせる場合などにも、WebページのURLを電子メールの本文に埋め込むとよい。口頭で伝える場合よりも、正確にURLを伝えることができる。
URLの埋め込みについて、詳しくはP.230参照。

❷ 受信した添付ファイルのセキュリティ対策

受信した添付ファイルにウイルスが含まれていた場合は、その添付ファイルを開くことでウイルスに感染してしまう事例が数多くみられます。受信した添付ファイルは、ウイルス対策ソフトで自動スキャンするように設定するなどして、セキュリティ対策を行います。
また、電子メールソフトによっては、電子メールを介したウイルス感染を防止するため、拡張子がexeなどのウイルスを含んでいる可能性のある添付ファイルを開いたり保存したりできないように設定されています。

5-4-13　迷惑メールのフィルタリング

迷惑メールは、Webサイトに投稿した情報などをもとに送信される場合が多いです。自分の電子メールアドレスをむやみにWebページなどの公の場に投稿しないように気を付けましょう。
違法な電子メールや悪質な電子メールを受信した場合には、次のように対処します。

種　類		対処方法
違法な電子メール	ねずみ講やマルチ商法の勧誘メール	削除して徹底的に無視する。うかつに差出人に返信してしまうと、有効な電子メールアドレスと認識されてしまい、次々と電子メールが送られてくる原因となる。
悪質な電子メール	身に覚えのない有料サイトへの利用料金を請求してくる架空請求メール	
	不特定多数に送られてくる広告・宣伝のスパムメール	メールサーバ管理者宛に電子メールを出し、自分の電子メールアドレスをリストの宛先から外してもらう。または、電子メールソフトの受け取り拒否設定で、特定の相手からの電子メールを受け取らないように設定する。

もしこれらの電子メールがきっかけでトラブルとなってしまった場合は、消費生活センター等や、関係する相談窓口等に相談しましょう。

●迷惑行為と被害例

不特定多数に送信されるスパムメールやジャンクメールなどは、迷惑行為の最たるものといえます。安易に誘いにのってしまうと、ねずみ講などで金銭的な被害を受けたり、脅迫メールなどで精神的な被害を受けたりする結果になりかねません。大量の迷惑メールを送りつけてメールサーバをいっぱいにしてあふれさせ、メールサーバの機能を停止させるような悪質な迷惑行為もあります。

●被害への対応

心当たりのない送信元から添付ファイル付きの電子メールが送られてきた場合は、むやみに開かないようにします。また、迷惑な電子メールやお金を請求するような電子メールが送られてきても、無視するのが一番です。しかし、頻繁に多数の電子メールが送られてくる場合や脅迫がひどい場合などは、送信側のプロバイダーや受信側のプロバイダーに相談するのもひとつの方法です。プロバイダーによっては、特定の相手としか送受信しないようフィルタリングをかけてもらえます。また、ユーザーが電子メールソフトでフィルタリングを設定する方法もあります。

5-4-14　安全に利用するための注意事項

電子メールを利用するためには、次のような注意事項があります。

●受信した電子メールのウイルスチェック

受信した電子メールや添付ファイルがウイルスに感染していないかどうか、最新のウイルス定義ファイルを適用したウイルス対策ソフトでチェックします。

参考

スパムメール
不特定多数に送信される宣伝・広告や、ねずみ講やマルチ商法などの勧誘メール、連鎖的に送信されるチェーンメールなどの迷惑な電子メールのこと。

参考

ジャンクメール
受信側にとってメリットのない内容の電子メールのこと。スパムメールも含まれる。

参考

フィルタリング
特定の電子メールアドレスからの通信を禁止する設定のこと。プロバイダーで行える場合やユーザーが使用するアプリケーションソフトで設定をかけられるものもある。

●メッセージ送信前の内容の確認

電子メールでメッセージを送信したあとは、メッセージを取り戻すことができません。宛先や内容などを見直してから送信します。誤ってメッセージを送信してしまうと、他人に迷惑がかかったり、情報漏えいにつながったりします。

●暗号化技術の適用

メッセージに重要な情報が含まれる場合は、送信中に不正に読み取られても解読することができないように、メッセージを暗号化して送信します。

●定期的なバックアップとアーカイブ

ハードディスク／SSDの破損などの障害が発生した場合、送受信したメッセージは消えてなくなってしまいます。送受信したメッセージのバックアップを取得しておくと、ハードディスク／SSDの破損などの障害が発生して、送受信したメッセージがなくなった場合でも、バックアップから送受信したメッセージを復元できます。

送受信したメッセージのバックアップは、例えば毎日退社前のタイミングで取得するなど、重要度に応じて頻度を決め、定期的に取得するようにします。企業によっては、送受信した電子メールをすべて記録する**「電子メールのアーカイブ」**を利用することもあります。これにより大切な電子メールの喪失を防ぐことができます。

また、バックアップ後は不要な電子メールを受信トレイから削除しておくなど、定期的に受信トレイの整理を行うことも必要です。

●ガイドラインの遵守とデータ取り扱いのルール化

企業や学校などの団体では、取り扱いに注意が必要なメッセージをやり取りする場合が多くあります。これらの情報を安全に取り扱うためには、地方自治体や国の法律に従うのはもちろん、データ取り扱いのルールを決め、ガイドラインにそった運用を目指します。特に、電子メールは、複数の人に簡単に返信や転送ができてしまうため、少しでもトラブルの発生を抑えるためにルールが必要です。例えば、“重要なメッセージには転送の禁止”などを明記して送信したり、“添付ファイルにパスワードを設けて”送信したりするなどのルールを決めて運用するようにします。また、これらを徹底させるために管理者は、利用者がいつでもルールやガイドラインを閲覧できるように管理しておくことも重要です。

5-5 Webページの閲覧

ここでは、Webブラウザの起動方法、リンクの使用方法、新しいタブやウィンドウを使ったWebページの表示などについて学習します。

※本章では、Windowsのデスクトップのデザインを《Windows》に設定した環境を基準に、サンプル画面を掲載しています。

※本書では、WebブラウザとしてMicrosoft Edgeを使って実習します。

5-5-1 Webブラウザの起動

Webブラウザを起動する場合は、タスクバーのアイコンを使用します。

Lesson

Webブラウザを起動しましょう。

① タスクバーの e (Microsoft Edge) をクリックします。

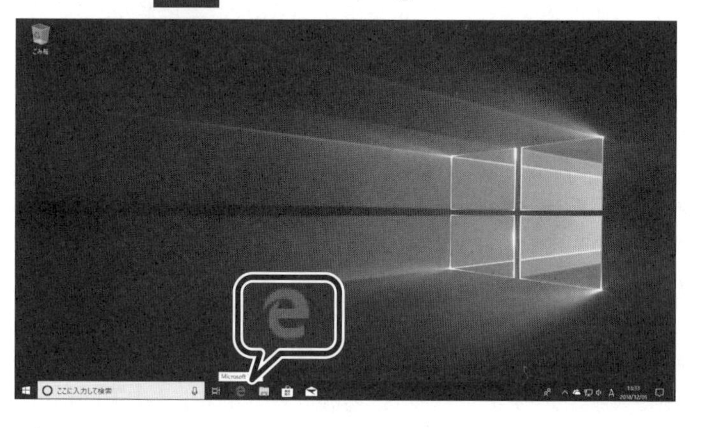

5-5-2 Microsoft Edgeの画面構成

Microsoft Edgeの画面の各部の名称と役割を確認します。

❶ 戻る

表示中の画面よりひとつ前に表示したWebページに戻ります。

❷ 進む

表示中の画面よりひとつあとに表示したWebページに進みます。

❸ 更新

表示中のWebページの情報を更新します。

❹ ホーム

ホームページに設定しているWebページを表示します。

❺ アドレスバー

現在表示されているWebページのURLが表示されます。

❻ お気に入り

ページをお気に入りに追加、または削除ができます。

❼ ハブ

お気に入り、リーディングリスト、履歴、ダウンロードを表示します。

❽ ノートの追加

Webページに手書きでメモを残すことができます。

❾ 共有

現在開いているWebページを、メールやOneNote、Skypeなどで他の人と共有できます。

❿ 設定など

Microsoft Edgeの設定を変更するときに使います。

⓫ Webページ表示領域

Webページが表示されている領域です。

5-5-3　Webページの表示

Webページを表示するには、WebページのURLを直接入力する方法と、リンクを使って表示する方法があります。またWebブラウザ内のアイコンを使って、Webページの表示を切り替えることもできます。

❶ URLの指定

WebページのURLがわかる場合には、直接URLをアドレスバーに入力してWebページを表示できます。

Lesson

「FOM出版」のWebページを表示しましょう。

■「FOM出版」のURL

http://www.fom.fujitsu.com/goods/

① アドレスバーに**「http://www.fom.fujitsu.com/goods/」**と入力し、Enterを押します。
② FOM出版のWebページが表示されます。

❷ リンクを使った移動

テキストリンクや画像リンクを利用して、WebページからWebページに移動し、様々な情報にジャンプできます。リンクされている文字列には色や下線が付く場合があり、マウスをポイントすると、マウスポインターの形が👆に変わります。Webページには、似たようなテーマを扱っているほかのWebページへのリンクが多く存在します。そのリンクをたどっていくことで、関連する情報を一度に集めることができます。
このように、Webページを閲覧していくことを**「ネットサーフィン」**といいます。

参考

IPアドレスの指定
Webページが保存されているコンピュータのIPアドレスがわかっている場合は、アドレスバーに直接IPアドレスを入力してEnterを押せば、そのWebページを表示することができる。

Lesson

リンクを利用して、**「FOM出版：書籍一覧」**のWebページを閲覧しましょう。

①**《書籍一覧》**をポイントします。

② マウスポインターの形が![pointer]に変わります。

③ クリックします。

④**「FOM出版：書籍一覧」**のWebページが表示されます。

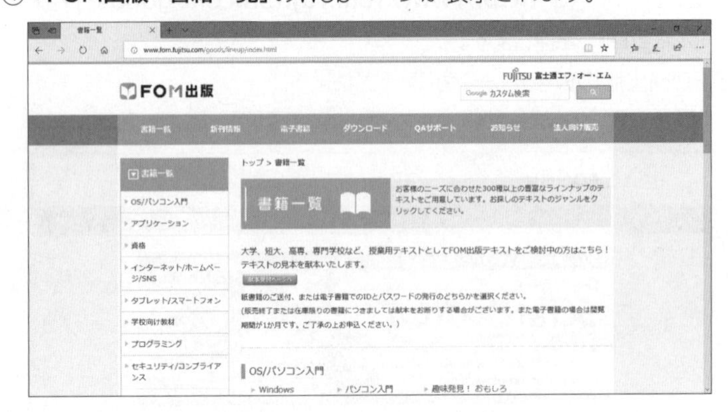

❸《戻る》アイコン・《進む》アイコンの利用

Webブラウザの ← （戻る）や → （進む）を使うと、以前表示していたWebページの間で表示を切り替えることができます。

※Webブラウザを起動した直後や、ほかのWebページに移動していない場合は、← （戻る）や → （進む）を選択できません。

Lesson

← （戻る）を利用して、直前に表示したWebページに切り替えましょう。次に、→ （進む）を利用して、Webページの表示をもとに戻しましょう。

①**「FOM出版：書籍一覧」**のWebページが表示されていることを確認します。

その他の方法

Webページの移動

戻る

◆ Alt ＋ ←

進む

◆ Alt ＋ →

② ← (戻る) をクリックします。

③ 直前に表示していた**「FOM出版」**のWebページに戻ります。

④ → (進む) をクリックします。

⑤ **「FOM出版：書籍一覧」**のWebページが表示されます。

4 起動時に特定のページを表示させる

Webブラウザ起動時に表示させるページを指定することができます。… (設定など) をクリックし、**《設定》**をクリックします。**「Microsoft Edgeの起動時に開くページ」**から**《特定のページ》**をクリックし、設定したいURLを入力します。 (保存) をクリックすれば設定完了です。

5-5-4 お気に入りの利用と管理

よく見るWebページや気に入ったWebページのURLは**「お気に入り」**に登録できます。

Webページをお気に入りに登録すると、一覧から選択するだけで表示できるので便利です。また、お気に入りにフォルダを作成して、お気に入りの一覧を整理することもできます。

参考

タブの複数表示

現在表示しているページのタブ右側にある + (新しいタブ) をクリックすると、新しいタブを開くことができる。タブは同時に複数表示することが可能。

参考

ウィンドウの複数表示

ウィンドウは同時に複数表示することができる。新しいウィンドウを表示する方法は次のとおり。

◆ … (設定など) →《新しいウィンドウ》

参考

お気に入り

「お気に入り」は、Microsoft Edgeの機能の名称で、Webブラウザによっては「ブックマーク」ともいわれる。

その他の方法

お気に入りの追加

◆ Ctrl + D

参考

名前の変更

お気に入りに登録するWebページの名前は変更できる。自分であとから見たときにわかりやすい名前で登録するとよい。
お気に入りに登録された名前を、あとから変更する方法は、次のとおり。

◆ (ハブ)→《お気に入り》→名前を右クリック→《名前の変更》

参考

お気に入りの利用

お気に入りに登録したURLを使ってWebページを表示する方法は、次のとおり。

◆ (ハブ)→《お気に入り》→登録したWebページをクリック

参考

お気に入りの整理

お気に入りに登録するURLの数が増えてくると、URLが探しづらくなってくる。ジャンルごとにフォルダを作成し、URLを分類すると、管理しやすい。また、わかりやすい名前を付けておくと後から探しやすい。
お気に入りにフォルダを作成し、URLを登録する方法は、次のとおり。

◆ (ハブ)→《お気に入り》→ (新しいフォルダーの作成)→フォルダー名を入力

参考

お気に入りの削除

追加したお気に入りを削除する方法は、次のとおり。

◆ (ハブ)→《お気に入り》→一覧からWebページを右クリック→《削除》

❶ お気に入りの追加

よく見るWebページや気に入ったWebページのURLは、お気に入りに登録しておくと便利です。あとからそのWebページを表示するときに、URLを入力したり、リンクをたどったりする手間がなく、効率的です。

Lesson

「FOM出版の「書籍一覧」」のWebページのURLを、お気に入りに登録しましょう。

■「FOM出版の「書籍一覧」」のURL

http://www.fom.fujitsu.com/goods/lineup/index.html

① **「FOM出版：書籍一覧」**のWebページが表示されていることを確認します。

② ☆ (お気に入りまたはリーディングリストに追加します) をクリックします。

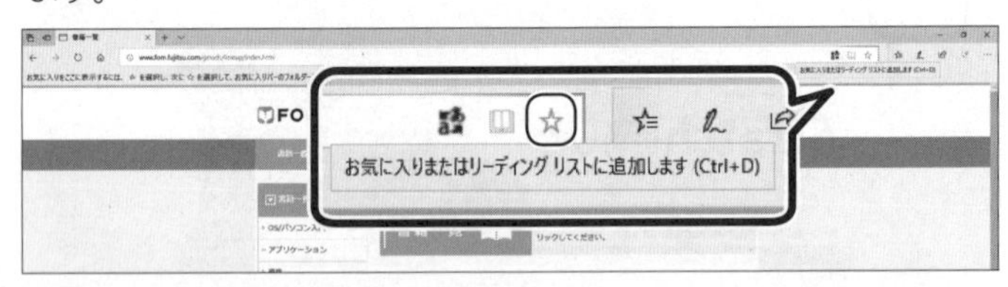

③ **《名前》**に**「書籍一覧」**と表示されていることを確認します。

④ **《追加》**をクリックします。

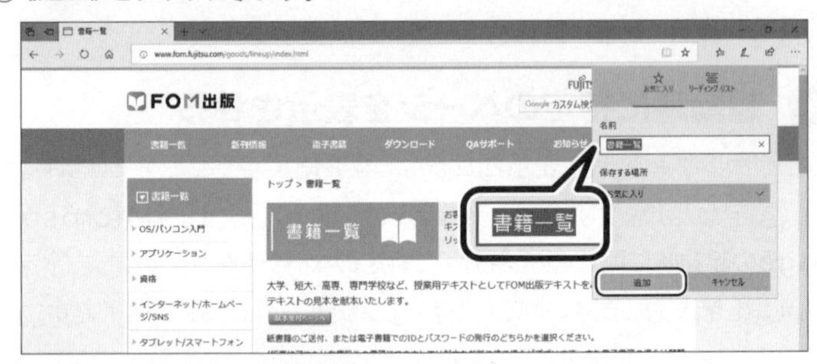

⑤ お気に入りに追加されます。

5-5-5 履歴の利用

閲覧したWebページの履歴を保存できます。一度閲覧したWebページのアドレスがわからなくなった場合などは、履歴を利用して簡単に表示させることができます。また、不要になった履歴は、消去することもできます。

Lesson

Webブラウザの履歴を利用して、**「FOM出版」**のWebページを表示しましょう。

① ☆≡ (ハブ) をクリックします。
② **《履歴》**を選択します。
③ **「FOM出版」**をクリックします。

④ **「FOM出版」**のWebページが表示されます。

5-5-6 Webブラウザ使用時の問題点

Webページを表示しようとしても、正しく表示されない場合があります。

●エラー表示

「ページが見つかりません」と表示された場合は、URLが正しく入力されているか確認します。
また、リンクから表示しようとしたWebページの場合は、そのWebページが現在は存在していないために表示できない場合もあります。

●アクセス速度の問題

サーバのアクセス速度が遅い場合、Webページの表示に時間がかかりすぎることがあります。Webブラウザによっては、一定時間以上Webページの表示に時間がかかると自動的に表示を中断してしまうものもあります。

●文字化け

特定のフォントや外国の言語が使用されているWebページでは、読めない文字の羅列が表示されることがあります。この場合、文字のエンコードの設定を適したものに変更します。
なお、Microsoft Edgeでは文字のエンコード設定を変更することはできません。

その他の方法

履歴の利用
◆ Ctrl + H

参考

履歴の消去
不要な履歴を消去する方法は、次のとおり。
◆ ☆≡ (ハブ) → 《履歴》 → × (削除)

参考

昨日以前の履歴
◆ ☆≡ (ハブ) → 《履歴》 → 《さらに前》

参考

エンコード
目的に応じて、適した形式にデータを変換すること。文字のエンコードは、いろいろな種類があるため、エンコードの違いで文字化けすることもある。

●ポップアップ広告のブロック

「ポップアップ広告」とは、Webページにアクセスしたときなどに自動的に別のウィンドウが飛び出して表示される広告のことで、不快に感じる人もいます。そのため、ポップアップウィンドウをブロックする機能を組み込んだWebブラウザもあります。ただし、ポップアップウィンドウをブロックする設定にすると、必要なウィンドウも表示されなくなることがあるので注意しましょう。

参考

バージョンとセキュリティ

古いバージョンにはセキュリティ上の弱点がある場合もあるので、Webブラウザはなるべく新しいバージョンを使用するとよい。

●Webブラウザやプラグインプログラムの対応

Webページに埋め込まれているプログラムは、Webブラウザの最新版にしか対応していないものがあります。Internet Explorerであれば、新しいバージョンはマイクロソフト社のWebページから無料でダウンロードできますが、Microsoft EdgeはWindowsではWindows 10にのみ付属しているため、個別にダウンロードしたりインストールしたりすることはできません。なお、Microsoft Edgeは、最近ではWindows 10以外のOS（携帯情報端末のiOSやAndroid）向けに、個別にダウンロードしてインストールすることができます。

また、プラグインプログラムがインストールされていなければ、すべての情報を正しく表示できない場合があります。音声や動画を再生する際にプラグインプログラムのインストールを促す画面が表示されることもあるので、必要に応じてインストールするとよいでしょう。

参考

プラグインプログラム

アプリケーションソフトに機能を追加するための小さなプログラムのこと。「コントロールプログラム」や「アドインプログラム」ともいわれる。

●セキュリティの問題

オンライントレードやオンラインショッピングなどで、ユーザーがユーザーIDとパスワードなどを入力する機会も増えています。このユーザーIDとパスワードを悪用した犯罪には、次のようなものがあります。

種　類	説　明
なりすまし	他人のユーザーIDやパスワードを盗んで、その人のふりをしてシステムを利用すること。
フィッシング詐欺	信用のある団体を装った偽のWebサイトに誘い込み、個人情報を搾取しようとするインターネット上の詐欺。 代表的な手口は、送信者名を金融機関の名称に偽装した電子メールを送信し、電子メールの本文から巧妙に作られたWebページにリンクさせ、受信者に暗証番号やクレジットカード番号を入力させて犯人に送信するもの。

犯罪やトラブルに巻き込まれないために、ユーザー認証やオンラインショッピングなどに利用されるユーザーIDやパスワード、クレジットカード番号は、手帳などの身近なものに記録しないようにして、他人に知られないようにきちんと管理しましょう。

5-6 情報の検索

ここでは、情報の検索方法、Webブラウザの機能を使った検索、検索した情報の品質について学習します。

5-6-1 情報の検索方法

情報を探し出すには、いろいろな方法があります。

❶ 検索エンジンの利用

「検索エンジン」とは、インターネット上の情報を探し出す検索システムのことです。検索エンジンを利用すると、目的のWebページのURLを知らなくても、膨大な数のWebページの中から目的のWebページを検索できます。**「検索サイト」「サーチエンジン」**ともいわれます。代表的なものには、**「Google」**や**「Bing」**などがあります。

❷ Cortana(コルタナ)の利用

デスクトップ画面左下には、検索用のボックスがあります。検索ボックスをクリックするとWindowsのパーソナルアシスタントであるCortanaが立ち上がり、キー入力と音声による検索ができるようになります。
Cortanaは、コンピュータの中のファイルやフォルダだけでなく、Microsoftの検索エンジン**「Bing」**を使用して同時にインターネットの検索も行います。入力した単語のうしろに、**「-web結果を見る」**と表示されているものは、インターネットの検索結果です。

❸ Webサイトなどの検索ボックスの利用

現在は多くのWebサイト内に、検索用のボックスが表示されています。探している情報について、さらに詳しい情報を得たいときは、この検索ボックスを活用するのが有効です。ソフトウェアのダウンロードサイトなどでは、目的のサポートを見つける時などに役立ちます。
また、リアルタイムの情報を知りたいときには、TwitterやFacebookなどのSNSを利用する方法もあります。限定した地域の現在の天気や、特定の路線の運行状況などは、ほかの人が数分前につぶやいている情報を探すことができます。

5-6-2 検索エンジンの利用

検索エンジンでは、キーワードによる検索や論理演算子を使用した検索などを行うことができます。

❶ キーワードによる検索

検索条件となる**「キーワード」**を入力して目的のWebページを検索します。キーワードは一般的な単語より、目的の情報に直接関係のある固有名詞などを使用すると、より絞り込んで検索できます。

Lesson

「ロンドン」というキーワードを入力し、旅行に関するWebページを検索しましょう。

※「Google」のWebページを表示しておきましょう。

■「Google」のURL

https://www.google.co.jp/

① 画面中央のボックスをクリックします。

② **「ロンドン」**と入力します。

③ **《Google検索》**をクリックします。

④ 該当する件数と件名の一覧が表示されます。

※この一覧の中から件名をクリックすると、Webページが表示されます。

※次の操作のために、← (戻る)をクリックして「Google」のWebページを表示しておきましょう。

参考

アドレスバーによる検索

検索エンジンのWebページを利用する代わりに、Microsoft Edgeのアドレスバーに直接キーワードを入力してもWebページを検索できる。初期の設定では、検索エンジンとして「Bing」が設定されている。

❷ 論理演算子を使用した検索

キーワードを使って検索した結果、該当するWebページが多い場合は、さらに、キーワードを追加して絞り込んで検索できます。キーワードを追加して検索するときは、論理演算子を使用すると効率よく検索できます。
論理演算子を使用した検索には、次のようなものがあります。

●AND検索

すべてのキーワードを含むWebページを検索します。キーワードは空白文字や**「&(アンパサンド)」**、または**「AND」**で区切って入力します。

●OR検索

いずれかのキーワードを含むWebページを検索します。**「OR」**で区切って入力します。

●NOT検索

キーワードを含まないWebページを検索します。含まないキーワードに**「-(マイナス)」**を付けて入力、または**「NOT」**で区切って入力します。

例)

条件	キーワードの入力	結果
「フランス」かつ「ワイン」	「フランス ワイン」(空白文字で区切る) または、「フランス & ワイン」 (「&」の前後に空白文字が必要) または「フランス AND ワイン」 (「AND」の前後に空白文字が必要)	「フランス」と「ワイン」の両方を含むWebページが検索される フランス　ワイン
「フランス」または「ワイン」	「フランス OR ワイン」 (「OR」の前後に空白文字が必要)	「フランス」と「ワイン」のいずれかを含むWebページが検索される フランス　ワイン
「フランス」であるが「ワイン」ではない	「フランス -ワイン」 (「-」の前に空白文字が必要)	「フランス」で「ワイン」が含まれないWebページが検索される フランス　ワイン

※論理演算子の使い方は、検索エンジンによって異なる場合があります。
※英数字や記号は半角で入力します。

参考

空白文字を含む検索

空白文字を含むキーワードを検索する場合、キーワードを「"(ダブルクォーテーション)」で囲んで入力する。

参考

効果的な検索

初回の検索で検索結果が多すぎた場合などは、検索結果の絞り込みを行う。
まず、キーワードに目的の情報に直接関係のある単語を入力し情報を表示する。その後、論理演算子を使用して条件を絞り込んでいくと効果的に検索できる。

参考

検索オプションの利用

検索エンジンにある検索オプションを使うと、キーワードだけでなく、Webページの更新日付やドメイン、ファイル形式、検索対象となる国や言語などからも検索できる。

Lesson

「スパークリングワイン」かつ**「フランス」**かつ**「辛口」**で、**「白」**以外の情報を検索しましょう。

① 画面中央のボックスに**「スパークリングワイン　フランス　辛口　-白」**と入力します。

※キーワードの前後には空白文字を入力し、「白」の前には「-（マイナス）」を入力します。

② **《Google検索》**をクリックします。

③ 条件に該当するものに絞り込まれて、件数と件名の一覧が表示されます。

※次の操作のために、←（戻る）をクリックして「Google」のWebページを表示しておきましょう。

❸ SITE演算子を使用した検索

ドメイン名やURLの前に**「site:」**を入力して検索すると、指定したWebサイトに絞り込んだ検索結果を表示させることができるため、デマ情報を排除できます。

Lesson

① 画面中央のボックスに**「よくわかる site:http://www.fom.fujitsu.com/goods/」**と入力します。

② **《Google検索》**をクリックします。

③ キーワード**「よくわかる」**を含むWebページのうち、FOM出版が作成したWebページのみに絞り込まれて、件数と件名の一覧が表示されます。

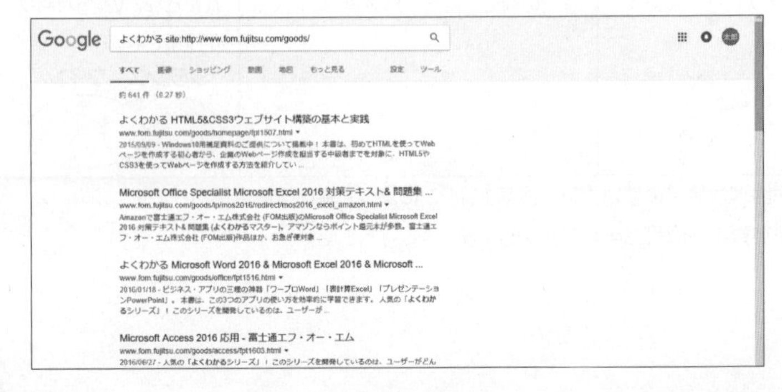

5-6-3 検索した情報の品質

インターネット上には、たくさんの情報があります。ほとんどは良心的で信頼のおける情報ですが、インターネット上に情報を簡単に公開できることから、中にはWebサイトの閲覧数を稼ぐために、意図的に偽の情報を流すフェイクニュースや、SNSでの拡散を狙ったヘイトスピーチ（憎悪表現）など、悪質な情報も存在します。

❶ 情報の品質

Webページから情報を収集する場合、その情報の信頼性や新鮮さなどの品質と自分の探している情報にどれだけ適合しているかなどの品質は、ユーザー自身が評価しなければなりません。
情報の品質を評価する場合、次のような点に注意するとよいでしょう。

注意点	説　明
適切な情報の内容と量	入手した情報が、収集したい情報の内容と量に該当し、目的を果しているかどうか。
信憑性	掲載されている情報がどこまで信頼できるものかどうか。
妥当性	その情報が1つ以上の情報源から確認できるかどうか。
潜在的な情報の偏り	Webサイトの管理者の意見に、商業的、政治的な偏りがないか。また、一方的な意見ばかりでなく、異なる視点からの意見も掲載しているなど、情報に偏りが少ないかどうか。

❷ 情報の品質を判断する方法

実際に、Webページに掲載されている情報の品質を判断する方法には、次のようなものがあります。

●情報の見極め

Webページに掲載されている情報を利用する場合、あらかじめその情報の性質を見極める必要があります。
商業や学術、メディアなどの組織には、各組織の理念や目的、政治的・宗教的な思想などの背景が隠されている場合があります。そのため、各組織のWebページには、この理念や目的などによる一方的な意見が掲載されている可能性があります。また、個人ユーザーでの利用が広がっているブログは、多くの場合、作成者個人の意見が掲載される傾向が高いといえます。
Webページの情報を利用する場合、同様の情報が掲載されている複数のWebページを見比べるなどして一方的な意見になっていないかどうか判断するとよいでしょう。

参考

Wikipediaでの情報の見極め

Wikipediaは複数のユーザーが共同して編集するWeb上の百科事典。Wikipediaでも情報の性質の見極めが必要となる。Wikipediaでは、情報の内容に専門的な知識のないユーザーが投稿・編集を行っている可能性がある。この場合、情報の出典元などの確認が必要。

●安全な情報のWebサイトのみに検索を絞り込む

デマや悪質な情報が掲載されていない、政府機関や大学のみに検索結果を絞り込む方法も有効です。インターネット上のWebサイトは、その組織の種類によって使用できるドメインが限定されています。国内の会社であればco.jp、政府機関であればgo.jp、大学であればac.jp、小中学校であればed.jpなどです。

Google検索では、SITE検索を利用すればドメインを指定して検索することができます。そのため、政府機関や大学の情報のみに絞って検索すれば、信頼性の高い情報を得ることができるでしょう。

●オフライン情報源の参照

インターネット上の情報源を**「オンライン情報源」**というのに対し、新聞や書籍などのインターネット以外からの情報源を**「オフライン情報源」**といいます。Webページに掲載されている情報が不明瞭・不完全だった場合には、新聞や書籍などほかのメディアのオフライン情報源を参照するとよいでしょう。

●Webページの作成者や運営状況

Webページの情報は、作成者によってきちんと運営されていないために、品質管理ができていない可能性があります。Webページがきちんと運営されているかどうか、次のような点で判断するとよいでしょう。

- **情報の発信元（Webページの作成者）の経歴や連絡先が明記されており、コミュニケーションを取ることができるか。**
- **常に新しい情報に更新されているか、更新日が記載されているか。**
- **リンク設定が壊れたまま放置されていないか。**
- **Webサイトに外部情報へのリンクが設定されている場合、適切な情報へのリンクかどうか。**

●検索エンジンでの検索結果

検索エンジンでは、検索結果として、アクセス頻度が高いWebページが上位に表示される場合があります。しかし、上位に表示されるWebページが、必ずしも情報の品質がよいとは限りません。Webページの構成によって、検索結果が上位に表示される場合があるので注意しましょう。

5-7 SNS

ここでは、インターネット上での人と人とのコミュニケーションの場を提供するSNSについて学習します。

5-7-1 社会的なつながりをインターネット上で実現

「SNS」は、インターネット上でコミュニケーションの場を提供するサービスの総称です。以前は、ホームページやブログといった情報発信の主体が明確で、ほかの人はそれを受け取るサービスが中心でしたが、SNSの登場で、インターネット上の空間で人と人が対等にコミュニケーションを行えるようになりました。
SNSに参加することで、知り合いの知り合い、友達の友達へとコミュニケーションを広げていくことが可能です。

参考

SNS

「Social Networking Service（ソーシャルネットワーキング）」の略称。

5-7-2 代表的なSNSのサービス

代表的なSNSのサービスには、次のようなものがあります。

❶ Facebook

実名登録の**「Facebook」**は、登録情報などから**「知り合いかも」**と思われる人を教えてくれ、関係性を広げてくれます。そのため、同窓会の連絡などにもよく利用されます。

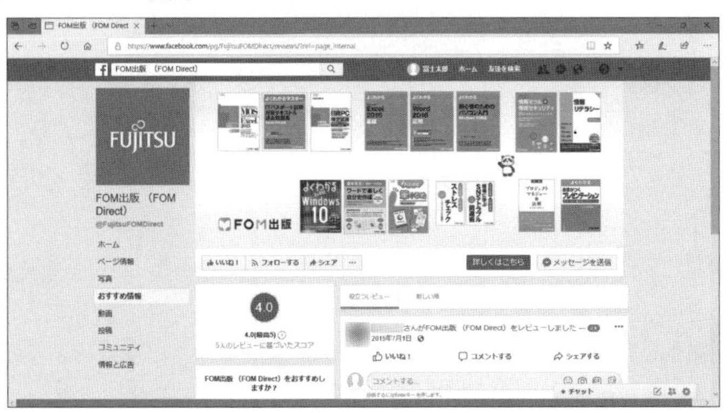

参考

Facebook創始者

アメリカ最大のSNSであるFacebookは元々、創業者のマーク・ザッカーバーグが、ハーバード大学の学生専用に立ち上げた。

❷ LINE

LINEはスマートフォンだけでなく、タブレット端末やパソコンからも利用が可能です。基本的には1対1のメッセージのやり取りですが、グループを作成し、複数のユーザーと会話することもできます。簡単な応答に使える**「LINEスタンプ」**が豊富に用意されているほか、IDの交換がスムーズに行える点などが支持され、ユーザーが拡大していきました。

参考

LINEスタンプ
イラストに簡単なセリフや文字が添えられたもの。文字だけでは表現しきれない気持ちを手軽に伝えられるものとして利用される。個人や企業が作ってLINE STOREで販売することができる。

❸ Instagram

Instagramは、写真や短い動画の投稿に特化したSNSです。スマートフォンで撮影した画像を多彩なフィルターで加工して投稿することができるほか、LINEやFacebookなど、ほかのSNSと連携することで他のSNSユーザーも気軽にアクセスできる点が便利です。

Instagramでは、美しい写真やおもしろい写真が評価されています。Instagram上で評価されるような写真の撮影に熱心なユーザーも多数存在し、**「インスタ映え」**という言葉も生まれました。近年では、インスタ映えを狙った商品を出している店舗も多くあります。

もちろん、FacebookやTwitterなどのSNSもスマートフォン対応を果たしていますが、コンピュータの前に座っている時間以外にも利用できるスマートフォンは、移動中や外出先でも投稿したり閲覧したりすることが可能なため、今後もSNSの主流端末であり続けるでしょう。

❹ Twitter

「Twitter」は、興味のあるツイート（つぶやき）をするユーザーをフォローすることで、そのユーザーの最新のツイートを見ることができるようになります。ほかのSNSに比べてTwitterは速報性があり、タイムリーに情報を追うことができます。**「いいね」**や**「リツイート」**もできるため、拡散性にも優れているといえます。また、Facebookと違い匿名のユーザーが数多く存在しているため、元々知り合いではなかったユーザー同士がTwitterを通じて活発に交流するケースも一般的となっています。

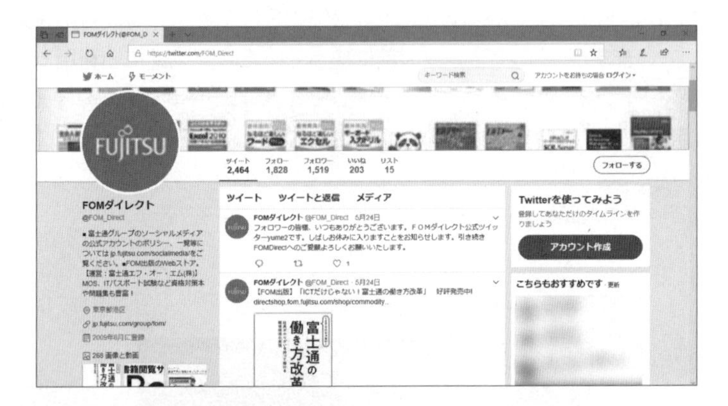

❺ Mastodon

2017年に登場したMastodonは、クローズドなSNSを簡単に構築できる点で注目を集めました。通常SNSは、オープンなひとつの場にユーザーが集まってくる仕組みですが、Mastodonはインスタンスと呼ばれる特定のテーマのSNSをユーザーそれぞれが個人のサーバ上に立ち上げ、インスタンス同士がつながっていくイメージです。

参考

LinkedIn

世界最大級のビジネス特化型SNS。ビジネス向きのプロフィールを作成して公開すると、それに興味を持った企業からのリサーチを受けられるほか、人脈を整理したり、ビジネスの最新情報を受け取ったりすることができる。

5-7-3　SNSのビジネス利用

SNSは、少ないコストで商品・サービスの露出を実現することができます。マーケティングなどに利用するために、Twitterの公式アカウントやFacebookページを企業が持ち、SNS上で情報発信するケースが増加していきました。
企業が注目したのは、SNSの強力な情報拡散力です。誰かがSNSで商品を称賛し、それに対して**「いいね」**をする人が続けば、瞬く間に大勢の人の目に触れることになります。自分の友達やフォローしている人が紹介している商品であれば、信頼性も高まり、受け入れやすくなります。

参考
Twitterの公式アカウント／Facebookページ
企業が広報などの目的で使用する。

5-7-4　企業内SNS

SNSがコミュニケーションを活性化するツールであることに着目し、企業内の円滑なコミュニケーションと業務効率化に向けて開発されたのが**「企業内SNS」**です。
企業内SNSの主なサービスは次のとおりです。

❶ Yammer

組織のメンバーや指名されたグループ間といった、プライベートなコミュニケーションを取るために利用されるWebサービスです。Office 365などのアプリケーションソフトと連携できる点が特長です。

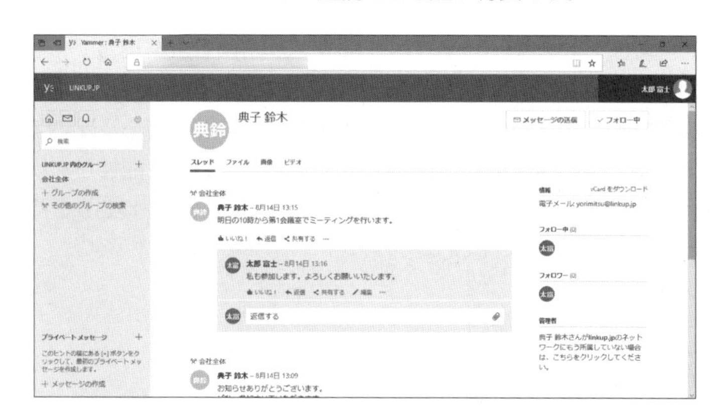

第5章 ICTの活用

❷ LINE WORKS

ビジネス用のLINEです。チャット機能だけでなく、カレンダーやファイル管理も使用できます。セキュリティが強化されているのが特長です。

5-7-5　SNS利用時の注意点

習慣的にSNSを仲間内のコミュニケーションに使っていると、SNSが世界中に情報を発信できることを忘れがちです。しかし、SNSに投稿された情報が世界中に拡散されてしまうかもしれない点には常に注意が必要です。例えば、他人の顔が写っている写真を無断で投稿すると、プライバシーの侵害になる可能性もあります。インターネット上のイラストや写真も、無断で使用すれば著作権侵害の可能性があります。

また、いつでもどこでも誰かとつながることのできるSNSには、つい没頭しがちです。SNSに依存しすぎると現実生活に悪影響を及ぼすばかりでなく、**「歩きスマホ」**による事故にも巻き込まれる可能性があります。SNSはあくまで便利なツール、楽しいツールとして、ゆとりを持って利用していくのがよいでしょう。

5-8 Web会議・インスタントメッセージソフト

ここでは、近年急速に利用が広がっているWeb会議とインスタントメッセージソフトについて学習します。

5-8-1 ビデオ会議からWeb会議へ

「Web会議」とは、インターネットを利用し、遠隔地の人と映像や音声でコミュニケーションが取れる仕組みです。インターネットにつながる環境があればどこでも手軽に使うことができる点が特徴です。
大企業では、以前から本社と支社とで会議が行えるようにビデオ会議システムを導入していましたが、ビデオ会議システムは専用の機材や回線が必要で、使える場所も限定されていました。そこで、もっと手軽に打ち合わせ感覚で使えるシステムとして登場したのがWeb会議です。
Web会議に必要な機材はパソコンとWebカメラ、音声を送受信するためのマイクなどで、最近のノート型パソコンにはこれらすべてが搭載されていることも多いため、そのまま利用することができます。
Web会議を会社の支社間での会議や外部との打ち合わせに利用すれば、出張交通費もかからず、移動時間も節約できます。また、遠隔地同士でのチーム作業のコミュニケーション促進にもつながります。**「サテライトオフィス」**や**「在宅勤務」**などのワークスタイルで働く人が増えていますが、職場と離れた場所で仕事をしている社員との情報共有や勤務状況の確認などにも利用可能です。

参考

サテライトオフィス
企業の社屋以外で執務できるスペース。

参考

在宅勤務
通勤せず自宅で仕事を行うこと。

❶ Skype for Business

Web会議に利用される代表的なサービスが、マイクロソフトの**「Skype for Business」**です。Skypeと同じように音声だけでなく動画のやり取りも可能で、様々なデバイスで使用できますが、よりセキュリティが高く、同時に250人までのWeb会議に利用できます。

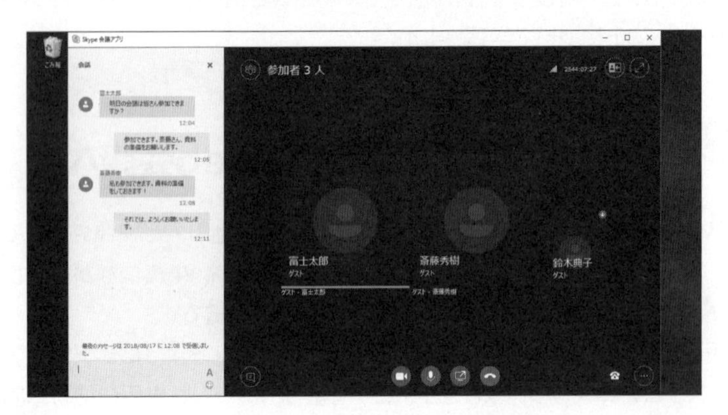

5-8-2　インスタントメッセージソフト

「インスタントメッセージソフト」は、リアルタイムで短い文字ベースのメッセージをやり取りするソフトです。相手が近くにいなくてもメッセージの到着を知らせるだけでなく、メッセージを相手が開封したかどうか確認でき、メールよりも早く応答が期待できる点が特長です。業務で問題があったときの質問や、予定を確認したいときなど、ちょっとした会話が必要なときに使用します。複数のメンバーが並列で参加できるグループチャットの機能があるため、ビジネスコミュニケーションの活性化にも有効です。

仕事で使用するインスタントメッセージソフトは、個人で使用するLINEやFacebook Messengerなどと区別するために**「ビジネスチャット」**とも呼ばれ、高いセキュリティと多様な機能を持っています。部署ごとにチャットするワークスペースを設けるのもよいでしょう。様々な外部ツールと連携することもできるため、複数同時に進行するプロジェクトの生産性を向上させることにも寄与します。

参考

Facebook Messenger

Facebook上の友達以外にも送信可能なインスタントメッセージソフト。SMSのように、携帯電話で登録された連絡先にもメッセージを送信できる。また、グループチャットやLINEのようなスタンプで感情を伝える機能もある。

❶ Slack

現在、急速に広がっているインスタントメッセージソフトに**「Slack」**があります。これはもともと、**「GitHub」**というソフトの履歴管理ツールと組み合わせることで、米国のICT開発者の間で使われるようになり、日本でもICT開発者から普及が始まりました。その後、他業種ビジネスの現場でも利用されるようになりました。

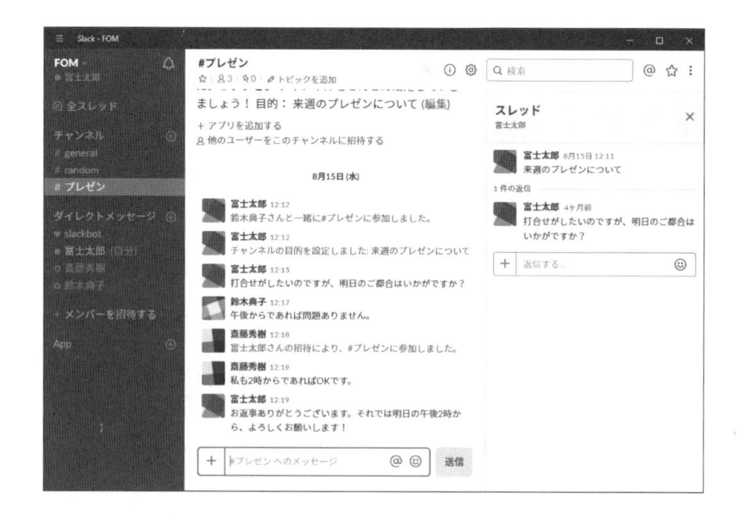

参考

GitHub

ソフトウェア開発のプラットフォーム。複数人のソフトウェア開発者が共同でソースコードを開発・レビューを行えるほか、やり取りしているデータの内容もリアルタイムで確認できる。

5-9 ICT利用者のセキュリティ上の注意点

ここでは、ICTを利用する側からのセキュリティ上の注意点について学習します。

5-9-1 インターネットのリスク

コンピュータがインターネットにつながったことにより、インターネットを経由した様々な情報被害が発生するようになりました。ここでは、ウイルス対策と、Webサイトを利用するときの注意について説明します。

5-9-2 ウイルス対策の必要性

ここでは、ウイルスによる被害とその対策について説明します。

❶ ウイルスによる被害

ウイルスやワームに感染すると、主に次のような被害が発生します。コンピュータ内にサイズの大きい不要なファイルが作成されていたり、コンピュータの動作速度が遅くなったりするなどの症状があるときは、ウイルスに感染しているかもしれません。

参考

ワーム
ネットワークに接続されたコンピュータに対して、次々と自己増殖していくプログラムのこと。電子メールを大量に送信し感染を広げるものが多い。

- **コンピュータのデータが破壊されたり、起動できなくなったりする。**
- **ウイルスに感染した電子メールがアドレス帳に登録されている電子メールアドレスに勝手に送信される。**
- **コンピュータをネットワークで自由に利用できるようにされ、クラッキングされる。**

❷ ウイルスの侵入経路と対策

ウイルスがコンピュータに侵入する経路は、電子メールの添付ファイルや電子メールに埋め込まれたURL、フリーソフトやドライバ、インターネット上からダウンロードしたファイル、USBメモリなど様々です。普通にコンピュータを使用していても、危険は常に近くにあるのです。
新しいウイルスによる被害が発生すると、セキュリティソフトウェアメーカーやハードウェアメーカーのWebページなどを通じて、詳細情報や対策が公開されます。ウイルス感染を防ぐためには、すばやく情報を入手して対策を取ることが重要ですが、日頃から対策しておけることもあります。

●OSなどの更新プログラムの適用

OSやWebブラウザのセキュリティホールが放置されていると、その弱点を突いてウイルスが侵入することがあります。最新の**「パッチ」**や**「サービスパック」**と呼ばれる対策用の更新プログラムを組み込んで、セキュリティホールをふさぐことが重要です。Windows 10では、大きな危険に対しては自動で更新プログラムが適用されます。

●ウイルス対策ソフトの導入

ウイルスからコンピュータを守る**「ウイルス対策ソフト」**があります。ウイルス対策ソフトは、ウイルスの**「検出」「隔離」「駆除」**の機能を持っています。ウイルス対策ソフトは常に稼働させておき、ウイルス定義ファイルを最新のものに更新するように心がける必要があります。

●ファイルのダウンロードと実行

インターネットからダウンロードできるソフトウェアなど、安全性が確認できていないファイルについては、むやみにダウンロードを行わないようにします。ダウンロードしたファイル以外でも、処理を実行したり、その処理で利用されたりするファイルは、ウイルスに感染している危険性があります。**「.exe」**や**「.bat」「.pif」「.scr」**などの拡張子が付いている実行ファイルやマクロが組み込めるExcelなどのファイルは、ウイルス対策ソフトなどで安全を確認してから開くようにします。

●電子メールでのウイルス対策

電子メールのメッセージをプレビューすると、ウイルスに感染することがあるため、電子メールのプレビュー機能をオフにします。また、知らない人からの添付ファイル付きの電子メールや、タイトルや差出人が不明の怪しい電子メールを受信した場合は、電子メール自体を完全に削除します。これは、フィッシング詐欺にも有効な対策になります。

参考

ウイルス定義ファイル

ウイルスを特定するためのパターン、またはコードが定義されたファイル。

参考

マクロ

Excel上の作業を記録し、自動的に操作を実行する機能。何度も同じ作業を繰り返さずに済む。

5-9-3　Webサイトを利用するときの注意

様々なWebサイトの中には、フィッシング詐欺を目的としたWebサイトも存在します。**「フィッシング詐欺」**とは、送信元を偽った電子メールを送りつけたり、偽のホームページに接続させたりするなどの方法で、ユーザーIDやパスワード、クレジットカード番号といった重要な個人情報を盗もうとする行為です。
特にオンラインショッピングのWebサイトでは、クレジットカード番号などの個人情報を入力することが多いので注意が必要です。決済に使用したクレジットカード番号や銀行口座の情報は、流出してしまうと金銭トラブルに巻き込まれる可能性が高いので、取り扱いには十分に気を付けましょう。

●安全なWebページでクレジットカード情報を提供する

オンラインショッピングで大切な個人情報を入力して決済を行う場合には、**「SSL」**という技術を使用しているWebページかどうかを確認します。SSLによって保護されているWebページは、URLの先頭に**「https」**という文字列が表示されます。また、WebブラウザにSSLで保護されていることを示すマークが表示されます。

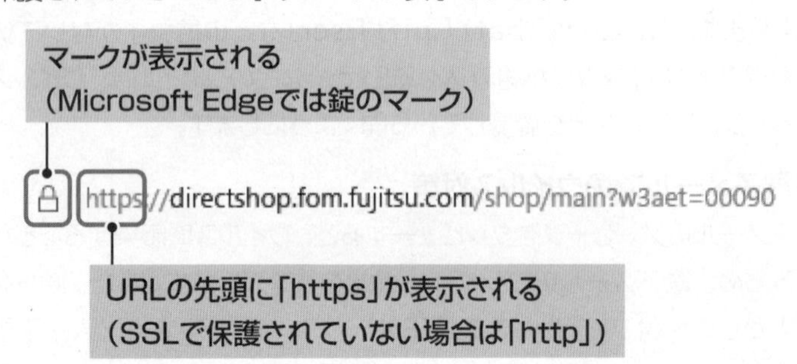

●有料サイトへのサインインやパスワードの作成と使用に注意する

Webサイトの利用に費用が徴収されるような場合には、正当なユーザーであることを確認するために、サインインというユーザーの認証を行います。このサインインに利用するパスワードなどの情報が漏れてしまうと、本人になりすまして有料サイトを悪用され、予期せぬ費用を要求される危険性があります。パスワードは英数字を組み合わせ、誕生日などの推測しやすい情報を含めずに作成します。

●素性のわからない企業との取引をしない

インターネット上では費用をかけずに手軽に出店できることから、詐欺行為を目的とした店舗が開設されている可能性もあります。粗悪品や不良品を売りつけられたり、代金を騙し取られたりなどの被害にあわないためにも、企業名や所在地などが実在するものかどうかを調べ、信頼できる企業であることを確認するようにします。

5-9-4　利用者の情報漏えいのリスク

インターネットの普及によって、簡単に情報をやり取りできるようになりましたが、個人情報などの大切な情報は、自分で管理し、守らなければなりません。

❶ 個人情報の漏えい

プライバシーやセキュリティの侵害は、多くの場合、企業のWebサイトで発生する情報漏えいに端を発します。しかし、個人の行動から個人情報がインターネット上に広がり被害を受けるケースも増えています。SNS上で過去の写真を拡散されたり、別人との勘違いで名前や住所を掲示されたりするなどの被害が相次いでいます。
多くの企業は被害額が大きくなるため、情報漏えいの怖さに自覚的ですが、個人の場合はそのリスクに気付いていないケースも多く見受けられます。
個人が守るべき個人情報には以下のようなものがあります。

- **姓名、顔、年齢、住所、電話番号など**
- **銀行口座やクレジットカードなどの番号と暗証番号**
- **マイナンバーや保険証番号などの公共ナンバー**
- **認証などに使用されるデジタル化された個人の生体情報**
- **自分のコンピュータや会員サイトのIDとパスワード**

これらの情報が漏えいするとどうなるでしょうか。不要なダイレクトメールや営業電話が頻繁にくるのを手始めに、クレジットカードの不正利用や、個人のコンピュータでネットアクセスしての被害が発生するなど、困ったことがいろいろと起きてきます。個人情報を知られた相手によっては、ストーカー被害や空き巣被害などの可能性もあります。
自分にとって重要な個人情報は何であるのかを確認し、それをインターネット上に掲載してもよいのかどうか、常に気を付けるようにしましょう。

参考

マイナンバー
住民票を有するすべての国民に付けられた12桁の一意の番号のこと。社会保障、税、災害対策の分野で効率的に情報を管理し、行政の効率化や国民の利便性の向上を目指すもの。

❷ 利用者に求められる行動

情報が盗まれて悪用されると、プライバシーが侵害されて、精神的にダメージを受けたり、生活の安全が脅かされたりなどの被害を受ける可能性があります。以下のように、様々な状況下において、個人情報を正しく管理する方法を理解し、情報を保護することが大切です。
インターネットには多様なサービスがあり、個人が様々な情報発信をすることができますが、よく考えずに情報を入力すると、自分や知り合いが漏えいの危険にさらされることになります。注意すべきケースとしては以下のようなものがあります。

●Webページでの個人情報の入力 ●Webページの公開 ●電子掲示板やチャットの利用 ●電子メールの送信 ●SNSの利用 ●インターネットカフェの利用

●Webページでの個人情報の入力

安全なWebページであれば個人情報は保護されますが、中には入力された個人情報を販売することが目的という悪質なものもあります。そのため、Webページには**「プライバシーポリシー」**が明記されているかどうかを確認するようにします。また、個人情報を入力するときは、通信がSSLによって暗号化されているWebページを利用しましょう。WebページのURLが**「http:」**ではなく、**「https:」**になっていれば安全です。

参考
プライバシーポリシー
個人情報への配慮と扱い方の規則などを示す。「個人情報保護方針」ともいう。

●Webページの公開

自分でWebページを公開している場合は、プロフィールなどで個人を特定できるような情報を掲載しないようにします。氏名や住所などを公開するのは、大変危険な行為です。また、趣味や日記などの内容から、"どこの店をいつ利用しているか""どのあたりに住んでいるか"などがわかる場合もあります。個人を特定される原因になるので、掲載しないようにします。

●電子掲示板やチャットの利用

電子掲示板やチャットに個人情報や家族の情報を書き込まないようにします。電子掲示板に書き込んでいる人以外にも、多数の人が電子掲示板を見ています。名前を書く場合は、本名ではなく**「ハンドルネーム」**などを使用します。

参考
ハンドルネーム
インターネット上で活動するときの自分のニックネーム。

●電子メールの送信

電子メールの署名に、住所や電話番号が含まれていることがあります。この署名から個人情報が漏れることがあるため、送信する相手によっては、署名に必要以上の情報を含めないようにします。

●SNSの利用

知り合い同士で利用しているSNSでは、つい日常の延長のように安心して、いろいろな情報を発信してしまいます。しかし、投稿された情報がどこまで拡散されてしまうのかがわからない仕組みであるため、子供の顔写真などを投稿するのはあまりよくありません。

他人が投稿した写真に自分が紐付けられて迷惑をするような事案も少なくありません。また、悪ふざけの写真や動画などを投稿したことで炎上してしまうケースも多くみられるため、注意が必要です。

●インターネットカフェの利用

インターネットカフェは、誰もが手軽にインターネットに接続できるため、急速に成長しています。しかし、不特定多数の人々が利用することから、インターネットの利用履歴や入力情報などが残っていると、不正に利用される危険性が高くなります。そのため、多くのインターネットカフェでは、コンピュータを再起動しただけですべての履歴を消去するシステムを導入しています。退席時には、コンピュータを再起動するのを忘れないようにしましょう。一番の対策は、インターネットカフェでは重要な個人情報などの入力を行わないことです。

●不要になったコンピュータの処分

ネットワーク上に直接関わる話ではありませんが、コンピュータが次々に発表され、それに伴って廃棄されるコンピュータも増えています。コンピュータのハードディスクやSSDには、個人情報が記録されている危険性があり、ファイルを消しただけではデバイス上に情報が残っています。完全にフォーマットしてから廃棄するようにしましょう。物理的に穴をあける方法なども有効です。

5-10 機密情報の漏えい対策

コンピュータやインターネットの普及で、個人情報が漏えいしたり企業の機密情報が盗難されたりする事件が急増しています。一度情報の盗難や漏えいが発生すると、情報が売買されたり脅迫を受けたりなど、不正にデータを使用されて犯罪に巻き込まれる可能性があります。データの盗難と漏えいを防ぐために、次のような対策を取りましょう。

- ●建物への侵入者対策
- ●不正アクセス対策
- ●モバイル機器のセキュリティ対策
- ●情報漏えい後の対応

5-10-1　建物への侵入者対策

運送会社や清掃業者などを装って、事務所内に侵入する場合があります。また、従業員の多い会社では、スーツ姿であれば社員なのか外部の人間なのか区別が付きにくい場合があります。特に**「フリーアドレス制」**の会社では、座席が決まっていないため、侵入者を見分けにくい面があります。このような偽装者による侵入対策として、入退室管理が有効です。受付で一人一人対応するのは大変なため、IDカードや生体認証などによる入退室管理を行います。

5-10-2　不正アクセス対策

「不正アクセス行為」とは、クラッカーが企業や団体、教育機関、個人などのコンピュータやネットワークを何の権限もなく不正に利用したり、運用を妨害したり、破壊したりする行為のことです。
代表的な不正アクセス行為には、次のような種類があります。

種　類	説　明
なりすまし	他人のIDとパスワードを盗用して不正に侵入し、正当なユーザーになりすましてシステムを利用すること。
踏み台	侵入者が特定のシステムを攻撃する場合に、身元が特定される情報を隠ぺいするために、まったく関係のないコンピュータを隠れ蓑として利用すること。踏み台にされると、不正な攻撃を行ったコンピュータとして、攻撃された企業などから、訴えられる可能性もある。
情報の盗難、漏えい	不正にシステムに侵入し、システム内の重要な機密情報を持ち出すこと。持ち出された機密情報は、第三者に漏えいする可能性がある。
情報の破壊、改ざん	不正にシステムに侵入し、システム内のデータを破壊したり、改ざんしたりすること。

不正アクセス行為の防止策には、次のようなものがあります。

❶ セキュリティホールをふさぐ

開発段階では想定していないセキュリティ上の弱点や欠陥を**「セキュリティホール」**といいます。セキュリティホールは、外部からの不正アクセス行為の原因となる可能性があります。セキュリティホールが発見された場合は、詳細情報や対策手段が、ソフトウェアメーカーやハードウェアメーカーのWebページなどに公開されます。ソフトウェアメーカーは、セキュリティホールが発見されるとその対策として、**「パッチ」**や**「サービスパック」**と呼ばれる更新プログラムを提供します。ユーザーは自分が使っているソフトウェアのバージョンに応じて必要な更新プログラムを入手し、セキュリティホールをふさぐ必要があります。このような情報をいち早くキャッチし、セキュリティの強化を図りましょう。

❷ ファイアウォールを設定する

「ファイアウォール」とは、防火壁の意味で、外部からの不正アクセスを防ぐ役割を果たします。一般的には、企業などでインターネットと企業内のネットワークの境目にファイアウォールを設置します。家庭などでは、個人向けに提供されている**「パーソナルファイアウォールソフト」**を利用するとよいでしょう。

❸ パスワードの管理

ユーザーごとにパスワードを設定して、コンピュータや保存されているデータを使用するユーザーを制限します。これにより、保存された情報を守ることができます。しかし、パスワードでコンピュータを保護しても、パスワードが漏れてしまえば、データを不正利用される可能性があります。パスワードは、次のような点に注意して管理します。

●パスワードを変更する

企業のネットワークや電子メールを利用するためのパスワードは、企業

参考

改ざん
データを不正に書き換える行為のこと。Webページを改ざんする事件がよく発生する。

参考

パーソナルファイアウォールソフト
個人用のコンピュータ向けのファイアウォールの機能を持つソフトウェアで、主に次のような役割がある。Windows 10には、この機能があらかじめ用意されている。
・外部からのクラッカーによる侵入を防ぐ
・個人情報の漏えいを防ぐ

のシステム管理者から与えられます。また、個人ユーザーがインターネットを利用する場合などは、契約しているプロバイダーから与えられます。与えられたパスワードの初期値は、必ず変更するようにします。

●適切なパスワードを設定する

パスワードを決める場合は、名前や生年月日、電話番号など、本人から簡単に推測されるようなものは使用せず、英字や数字、記号など、様々な文字を組み合わせて作ります。ほとんどのパスワードは、英字の大文字と小文字を区別するので、両者を混在させるとよいでしょう。また、パスワードの長さにも注意が必要です。短いパスワードは、文字の組み合わせパターンが少なく、見破られる可能性が高いといえます。企業やプロバイダーによっては、"パスワードは8文字以上" "英字と数字を組み合わせる" など、規定を設けている場合もあります。

●パスワードが漏えいしないようにする

パスワードは、手帳など誰かに見られる可能性のあるものには記録しないようにします。また、コンピュータの操作に慣れている人は、パスワードを入力している手の動きを見ただけで読み取れる可能性もあります。そのため、パスワードを入力するときにも注意が必要です。ネットワークの管理者になりすまして、パスワードを電話や手紙で尋ねてくることがあるかもしれません。そのような不審な問い合わせには応じないようにします。

5-10-3 モバイル機器のセキュリティ対策

モバイル機器からのアクセスは、社内からのアクセス以上に気を付けなくてはなりません。あらかじめ運用ポリシーを策定し、モバイル機器使用時のセキュリティ対策を行います。

●モバイル機器の使用制限

モバイル機器運用ポリシーに適合しない端末は利用しないようにします。BYODでの利用は原則禁止とするとよいでしょう。

●多段階認証

モバイル機器からの社内へのアクセスは複数回の認証を義務付けます。通常のIDとパスワードの組み合わせを複数回とするより、生体認証やトークンの装着、ワンタイムパスワードなどを組み合わせると、さらに安全性が高まります。

●利用データ制限

モバイル機器からのアクセスに対して、アクセス可能なデータに制限を

参考

BYOD

従業員の私物のコンピュータやスマートフォンなどを業務に使用させること。端末コストが削減でき、従業員が使い慣れているので生産性が上がるといわれているが、導入には企業としてのセキュリティ対策を考える必要がある。
「Bring Your Own Device」の略称。

参考

トークン

ネットワーク上で、デジタル認証を行うための小型装置。

参考

ワンタイムパスワード

1度限り有効なパスワード。

設けます。経理データなどの重要なデータにアクセスできないようにしておけば、それらのデータが漏えいすることはありません。

●画面ロック

一定時間が過ぎると、企業のシステム側から強制的に画面をロックできるような設定にしておき、端末紛失時に備えます。

●リモートデータ消去

企業内の管理者が、モバイル端末に保存されたデータへのアクセス権限を持ち、端末の紛失時に遠隔操作でデータを消去します。

●ディスクの暗号化

ディスクを暗号化し、ハードディスク／SSDが盗難されてもデータにアクセスされないようにします。

●仮想デスクトップ

モバイル機器からは仮想デスクトップに接続します。端末にデータが残らないため、端末を紛失してもデータ漏えいの危険がありません。

5-10-4　情報漏えい後の対応

様々な対策を施していても、思わぬところから情報が漏えいしてしまう可能性があります。その場合は、取るべき対応をあらかじめ決めておくことで、被害を最小限に抑えることが可能です。情報漏えい後の対応は、次のとおりです。

●発見者からの報告

情報漏えいの発見者は自分1人で解決しようとせず、すぐに報告し、社内で共有するようにします。上長への報告の流れをあらかじめルールとして策定しておきます。

●初動対応

最初に行うのは、情報漏えいの現状把握です。ネットワークのログや漏えいの起こった経緯、関係した人物の特定、モバイル機器からの漏えいであればその場所の状況などを迅速に保存します。

●被害検証

被害拡大を抑え、損失や信頼を回復するために、漏えいによって被害を受ける関係者への謝罪、行政への報告、警察への連絡などを行います。

●再発防止策

漏えいの原因を把握し、同じような問題が再び発生しないように再発防止策を決定して発表、実施します。

5-11 機密情報の取り扱い

企業においては、業務で収集した顧客の個人情報を始めとする機密情報の取り扱いが非常に重要となります。そのため、漏えい対策の前に、個人情報などの重要な情報の取り扱いについて学習する必要があります。

5-11-1 アクセス制限

ネットワーク上に、顧客の個人情報や企業や団体の機密情報など、特定のユーザーだけにアクセスさせたい情報を保存することがあります。このような情報は、適切なアクセス制限を行うことで、安全に利用できます。

❶ アクセス制限の目的

アクセスを制限する目的は、次のとおりです。

●機密性を保つ

ネットワークを利用すると、ネットワーク上でコンピュータのファイルを複数のユーザーで共有して利用できます。例えば企業などでは、商談事例や顧客情報、商品情報などのファイルをユーザー間で共有できます。しかし、人事や開発などの極めて重要な情報については、ネットワーク上に公開しながらも機密性を保つ必要があります。

●違法行為や有害行為を防止する

インターネット上には、違法行為や有害行為を助長するようなWebページがあります。これらのWebページの閲覧は、子どもに悪影響を与えるだけではなく、犯罪行為を助長するおそれもあります。そのため、情報を自由にやり取りしつつ、違法行為や有害行為を助長するWebページの閲覧を規制する必要があります。

❷ アクセス制限の目的

アクセスを制限するための対策は、次のとおりです。

●アクセス権を設定する

ネットワーク上の共有フォルダやWebページに**「アクセス権」**を設定すると、特定のユーザーだけが利用できるようになるため、重要なデータを保護できます。また、アプリケーションソフトによっては、ファイル自体

参考

アクセス権
データの閲覧や編集、削除などができる権利のこと。ユーザーごとにこれらの権利を組み合わせて割り当てることができる。

にパスワードを設定して、不正なユーザーによるデータの利用を防止できます。

●Webページの閲覧を制限する

Webページの閲覧を制限することができます。企業や団体の場合は、**「プロキシサーバ」**を設置します。プロキシサーバには、不適切な内容をブロックする役割があり、この機能を**「コンテンツフィルタ」**といいます。例えば、業務とは無関係なWebページやアダルトサイトなどの不適切なWebページの閲覧を制限できます。有害なWebページのURLリストを作成して表示させない方法や、特定の語句を含むWebページへの閲覧をブロックする方法などがあります。
プロキシサーバの設置でWebページの閲覧を制限すると、WWWの使用状況や履歴を残すこともできます。ネットワークの管理者などが監視し、ユーザーの使用状況を把握しておくことも大切です。

5-11-2　情報の取り扱いのルール

アクセス制限は、情報の取り扱いのトラブルを避けるために有効な方法ですが、アクセス制限を利用したトラブルを防ぐために、関連する法律や規律を理解することが大切です。

1 使用指針やガイドラインの理解

企業や団体などの組織が所有しているコンピュータの取り扱いについては、その組織ごとに使用指針やガイドラインが設けられています。コンピュータの利用者は組織の使用指針やガイドラインをよく理解したうえでコンピュータを利用する義務があります。必要に応じて管理者に質問したり、使用指針やガイドラインを見直したりするなど、自主的に確認することが大切です。

2 作成した情報の基本的な原則

個人が所有するコンピュータで作成したデータの権利は、その個人に帰属します。しかし、著作権法第十五条やガイドラインでは、組織が所有しているコンピュータで作成したデータの権利はその組織に帰属するものと定められています。
これは、コンピュータの利用に関する雇用主と従業員の関係に基づきます。一般的には、組織が所有するコンピュータは従業員に貸与されるものであり、業務中に作成した文書は、組織に属する貴重な財産とみなされるためです。したがって、組織の使用指針やガイドラインを確認したうえで、適切に管理する必要があります。

参考

コンテンツフィルタ
不適切なWebページの表示を制限する仕組み。

参考

著作権法第十五条
法人その他使用者（以下この条において「法人等」という。）の発意に基づきその法人等の業務に従事する者が職務上作成する著作物（プログラムの著作物を除く。）で、その法人等が自己の著作の名義の下に公表するものの著作者は、その作成の時における契約、勤務規則その他に別段の定めがない限り、その法人等とする。
2　法人等の発意に基づきその法人等の業務に従事する者が職務上作成するプログラムの著作物の著作者は、その作成の時における契約、勤務規則その他に別段の定めがない限り、その法人等とする。

参考

正しい使用方法の理解
使用指針やガイドラインだけでなく、コンピュータの正しい取り扱い方についても積極的に情報を収集し、理解しておく必要がある。これらの情報は、製造元やその他の団体のWebページ、書籍、雑誌などから入手できる。

5-11-3 機密情報の法的な取り扱い

企業が取り扱う情報の中で、最も注意する必要があるのが顧客などの個人情報です。慎重な取り扱いが求められ、**「個人情報保護法」**によって個人の権利が守られています。現在の個人情報保護法の概略を説明します。また、EUが開始した**「GDPR」**についても解説します。

❶ 情報の取り扱いに関する法律の理解

ネットワークやインターネットの普及により、手軽に情報を入手したり発信したりできるようになりました。しかし、情報の価値に対する認識が薄いために、情報の取り扱いに関するトラブルが増えています。知的財産権に関する法律など、情報についての法律や規制を理解したうえで、正しく取り扱うことが大切です。

参考

知的財産権

アイディアや技術など、形のないものを財産として認め、無断で使用されることから保護するための権利のこと。
知的財産権について、詳しくはP.286を参照。

❷ 個人情報保護法

平成29年5月に個人情報保護法が改正されました。

●対象者の拡大

改正個人情報保護法では対象者が拡大されました。従来の法律では個人情報保護法の適用外だった小規模の企業や団体も、改正個人情報保護法では適用の範囲に含まれます。

●個人情報の定義

改正個人情報保護法では、保護対象に定める**「個人情報」**の定義が明確になりました。個人情報とは、生存する個人に関する情報に含まれる氏名や生年月日など、ほかの情報と容易に照合でき、その結果特定の個人を識別できるものです。改正法ではこの個人情報を対象として、デジタルデータが含まれることを詳しく規定しています。

また、**「個人識別符号が含まれるもの」**という規定も追加されました。個人識別符号には、マイナンバーや基礎年金番号、免許証番号などの公的番号に加え、コンピュータの生体認証に用いるDNA、顔、指紋、声紋などの個人の身体的特徴がデジタル化されたものも含まれます。

これは、インターネットの普及やICTの発達に伴って、個人情報のネットワークの流通の変化に対応するために、扱う対象を明確化した法改正です。

参考

個人情報の定義

改正個人情報保護法では、「文書、図画若しくは電磁的記録に記載され、若しくは記録され、又は音声、動作その他の方法を用いて表された一切の事項を指す。」と定義される。

●第三者への情報提供の規定

また、適正に個人情報を流通させるために、第三者への情報提供などのオプトアウト手続きを行う場合の規定も厳格化されました。第三者へ個人情報を提供する場合、その情報に含まれる項目を個人情報保護委員会へ提出することが義務付けられています。また、個人情報の収集の際にはその目的を通知する義務が課されたほか、情報を第三者に提供した場合、提供者側も提供を受けた側もその記録を一定期間保存し、追跡できるよう義務付けられました。そのほか、取り扱う個人情報の漏えいなどを防止するため、安全管理のために必要かつ適切な措置を講じることも義務付けられています。

●個人情報データベース等不正提供罪

個人情報保護法の改正前には個人情報を不正に提供した者を直接罰する刑事罰が存在しませんでしたが、個人情報を取り扱う業務への従事者が、不正な利益のために個人情報を提供したり盗用したりする行為を処罰する**「個人情報データベース等不正提供罪」**が新設されました。違反者には1年以下の懲役、または50万円以下の罰金が科されます。

企業は個人情報を適切に利用することで、顧客などに利便性を提供することが可能ですが、個人の情報は厳格に守られなくてはなりません。企業としては、これらの改正点に注意しながら、法の目的を理解し、個人情報を取り扱っていく必要があります。

また、個人情報の取り扱いは自社で適正に行っていても、取引先の企業がそれを行わないことで、自社の所有する個人情報が不正に使用される危険性もあります。**「プライバシーマーク」**を取得している取引先を選ぶようにするなど、対策を取るとよいでしょう。

3 GDPR

海外と取引などがある場合、国内の個人情報保護法のみを守っていればよいというわけではありません。特に、平成30年5月に適用が開始された**「GDPR」**は、EU加盟諸国の個人情報保護の枠組みであるため、多くの日本企業も知っておく必要がある法規制です。

●GDPRの対象

EUに子会社や支店、営業所などがある企業や、日本からEUに商品やサービスを提供している企業、クラウド事業者のようにEUから個人データの処理委託を受けている企業は、GDPRの対象となります。このため、EUの人が母国から買い物をするオンラインショップなども対象に含まれ、EUの法律でありながら、世界中がその影響を受けるといわれています。日本で施行されている個人情報保護法は、日本国内の個

参考

オプトアウト

個人情報の第三者提供について、本人の求めに応じて提供を停止すること。

参考

プライバシーマーク

企業などの個人情報保護の体制や運用の状況が適切であることを、"プライバシーマーク"というロゴマークを用いて示す制度。一般財団法人日本情報経済社会推進協会(JIPDEC)が運営している。

参考

GDPR

「General Data Protection Regulation」(EU一般データ保護規則)の略称。

参考

EU

欧州連合。「European Union」の略称。

人情報を取得した外国の個人情報取扱事業者までが対象となるため、両者の違いを把握しておく必要があります。

●GDPRと個人情報保護法の違い

GDPRは、企業の個人情報の取り扱いについて、処理・保管に適切な安全管理措置の実行、必要な期間を超えての保持の禁止、情報漏えい時の監督機関への72時間以内の報告、定期的に大量の個人データを扱う企業などへのデータ保護オフィサー任命などを求めています。違反した企業には、内容にもよりますが、高額な制裁金が科されます。

GDPRは、日本の個人情報保護法以上に厳しい法規制です。グローバルな活動を行っている企業は、国内法遵守にとどまることなく、GDPR対応を進めていく必要があります。

5-12 情報の配信

ここでは、インターネットを使って情報を配信する際に、企業が注意すべきことについて学習します。

5-12-1　企業活動としての様々な配信

インターネット上には、企業や学校、政府などの組織が情報提供や広報活動、e-コマースなどのためにWebページを公開しています。また、Webページ以外にも情報を配信する手段として、様々な新しいツールがあり、企業は迅速かつ広範に情報の公開・発信をするために活用しています。
代表的なインターネットでの情報配信のツールには、次のようなものがあります。

- ●Webページ
- ●メールマガジン
- ●動画配信サイト
- ●SNS

それぞれの特徴と注意点は次のとおりです。

❶ Webページ

企業が公式な情報としてWebサイトを公開する方法です。自社の企業情報やIR情報、プレスリリース、商品・サービス情報や採用情報などが掲載されています。
また、業種によっては自社で商品を販売するe-コマースサイトを公開しているケースもあります。
Webページでの情報発信には、常に最新の情報が表示されている必要があります。その企業について何らかの情報を知りたい人がWebサイトを閲覧したときに、答えが得られる状態になっていなくてはなりません。最新の情報が掲載されていないWebサイトは訪問者が減ります。企業姿勢も疑われてしまう可能性があるので、きちんとした運用体制で最新の状態に保ちましょう。e-コマースサイトの場合は安心して取引を行える環境が必要です。

❷ メールマガジン

特定の企業の最新情報を継続的に求めている人に向けて、定期的にメールで情報発信する方法です。最新の商品やサービスの販売情報だけでなく、商品を使いこなすための情報や業界情報を発信します。読み物としても魅力的な連載や、季節の話題などを掲載しているメールマガジンもあります。
メールマガジンは自社で配信まで行う場合と、メールマガジン配信サイトに依頼する方法があります。バックナンバーを自社サイトで読めるようにしている企業もあります。

❸ 動画配信

企業活動を周知するために、短い動画を配信する方法です。インタビューや宣伝動画、言葉だけでは伝わりにくいマニュアルの動画版など、様々な動画が配信されています。動画の配信には高速な回線と専門的な帯域管理が必要なため、YouTubeなどの動画配信サイトに企業チャンネルを持って配信を依頼する方法が中心です。
動画の情報にはインパクトがありますが、ほかの手法と比べるとコストがかかるため、効果をきちんと予測して利用するようにしましょう。

❹ SNS

SNSに企業の公式アカウントを持ち、情報を発信する方法です。Facebookに企業ページを設けたり、Twitterで公式アカウントとしてツイートしたりします。コミュニケーションツールとしての側面を持つことから、告知だけでなく、場合によってはほかの一般ユーザーと直接やり取りをしたりすることで、会社や商品の印象アップに使われます。有名人のように、人気が出てたくさんのフォロワーを持つ公式アカウントもあります。

参考

ツイート
Twitterにおいて、短い文章を投稿すること。

参考

フォロワー
SNSにおいて、特定のユーザーの更新状況を把握できる機能。フォロワーとなることで、そのユーザーの活動を追うことができる。

❺ Webサイトのプレスリリース

インターネット普及以前は、企業がプレスリリースを配信する場合、新聞社やテレビ局などのマスコミにファックスや電話、手紙などでプレスリリースを送付していました。現在では、自社のWebサイトにプレスリリースをまとめたページを設置している場合が多くなっています。また、電子メールに添付する方法や、プレスリリース配信サイトを利用する方法もあります。企業は複数のWebサイトにプレスリリースを登録することで、より多くの人の目に触れるようにしています。

5-12-2　情報の取り扱いに関するモラル

インターネット上では、手軽に情報を発信したり入手したりできますが、情報の価値に対する認識が薄いために、情報の取り扱いに関するトラブルが増えています。情報についての法律や規制を理解し、正しく取り扱うことが大切です。

❶ 知的財産権

「知的財産権」は、**「著作権」**と**「産業財産権」**に含まれる**「商標権」「特許権」「実用新案権」「意匠権」**を合わせた権利の総称で、製品などに生かされているアイディアや技術など、形のないものを財産として認め、無断で使用されることから保護するための権利です。**「知的所有権」**、または**「無体財産権」**ともいわれます。これらの権利を侵害することは、法律で禁止されています。

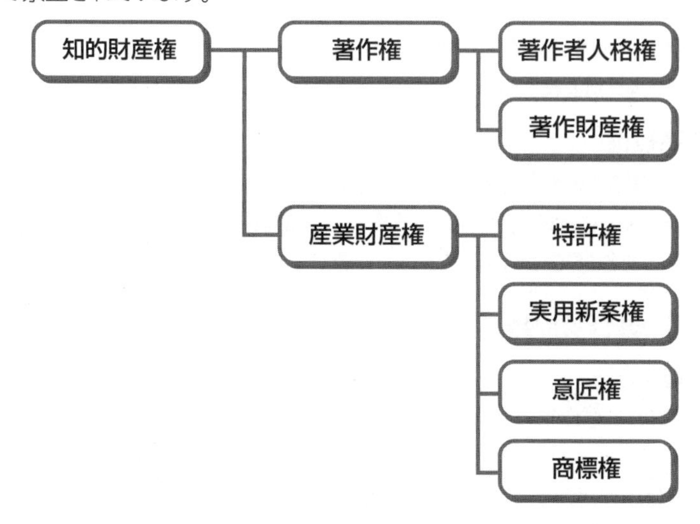

参考

プレスリリース
企業が報道機関に取り上げてほしい内容をわかりやすく知らせる告知。

インターネットから得られる情報も、書籍や新聞などの紙で得る情報と同様に、知的財産権が認められています。インターネットを通じて様々な情報を簡単に入手することができるようになっていますが、その手軽さゆえに、気付かないうちに権利を侵してしまう恐れがあります。知的財産権を有する情報を利用する場合は、法律で認められている範囲内で、適切な方法で行います。

参考

著作権

著作権には「著作者人格権」と「著作財産権」がある。

●著作者人格権

著作者自身の人格を保護する権利。他人に譲渡できない。

●著作財産権

著作物から経済的な利益を得ることができる権利。他人に譲渡したり、使用を許可したりできる。

●著作権

人間の思想や感情を、文字や音、絵、写真で創作的に表現されたものを**「著作物」**といい、コンピュータのプログラムや画像、音楽もこれに該当します。著作物を他人に勝手に模倣されないよう保護する権利のことを**「著作権」**といいます。著作権者に無断で著作物を不当に利用することは、著作権の侵害にあたり、**「著作権法」**で禁止されています。

●特許権

産業上利用できる考案や発明を、独占的に使用する権利を**「特許権」**といいます。特許権は、より高度な考案や発明に対して認められます。これらの権利を得るためには、取り扱い機関（日本では特許庁）による審査を受ける必要があります。コンピュータのプログラムの中にも特許権が認められているものがあります。

●実用新案権

物品の形状や構造に関するアイデアや工夫などを独占的に使用できる権利を**「実用新案権」**といいます。

●意匠権

物品の模様や色彩など外観のデザイン性を保護し、独占的に使用できる権利を**「意匠権」**といいます。

●商標権

商品を識別できる文字・図形・記号などのマークを**「商標」**として登録し、それを独占的に使用できる権利を**「商標権」**といいます。登録された商標を無断で使用することはできません。

2 著作物の公正使用

適切な方法であれば、著作権者の許可がなくても、著作権を侵害することなく、著作物の複製・配布が認められます。これを**「公正使用」**といいます。一般的に、著作物の使用目的が、非営利や教育である場合には、公正使用が認められます。

ただし、公正使用の基準は明確に定義されていないため、著作権の侵害にあたるかどうか判断に迷ったときは、著作権者に使用許可を求めるようにします。
次のような場合には、著作権者に断らずに、著作物を利用できます。

●引用

研究論文や新聞、雑誌の記事などに、著作物を利用する行為は、著作権法で認められています。この行為を**「引用」**といい、著作権者に許可を求める必要はありません。ただし、著作物を引用する場合には、その目的や分量などにおいて正当と認められる範囲内に限られ、引用した部分がはっきりと区別できるように引用箇所は「」などで囲み、出典やタイトル、著作権の所在を明記する必要があります。

●バックアップ

通常、ソフトウェアをコピーして使うことは著作権法に違反します。ただし、製品のDVD、CDなどが破損した場合を想定して、バックアップ用のディスク作成を目的としている場合は、その限りではありません。ソフトウェアメーカーが条件を付けてバックアップのためのコピーを許可している場合もあります。ソフトウェアの使用許諾契約の内容を読んだ上で、バックアップを作成するようにします。

参考

盗作・剽窃（ひょうせつ）

他人の論文などの著作物を無断で、自分の作品であるかのように発表する盗作・剽窃という行為は、著作権の侵害にあたる。

3 名誉棄損

インターネットの電子掲示板やチャットは匿名性が高く、悪意を持った書き込みによって、トラブルが発生することも少なくありません。相手の発言に対して、反対の意見を述べる場合に、相手の気持ちを傷つけるようなことを言ったり、ののしったりしてはいけません。面と向かって、人に対するときと同様に、相手の立場や意見は敬意を払いましょう。また、個人や組織を対象に誤った情報を故意に流す誹謗中傷や嫌がらせ、いじめも行ってはいけません。相手の人格を否定するような過激な発言は、名誉毀損で法的手段に訴えられる場合もあります。

4 プライバシーの侵害

個人には、私的な情報の公開を拒否する権利があります。この権利を**「プライバシー権」**といいます。日常の世界と同様に、インターネットを利用する上でも、プライバシーを守ることが大切です。個人情報の流出は、プライバシーの侵害だけではなく、迷惑行為や犯罪の発生につながる可能性があります。自分の個人情報が悪用されないように注意することはもちろん、他人の個人情報をむやみに漏らさないように注意する必要があります。

❺ 肖像権の侵害

個人の姿や所有物を無断で写真や絵画などに写しとられたり、それを公開されたりすることを拒否する権利を**「肖像権」**といいます。自分で撮影した写真でも、その写真に写っている人に無断でWebページなどに掲載すると、その人の肖像権を侵害する恐れがあります。

❻ 情報配信に対する責任

インターネット上に情報を配信するとき、ユーザーには“情報の配信者”としての責任が発生します。次の項目は、インターネットを利用するユーザーとして守らなくてはいけない最低限のルールです。

❼ 炎上対策

インターネットでの情報配信に対し、いわゆる**「炎上」**が発生することがあります。炎上は、Webページに苦情のコメントが数多く書き込まれたり、SNSのメッセージに対して、非難のコメントを付けて拡散されたりする状況です。世間の常識から外れた発言、センシティブな情報に不用意に触れた発言、乱暴な言葉づかいなどには非常に厳しい反応が起こることがあります。公式アカウントだけでなく、社員の個人アカウントが炎上し、企業に被害が及ぶ事例もあります。炎上を起こさないためには、日頃から対策を取っておくことが重要です。

●SNS発信のガイドライン

まずSNS発信のガイドラインを策定します。公式アカウントなどが発信する話題、そのスタンスを規定します。使うべきでない言葉のリストや避けるべき話題のリストなども作成しておきます。ガイドラインには、社員が個人のSNSアカウントで業務について発信しないことをも規定します。

●社員への情報リテラシー教育

SNSに関する情報リテラシー教育も有効です。普段からe-ラーニングなどでSNSの発信力のメリットとデメリットの知識と、社内のガイドラインについての学習の機会を設け、全社員の理解を深めます。

●炎上後の対応の規定

いざ炎上した場合にはSNSでの発信をいったん取りやめ、速やかに謝罪するとともに、炎上に至るまでの経緯を報告し改善方針を告示するなど、迅速かつ透明性のある対処をあらかじめ想定しておくことが重要です。

参考

情報リテラシー

情報を使いこなす能力のこと。具体的には、ICTを活用して情報収集できたり、収集した情報の中から自分にとって必要なものを取捨選択できたりするような能力を指す。

5-13 練習問題

※解答・解説は巻末にある「解答と解説」P.313に記載しています。

問題5-1

次の図で、「出版」と「物流」のOR検索となるWebページが検索されるものはどれですか。適切なものを選んでください。

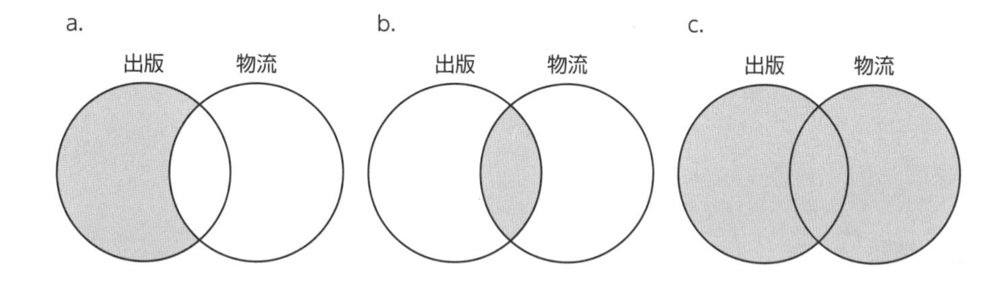

問題5-2

次のコメントが記載されているWebサイトに関する説明はどれですか。適切なものを2つ選んでください。

> このWebサイトに記載するデータは信用できる情報を選んで記載していますが、誤った情報や誤植の可能性もあります。このWebサイトに記載されている情報やデータの真偽につきましては、閲覧者の責任においてご判断ください。誤ったデータを利用して何らかの不利益が生じたとしても当Webサイトは責任を負いかねます。

a. このWebサイトは、信頼性が高いと判断すべきである
b. このWebサイトは、妥当性が低いので信頼するべきではない
c. このWebサイトの情報の正確さは、閲覧者自身が判断するべきである
d. このWebサイトでは、管理者が情報の正確さを保証していない

問題5-3

次のICTを利用したコミュニケーションの手段のうち、同じメーカーの携帯電話同士でメッセージを送受信し、使用できる文字数に制限のあるものはどれですか。適切なものを選んでください。

a. 電子掲示板
b. インスタントメッセージング
c. ショートメッセージサービス
d. 電子メール

問題5-4

アーカイブの説明はどれですか。適切なものを選んでください。

a. USBメモリなどに保存する
b. 複数のファイルを1つにまとめる
c. フラグを付けてマークできる
d. 全員に返信できる

問題5-5

信用のある団体を装った偽のWebサイトに誘い込み、個人情報を取得しようとする犯罪の種類はどれですか。適切なものを選んでください。

a. クリティカルシンキング
b. フィッシング詐欺
c. スパムメール
d. フィルタリング

問題5-6

「johnson@aabbcc.go.jp」の表すものはどれですか。正しいものを選んでください。

a. ユーザー名が「johnson」、日本の政府機関に属する電子メールアドレス
b. ユーザー名が「aabbcc」、日本の民間企業に属する電子メールアドレス
c. ユーザー名が「johnson」、アメリカの政府機関に属する電子メールアドレス
d. ユーザー名が「aabbcc」、アメリカの民間企業に属する電子メールアドレス

問題5-7

次のうち、実名登録型のSNSはどれですか。適切なものを選んでください。

a. Instagram
b. LINE
c. Twitter
d. Facebook

問題5-8

次の文章の(　)に入る組み合わせとして、適切なものを選んでください。

> 受信した電子メールに返事を出すことを(①)、第三者に送信すること(②)といいます。また、宛先以外に同じ電子メールを送信したい相手は(③)に、ほかの送信者に隠して同じ電子メールを送信したい場合は(④)に電子メールアドレスを指定します。

a.	①返信	②全員に返信	③CC	④BCC
b.	①全員に返信	②転送	③BCC	④CC
c.	①返信	②転送	③CC	④BCC
d.	①全員に返信	②転送	③CC	④BCC

問題5-9

Slackなど、ビジネスで使用されるインスタントメッセージソフトの用途として考えられるのはどれですか。適切なものを選んでください。

a. 他社との正式なやり取り
b. ちょっとした予定などの確認
c. メディアファイルの送信
d. 離れた場所からの会議への参加

問題5-10

SSLの説明はどれですか。正しいものを選んでください。

a. 次々と自己増殖していくプログラム
b. 無料で配布されているソフトウェア
c. ウイルスを特定するパターンなどが定義されたファイル
d. 情報を暗号化する技術

問題5-11

コンテンツフィルタの役割はどれですか。適切なものを選んでください。

a. データの閲覧や編集などができる
b. 機密性を保つ
c. 不適切なWebページの表示を制限する
d. ファイルにパスワードを設定する

問題5-12

個人情報保護法の特徴の説明はどれですか。適切なものを選んでください。

a. 小規模の企業や団体は含まれない
b. 顔や指紋など、個人の身体的特徴がデジタル化されたものも含む
c. GDPRとも呼ばれている
d. 個人の権利が守られるわけではない

問題5-13

会社に権利が帰属しないと考えられるファイルはどれですか。適切なものを選んでください。

a. 自宅のコンピュータで作成し、会社のコンピュータに保存し直した仕事のファイル
b. 会社のコンピュータで作成し、自宅のコンピュータに保存し直した個人のプライベートなファイル
c. 自宅のコンピュータで作成し、自宅のコンピュータに保存した個人のプライベートなファイル
d. 会社のコンピュータで作成し、会社のコンピュータに保存した個人のプライベートなファイル

問題5-14

ウイルスの侵入を防ぐ対策として、正しいものを選んでください。

a. 電子メールの添付ファイルを開く
b. OSの更新プログラムを適用する
c. 画面をロックする
d. 電子メールのプレビュー機能をオンにする

問題5-15

SNSでは炎上が発生することがあります。炎上させないための対策として考えられるものはどれですか。適切なものをすべて選んでください。

a. ファイアウォールを設定する
b. ガイドラインを策定する
c. 情報リテラシー教育を受けさせる
d. セキュリティホールをふさぐ

第6章

ICTと社会

6-1　これからの社会におけるICTの利用…295
6-2　ICT社会のリスク……………………298
6-3　練習問題　…………………………303

6-1 これからの社会におけるICTの利用

ここでは、日々進歩するICT技術について、どのような新しいテクノロジーが登場し、それらをどのように利用していけばよいのかを学習します。

6-1-1 AIがもたらすもの

近年、最も注目を集めているテクノロジーとして**「AI」**があります。
AIとは、人間の脳がつかさどる機能を分析して、その機能を人工的に実現させようとする試み、またはその機能を持たせた装置やシステムのことです。AIは**「人工知能」**ともいいます。言葉を理解したり、推論によって解答を導いたりなど、コンピュータが知的な学習や判断を実現できるシステムは、AIによって実現されています。

参考
AI
「Artificial Intelligence」の略称。

❶ AIの歴史

AIは古くから研究されてきており、現在は第3次AIブームといわれています。
第1次AIブームは、1950年代後半～1960年代において、探索と推論がコンピュータで処理できるようになったことから注目されました。しかし、ルールに外れた課題が解決できないことなどからブームが去りました。
第2次AIブームは、1980年代～1990年代において、専門家（エキスパート）の知識をコンピュータに移植し、処理できるようになったことから注目されました。しかし、知識を移植するのにコストや時間がかかること、膨大な知識を移植するのが難しいことなどからブームが去りました。
第3次AIブームは、2000年代から現在において、機械学習とディープラーニングが注目されることで、現在のブームに至っています。

❷ 機械学習とディープラーニング

「機械学習」とは、明示的にプログラムで指示を出さないで、コンピュータに学習させる技術のことです。人間が普段から自然に行う学習能力と同等の機能を、コンピュータで実現することを目指します。
機械学習の中でも**「ディープラーニング」**という手法が成果を上げ、注目されるようになりました。ディープラーニングは、日本語では**「深層学習」**を意味し、**「ニューラルネットワーク」**の仕組みを発展させています。具体的には、神経細胞を人工的に見立てたもの同士を4階層以上のネットワークで表現し、さらに人間の脳に近い形の機能を実現する技術

参考
ニューラルネットワーク
人間が普段行っている認識や記憶、判断といった機能をコンピュータに処理させる仕組みのこと。人間の脳は、神経細胞（ニューロン）同士が複雑に連携して構成されている。ニューラルネットワークでは、この複雑な神経細胞を模倣して、神経細胞を人工的に見立てたもの同士を3階層のネットワーク（入力層・中間層・出力層）で表現する。

です。なお、ニューラルネットワークの考え方は、第1次AIブームでも確立していましたが、近年のICT環境の急速な進化を背景に、AIはこのニューラルネットワークを発展させたディープラーニングによって進歩しました。

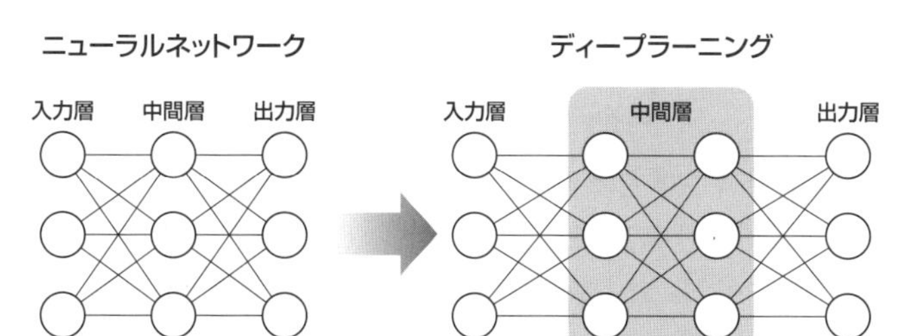

ディープラーニングでは、人間が与える**「特徴量」**などのヒントを使わずに、AIがデータと目標の誤差を繰り返し計算して、予測したものに適した特徴量そのものを大量のデータから自動的に学習します。これにより、人工的に人間と同じような解答を導き出すことができます。
特に学習効果が高いのが画像認識です。Google社が行った猫の写真を大量に見せて学習させ、猫を認識できるようにした研究は有名です。
さらに、Google社はAI同士を対戦させることで強化学習を行った**「AlphaGo」**で、人間のトップ棋士を破る思考力を実現してみせました。これに刺激を受け、現在は世界中のICTのトップ企業がAIの開発、利用に取り組んでいます。
すでにAIは社会の中で利用され始めています。医療画像を判断して病気を特定したり、**「チャットボット」**という自動応答システムでオペレーターの代わりを務めたり、システムの異常を検知したりなど、実用的な使われ方が開始されています。将来的には自動運転や遠隔治療など、リアルタイムに高度な判断が必要になるケースでも利用されていくでしょう。
AIによって、従来からある多くの人間の仕事が取って代わられてしまうという意見もありますが、一方では、AI技術者の人材不足が声高に叫ばれています。また、AIによって単純作業から解放された人間は、より創造的な仕事に注力することができるようになるともいわれています。
テクノロジーは利用の仕方で様々な利便性を実現してくれるため、そこから新しい仕事も生まれてくるはずです。

6-1-2 IoTによって実現されるもの

「IoT」は、様々な機械や部品がセンサーを搭載して情報を収集し、インターネットにつながって、お互いに情報を送り合う仕組みです。IoTが搭載されたデバイスの数は毎年急速に増加しており、2020年には300億

参考
特徴量
対象物に対して、どのような特徴があるのかを表したもの。

参考
AlphaGo(アルファ碁)
Google社の子会社であるDeepMind社が開発した囲碁コンピュータプログラム。

参考
チャットボット
自動応答プログラム。音声やキーボードからの入力に自動で返事をするプログラム。AIの利用で大幅に性能が上がった。

参考
IoT
「Internet of Things」の略称。「モノのインターネット」と訳される。

個になるという予測もあります。

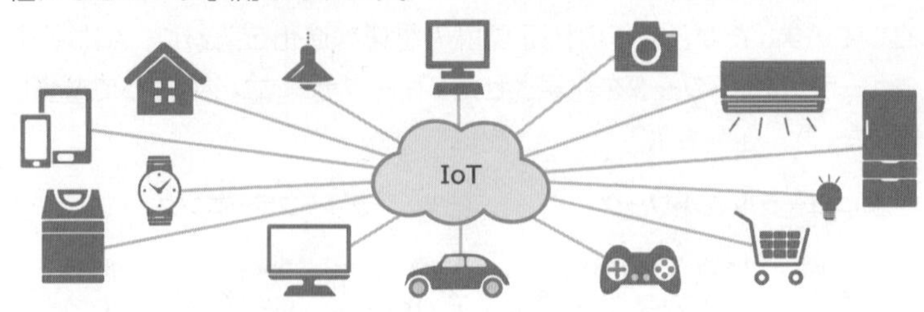

当初IoTは、ドイツが主導するインダストリー4.0や米国のIIC（インダストリアルインターネットコンソーシアム）など、工場を中心とする生産の仕組みをICTによってもっと効率化しようという第4次産業革命のツールとして発展してきました。

その後、様々な分野に利用が拡大していきました。近年普及してきた**「次世代電力量計（スマートメーター）」**や、自動運転に向けてインターネットに接続された**「コネクテッドカー」**など、IoTの活用範囲は広大です。IoTでは人間の手を介さずに、モノ同士が通信を行うため、生活の中ではIoTの存在を意識せずに、IoTによって実現された便利な機能がどんどん使われていくでしょう。

生活や社会の利便性を向上させてくれるIoTですが、課題もあります。まず、ネットワークでつながることでセキュリティの強化を急がなくてはならないことがあります。現在、IoTのセキュリティガイドラインの策定が進んでいます。次に、情報の送受信が爆発的に増加するため、より高速なネットワークが必要になることがあります。これに対しては、**「5G」**の実証実験が進んでいます。

参考

インダストリー4.0

ドイツ政府が主導する製造業のデジタル化プロジェクト。日本語では「第4次産業革命」の意味。このプロジェクトの中核をなす「スマートファクトリー」では、工場内の多くの機器や計器がIoTでつながることによって、機械の故障予測や、より効率的な生産が可能になる。

参考

IIC

「Industrial Internet Consortium」の略称。

参考

5G

第5世代移動通信システム。高速で大容量なうえ、多接続、低遅延も実現。現在規格化が進行中の次世代無線通信システム。

6-1-3 デジタルトランスフォーメーションの時代へ

AIやIoTの進展に伴い、**「デジタルトランスフォーメーション」**が進むといわれています。デジタルトランスフォーメーションとは、ICTの浸透が人々の生活や社会をよりよい方向に変化させるという考え方です。

デジタルトランスフォーメーションの進展によって、今後生活者は様々な恩恵を受けられるようになる半面、企業はデジタルトランスフォーメーションに向けた変革に対応していく必要があります。

デジタルトランスフォーメーションの時代においては、現在アナログで行われている多くのサービスが、クラウド経由で人々に提供されるようになっていきます。そのため、企業にはデジタル化の波に乗り続けることが要求されます。最終的には、すべての企業がICT企業化するといわれています。

6-2 ICT社会のリスク

ここでは、ICT社会のリスクについて学習します。

6-2-1　コンピュータの安全対策

コンピュータの取り扱い方法を誤ったり、ウイルスに感染したり不正アクセスの被害にあったり、人災や天災によってハードディスク／SSDなどの記憶装置が故障したりすると、膨大な量のデータを損失し大きな損害を受けることになります。
障害が発生するリスクを最小限に抑えるためには、コンピュータの設置場所や設置方法に注意して、安全な作業環境を作ることが大切です。
また、障害が発生した場合の対策として、重要なデータは適切な方法でバックアップを取り、迅速に復旧できるようにします。

1　安全な作業環境の維持

コンピュータの取り扱いや設置場所が原因で、機器に障害が発生し、データが消失してしまうことがあります。また、落雷や停電によって、コンピュータが使用できなくなる可能性もあります。コンピュータを安全に使用するためには、次のような対策をとりましょう。

●電気系統の保全

コンピュータ内部の電源は、電源ユニットによって供給されています。電源ユニットが故障すると、コンピュータの電源が入らなくなったり、頻繁に電源が切断されたりするなどの不具合が発生するおそれがあります。原因としては、換気不良やほこり、湿気、電源ユニットのオーバーロードなどが挙げられます。
また、使用している電力の総量が、建物に設置されている分電盤の全体容量を超えた場合、ブレーカーが落ちるおそれもあります。このような電気系統は定期的に点検し、保全しましょう。

参考

オーバーロード
機器などの増設により使用している電力の総量が電源ユニットの許容量を超えてしまい、過剰な電流が流れること。

●機器の正しい設置

コンピュータは振動や湿気に弱い繊細な精密機器です。強い振動や磁気が発生するところ、温度や湿度の高いところを避け、水平な場所に設置します。また、コンピュータの側面や背面にある換気口がふさがると、内部の温度が上昇して故障の原因となります。換気が十分にできるように壁や家具から離して設置し、ほこりで換気口がふさがれないように定期的に清掃します。

●電源ケーブルの正しい配線

電源コンセントには、流せる電流（定格電流）が表示されています。その表示以上の電流を流すと電源コンセントが過熱されて、火災を引き起こす場合があります。タコ足配線を避け、定格以上の電流が流れないように注意します。また、電源ケーブルが通路などを通っていると、足にかかり、コンピュータの電源を切断してしまう可能性もあります。家具などの下を通ったり、曲げたり束ねたりした状態の電源ケーブルも、漏電や発熱の原因となり大変危険です。このような危険な状態にならないよう、電源ケーブルを正しく配線します。

参考

ケーブルの適切な配置

電源ケーブルの配線だけでなく、USBケーブルやプリンターケーブルなどの適切な配置にも注意が必要である。

●BCP

災害時の事業継続対策として、メインで使用しているコンピュータとは別の離れた安全な場所に、バックアップデータを保管したり、ミラーという予備のコンピュータを用意したりします。

参考

BCP

「Business Continuity Plan」の略称。「事業継続計画」ともいう。

❷ データのバックアップ

ハードウェア障害によるデータの損失の被害を最小限に抑えるために、外部記憶装置などを使用してデータのバックアップを取っておきます。バックアップがあれば、データを迅速に復旧して、通常業務をすぐに開始することができます。

●バックアップ対象のデータ

コンピュータには様々な種類のデータが格納されています。すべてのデータをバックアップするには、多大な時間と大容量の記憶媒体が必要になります。OSやアプリケーションソフトなどは、再度インストールすれば初期状態に戻せるため、バックアップの必要はありません。一般的には、ユーザーが作成したファイルや、動作環境を設定したファイルなど、日々更新されるファイルをバックアップの対象にします。

参考

作業中のデータの保存

落雷や停電などの原因で、コンピュータなどの電源が突然切断されると、作業中のデータの内容が破棄されてしまうことがある。また、コンピュータに対して負荷の高い処理を行った場合などに、ソフトウェアが応答しなくなり、作業中のデータを保存できなくなることがある。ソフトウェアの自動バックアップ機能を使用している場合でも、すべての情報を復元できないことがあるので、作業中のデータはこまめに保存することが重要である。

●個人でのバックアップ

容量の大きいバックアップデータの場合、DVDやCD、BDなどの記憶媒体に書き込んで保存します。大量のバックアップが定期的に発生する場合以外は、OneDriveやGoogle Drive、Dropboxなどのクラウドストレージサービスを使用します。クラウドストレージサービスの本来の目的は第三者とのファイル共有ですが、安全性やコストパフォーマンス、使い勝手がすぐれているためバックアップ先として使うことができます。コンピュータに専用クライアントソフトをインストールすると、クラウドストレージ上にフォルダが作成され、以後自動的にクラウドストレージにファイルがアップロードされ、同期されます。ハードウェア故障の際は、専用クライアントソフトをほかのコンピュータにインストールすれば、ハードディスクやSSDに、クラウドストレージ上のファイルが自動的にダウンロードされ、もとのファイルが復元されます。

バックアップした記憶媒体は、内容の消失や記憶媒体の紛失を回避するために大切に保管します。また、保管先は磁気や湿気などの影響のない場所を選択します。バックアップによく使用されるDVDやCDの特徴と容量は、次のとおりです。

種類	特徴	容量
DVD-R、DVD-RW	コンパクトで保管が容易。劣化が少ないため長期保存が可能。低速なため大量データのバックアップには時間がかかる。	4.7GB
CD-R、CD-RW		650MB、700MB

●企業でのバックアップ

企業のバックアップでは、自社あるいは外部委託のデータセンターにバックアップを依頼するのが一般的です。長時間のサービス停止が許されないサーバコンピュータの場合、メインのコンピュータに障害が発生したときに、バックアップのコンピュータを代理で稼動させることも可能です。

データセンターを利用していない場合は、セキュリティが強化されたビジネスプランを用意しているクラウドストレージサービスを利用するとよいでしょう。

小規模なバックアップの場合、**「DAT」**やハードディスクなどで行うこともあります。DATとハードディスクの特徴と容量は、次のとおりです。

種類	特徴	容量
DAT	高速なため大量データのバックアップに適している。可搬性があるため災害対策として遠隔地に保管が可能。温度、湿度の影響を受けるため劣化の可能性がある。	320GBまで
ハードディスク	DATより高速で大容量。	数十TBまで

参考

DAT

磁気テープに音声をデジタルデータで記憶する装置、またはそのテープのこと。もともとは、音声や音楽の記録用に開発されたが、コンピュータでのバックアップにも利用されることが多い。「Digital Audio Tape」の略称。

業務への影響を最小限に抑えて確実なバックアップを行うため、業務に支障のない時間帯にスケジュールを設定し、定期的にバックアップを実行します。データの重要性に応じて、毎日あるいは週単位などでスケジュールを決めます。バックアップのし忘れなどを防ぐために、手順はすべて自動化しておくとよいでしょう。

●バックアップの実施

コンピュータ本体やインストールされているアプリケーションソフトは再度購入することで代替可能ですが、ハードウェア内のデータはもとに戻すことはできません。
大切なデータがハードウェアにある場合は、別の記憶媒体にバックアップをしておけば、すぐにデータを復元することができます。
バックアップを行う場合の留意点は、次のとおりです。

- **●毎日、毎週、毎月など定期的にバックアップを行う。**
- **●バックアップ用の記憶媒体は、バックアップに要する時間や費用を考慮して、バックアップするデータがすべて格納できる媒体を選択する。**
- **●業務処理の終了時など、日常業務に支障のないようにスケジューリングする。**
- **●バックアップファイルは、ファイルの消失を回避するために、通常、正副の2つを作成し別々の場所に保管する。**

参考

情報漏えいの危険性
顧客の個人情報や企業の機密情報などの重要な情報が保存されているハードウェアが盗難されると、業務に支障が出るばかりでなく、漏えいした機密情報をもとに恐喝されたり、機密情報を売買されたりする可能性がある。企業の信用問題に発展する危険性があるので注意が必要。

6-2-2 コンピュータの使用による健康障がい

コンピュータを使用すると、仕事がはかどり、効率も上がります。しかし、コンピュータの操作は、手や指の反復性動作がほとんどのため、同じ姿勢で長時間にわたって使用し続けると、首や肩、腕などに**「反復性ストレス障がい」**と呼ばれる症状が出るおそれがあります。また、長時間モニタを見続けることも、ドライアイなどの目の障がいの原因となります。
コンピュータの過度の使用による症状には、次のようなものがあります。

種類	症状	対策
腱鞘炎（けんしょうえん）	キーボードからの入力やマウスの操作を長時間にわたって繰り返すと、腱鞘炎になるおそれがある。	適度に手を休めることが重要。また、腱鞘炎防止用に手に負担をかけずにキーボードやマウスを使用できるリストパッドなどが販売されている。
肩こり、腰痛	正しい姿勢でコンピュータを使用しないと、肩こりや腰痛になるおそれがある。	作業の姿勢を時々変え、適度に休憩を取るようにする。ストレッチなども有効。また、腰痛防止用に人間工学に基づいてデザインされた椅子などが販売されている。
眼精疲労	長時間にわたってモニタを凝視したり、照明の位置が適切でなかったりすると、疲れ目やドライアイになるおそれがある。	高解像度のモニタを使用したり、適度に目を休めたりする。また、モニタ専用のフィルターを貼ることで、画面のちらつきや反射を防止し、疲れを抑えることができる。

そのほか、次のような点に注意して、快適性を向上させるように配慮します。

- **照明、採光、モニタの明るさなどの光を調整する。**
- **室内の温度や湿度を管理する。**
- **キーボード、机、椅子などを使用する際の姿勢や機器の配置を整える。**

6-3 練習問題

※解答・解説は巻末にある「解答と解説」P.315に記載しています。

問題6-1

次の(　)内に入る組み合わせとして、適切なものを選んでください。

> 人間の脳細胞の仕組みをまねた(　①　)を用いて、与えられたデータから答えの解放を導き出す機械学習の手法を(　②　)といいます。人間が与える特徴などのヒントを使わずに、(　③　)がデータと目標の誤差を繰り返し計算して学習します。

a. ①ディープラーニング　②AI　③ニューラルネットワーク
b. ①ニューラルネットワーク　②強化学習　③AI
c. ①ニューラルネットワーク　②ディープラーニング　③AI
d. ①ディープラーニング　②Alpha Go　③GPU

問題6-2

チャットボットの説明はどれですか。適切なものを選んでください。

a. システムの異常を検知してくれる
b. 医療画像を判断して病気を特定してくれる
c. 話しかけるだけで様々な操作をしてくれる
d. 音声やキーボードからの入力に自動で返事をしてくれる

問題6-3

AIの説明として間違っているものはどれですか。適切なものを選んでください。

a. コンピュータが知的な学習や判断を実現できるシステム
b. システムなどの異常を検知できる
c. あり余るほどの技術者がいる
d. 医療機関で利用されている

問題6-4

デジタルトランスフォーメーションの説明はどれですか。適切なものを選んでください。

a. 様々な機器や部品にセンサーを搭載して情報を収集する
b. 機器の故障を予測し、生産性を向上させる
c. ICTの浸透が、人々の生活や社会をよりよい方向に変化させる概念
d. 次世代のICT技術の総称

問題6-5

次の図のように、車や家電、工場などのあらゆるモノがインターネットにつながる仕組みを持つ用語はどれですか。正しいものを選んでください。

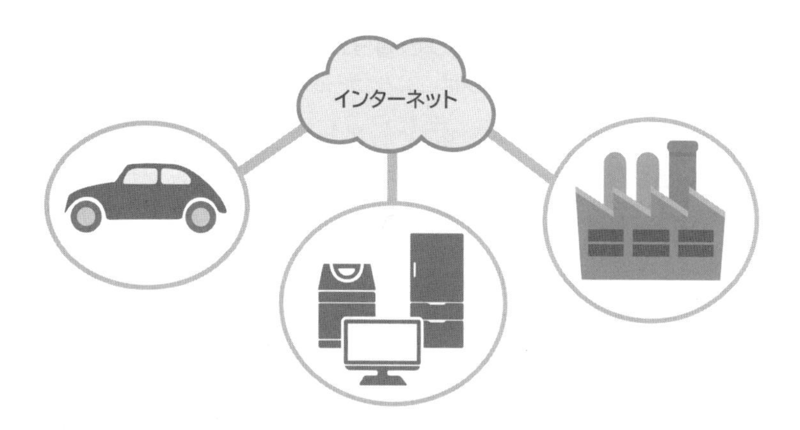

a. IIC
b. クラウドストレージ
c. ニューラルネットワーク
d. IoT

問題6-6

IoTの課題はどれですか。適切なものを2つ選んでください。

a. 活用範囲が狭い
b. 高速なネットワークが必要
c. セキュリティの強化
d. IoT対応デバイスが年々減少している

問題6-7

次のそれぞれの用語に適した説明はどれですか。正しいものを選んでください。

①BCP　②DAT　③5G

a. 磁気テープに音声をデジタルデータで記憶する装置
b. 高速・大容量・多接続・低遅延などを実現する、次世代の無線通信システム
c. 災害などが発生した際でも、事業継続を図るための対策

問題6-8

バックアップの説明として、間違っているものはどれですか。適切なものを選んでください。

a. 業務に支障のない時間帯にバックアップを実行する
b. 確実にバックアップするため、毎回手動で操作するのが望ましい
c. データの重要性に応じて、毎日あるいは週単位などでスケジュールを決める
d. バックアップデータは、コンピュータとは別の離れた安全な場所で保管する

問題6-9

疲れ目やドライアイにならないための対策はどれですか。正しいものを2つ選んでください。

a. 照明を適切な位置に設置する
b. 暗いところでコンピュータを操作する
c. ミスをしないようコンピュータの画面を長時間凝視して作業する
d. 適度に休憩を取るようにする

練習問題
解答と解説

練習問題 解答と解説

第1章 ハードウェア

1-1

解答 **d**

解説 磁気ディスクの記録媒体はハードディスクです。
aは、光ディスクの記録媒体です。
bとcは、フラッシュメモリの記録媒体です。

1-2

解答 **b**

解説 RAMは、プログラムやデータを一時的に記憶しておく領域のことです。
aは、キャッシュメモリの説明です。
cは、ハードディスクやSSDの説明です。
dは、GPUの説明です。

1-3

解答 **b**

解説 ハードディスクの回転数は「rpm」という単位で表します。数字が大きいほど処理速度は速くなります。
aは、CPUの処理能力を表すクロック周波数の単位です。「G」は10の9乗を意味します。
cは、データの通信速度の単位です。1秒間に送信できるビット量を表します。
dは、コンピュータで扱うデータ量を表す単位です。「M」は10の6乗を意味します。

1-4

解答 **b**

解説 ドライバは、ハードウェアをコンピュータで使用できるようにするソフトウェアです。OSが周辺機器を制御するための橋渡しを行います。
aは、入力装置の説明です。
cは、プラグアンドプレイの説明です。
dは、仮想メモリの説明です。

1-5

解答 **c**

解説 コンピュータ内部では、CPUを中心としてデータのやり取りが行われます。CPUは、外部記憶装置のデータをRAMに読み込み、処理します。処理した結果をRAMに記憶させ、必要に応じて外部記憶装置に書き込みます。

1-6

解答 **b**

解説 ROMは読み出し専用のメモリです。コンピュータの電源を切ってもROMのデータが消えることはありません。コンピュータを動作させる基本的なプログラムを保存するのに用いられます。
aは、中央演算処理装置ともいわれ、主に周辺機器を制御する「制御処理」と、計算の処理を行う「演算処理」の両方の役割があります。
cは、マイクロプロセッサで処理された内容（文字や絵など）を画面に表示する装置のことです。「ディスプレイ」ともいいます。
dは、データの読み出しと書き込みが可能なメモリです。コンピュータの電源を切ると、RAMのデータはすべて消えてしまいます。データを一時的に記憶するのに用いられます。

1-7

解答 ①**c** ②**b** ③**a**

1-8

解答 ①**b** ②**c** ③**a**

1-9

解答 ①d ②c ③a ④b

1-10

解答 c

解説 メモリ容量が少ないと、複数のタスクを実行できなくなり、コンピュータの作業効率が低下します。これは、メモリを増設し、メモリ容量を増やすことで改善できます。

1-11

解答 b

解説 演算装置は、プログラム内の命令に従って計算する働きを持ちます。
aは、プログラムを解釈してほかの装置に命令を出します。
cは、メインメモリのデータを出力します。
dは、メインメモリにデータを入力します。

1-12

解答 b

解説 コンピュータを購入した日から通常1年間は、メーカーの保証期間となっています。ただし、保証期間や保証内容はメーカーによって異なります。
aは、耐用年数のことです。
cは、サポート契約の期間のことです。

第2章 ソフトウェア

2-1

解答 c

解説 プレゼンテーションソフトでは、テキストだけでなく、図形やグラフ、イラストなどが挿入でき、アニメーションも設定できます。スライドショーも使えるので、研究発表や商品紹介などの資料を作成するのに効果的です。
aは、経理業務から経営分析までをまとめてサポートするソフトウェアです。
bは、建設物や電子回路などの設計を行う際に用いられるソフトウェアです。
dは、特定の専門業務の処理を行うために個別の仕様で制作されたソフトウェアです。

2-2

解答 b

解説 表計算やグラフ作成、データ管理などが行えます。
aは、文書の作成や編集などが行えるソフトウェアです。
cは、プレゼンテーション資料を作成・発表するためのソフトウェアです。
dは、データベースを作成・管理するためのソフトウェアです。

2-3

解答 ①c ②d ③a ④b

2-4

解答 b

解説 画面はMicrosoft Accessでデータベースのテーブルを開いた状態です。テーブルはフィールドとレコードで構成されています。列単位のデータをフィールド、1件分のデータをレコードといいます。クエリやフォーム、レポートは、データベースを構成する要素です。

2-5

解答 a

解説 グラフィックソフトを利用すれば、デジタルカメラなどから取り込んだ写真を加工したり、イラストを描いたりすることができます。グラフィックソフトの主な種類には、ペイントツールやドローツールがあります。

2-6

解答 c

解説 PNG形式は静止画像のファイル形式であり、圧縮による画質の劣化のない可逆圧縮方式で、48ビットカラーです。
aは、静止画像のファイル形式であり、非可逆圧縮方式で24ビットカラーです。
bは、静止画像のファイル形式であり、Windowsで標準的に使用されています。
dは、音声のファイル形式であり、Windowsで標準的に使用されています。

2-7

解答 d

解説 ユーティリティソフトは、OSやほかのアプリケーションソフトなどの機能を補い、性能や操作性を向上させます。
aは、ウイルスの侵入を予防したり、コンピュータ上のウイルスを検出・駆除したりするソフトウェアです。
bは、ハードディスク/SSD内のエラーをチェックしたり、メンテナンスを行うソフトウェアです。
cは、電卓やメモ帳などのシンプルなソフトウェアです。

2-8

解答 ①c ②b ③a

2-9

解答 d

解説 小規模な更新が行われることをアップデートといいます。発売後にはバグが見つかることがあり、その不具合を正すためにパッチが提供されています。

2-10

解答 b

解説 eラーニングは、コンピュータやネットワークを利用して教育を行うことです。
aは、eラーニングの運用に必要な機能を備えた学習管理システムのことです。
cは、データベースを管理するためのソフトウェアです。
dは、コンピュータで機械や建造物などの設計を行う際に用いるシステムです。

2-11

解答 ①b ②a ③d ④c

2-12

解答 ①b ②a ③d ④c

解説 bは、スパイウェア対策ソフトのことです。コンピュータ内から個人情報を収集して特定の場所に情報を送信するスパイウェアなどの侵入を予防したり、検出・駆除したりします。
dは、DVDやCDなど、別のメディアにファイルをコピーできるバックアップソフトのことです。ハードディスク/SSDを丸ごとバックアップできるものもあり、OSが起動しなくなったような場合にも対応できます。

2-13

解答 c

解説 メモリの容量が少ないと、複数のタスクを実行できなくなり、コンピュータでの作業効率が低下する可能性があります。

第3章 OS(オペレーティングシステム)

3-1

解答 c

解説 ①はファイルやフォルダなどを削除すると一旦保管されるごみ箱のアイコンです。
②はアプリケーションソフトを表示するウィンドウです。
③はウィンドウ内に表示されていない作業領域を表示するときに使用するスクロールバーです。

3-2

解答 ①c ②b ③a ④d

3-3

解答 d

解説 USBメモリなどのように、取り外しが可能な記憶装置のことを、リムーバブルディスクと呼びます。

3-4

解答 a

解説 1つのウィンドウでの作業をタスク、複数のタスクを同時に動作させることをマルチタスクといいます。現在操作の対象となっているウィンドウをアクティブウィンドウといいます。

3-5
解答 b

解説 ファイルシステムは、記録媒体に記録されたデータがどこにあるのかといった情報を管理して操作するための機能です。
aは、ウイルス対策ソフトなどの説明です。
cは、クイックアクセスツールバーの説明です。
dは、バーチャルリアリティの説明です。

3-6
解答 .docx .xlsx

解説 .docxはMicrosoft Wordファイルの拡張子で、.xlsxはMicrosoft Excelファイルの拡張子です。

3-7
解答 c

解説 保存されているファイルに読み取りパスワードが設定されている場合は、正しいパスワードを入力しないとファイルを開くことができません。
ハードディスク/SSDの空き容量が少ない場合や、ファイルの属性が読み取り専用の場合でもファイルは開けます。
ファイル名に使用できない文字列が使われている場合は、ファイルを保存できません。

3-8
解答 c

解説 解像度は画像の密度(精細さ)を表します。
aは、文字コードの規格です。
bは、画像を構成する点です。
dは、コンピュータで扱うデータ量を表す単位です。

3-9
解答 ①(Windowsロゴ)をクリック
②《Windowsアクセサリ》をクリック
③《メモ帳》をクリック
④同様にワードパッドを起動
⑤タスクバーの何もないところを右クリック
⑥《ウィンドウを上下に並べて表示》をクリック

3-10
解答 b

解説 すべてのユーザーにソフトウェアをインストールできる権限を与えると、間違えて危険なソフトウェアをインストールされてしまう可能性があるため、管理者以外のユーザーにはインストールできないように制限する必要があります。

3-11
解答 d

解説 OSが不安定なときは、コンピュータをセーフモードで再起動することで、不具合の原因を診断し、トラブルを対処できます。
aは、家電製品や自動車などに組み込まれているコンピュータを制御するOSです。
bは、専門的な業務に用いられる高性能なコンピュータのことです。
cは、コマンドと呼ばれる命令をキーボードから入力し、コンピュータを操作する環境のことです。

3-12
解答 d

解説 Windows 10にインストールされているソフトウェアを削除するには、設定画面の《アプリ》で、削除するソフトウェアを選択し、《アンインストール》をクリックします。

3-13
解答 a

解説 《デバイス》では、プリンターの追加と削除、マウスの設定、DVDやそのほかのメディアの自動再生の設定などが行えます。
マウスポインターの移動速度の設定は、《ポインターオプション》タブで行います。《ボタン》タブでは、マウスの左ボタンと右ボタンの動作を逆にできます。

3-14

解答 **d**

解説 システムの設定を変更して不具合が生じたときは、システムの復元を行うと、トラブルが起きる前の状態に戻すことができます。
復元ポイントは、システム情報やレジストリ情報を保存したもので、事前に作成しておくと、復元ポイントを作成した時点の状態に戻せるようになります。

第4章 ネットワーク

4-1

解答 **a**

解説 ピアツーピアは、サーバとクライアントの区別をせず、互いに対等な関係で接続するネットワークです。
bは、イントラネットの説明です。
cは、インターネットの説明です。
dは、クライアントサーバの説明です。

4-2

解答 **c**

解説 モバイルコンピューティングは、日本国内に限定されていません。モバイルコンピューティングでSkype for BusinessなどのWeb会議を利用すれば、世界中の人とコミュニケーションを取ることができます。

4-3

解答 **b**

解説 インターネットを利用した契約や決済などの取引はe-コマースと呼ばれています。商用のWebサイトの多くは、オンラインデータベースと呼ばれるネットワーク上のサーバに蓄積されている大量の情報を利用し、必要な情報を即時に表示して提供します。
オンライントレードは、インターネットを利用した株式や投資信託などの取り引きです。オンラインショッピングは、インターネット上の通信販売です。

4-4

解答 **b**

解説 比較的狭い範囲でのネットワークをLAN、広域のネットワークをWANといいます。インターネットはLANやWANなどのネットワークを結んだ世界規模のネットワークのことで、インターネット技術を適用した社内のネットワークはイントラネットといいます。

4-5

解答 **b・d**

解説 ネットワークには、通信の標準規格として、イーサネットやIEEE802.11などがあります。
aは、最大2Gbpsと、現在最も高速な通信手段です。
cは、広い帯域を使った、高速で大容量の通信サービスです。

4-6

解答 **c**

解説 クラウドコンピューティングでは、アプリケーションソフトがクラウド上で動いているため、ソフトウェアのインストールもほとんど必要なく、更新作業も自動で行われます。そのため、自社または個人で作業をする必要がなく、メンテナンスや管理コストを抑えることができます。

4-7

解答 **a**

解説 SaaSはインターネット経由でソフトウェアの必要な機能だけを提供するサービスです。
bは、インターネット経由でプラットフォームを提供するサービスです。
cは、インターネット経由でインフラを提供するサービスです。
dは、インターネット経由でデスクトップ環境を提供するサービスです。

4-8

解答 ①**c** ②**b** ③**a** ④**d**

4-9

解答　a

解説　デスクトップ型パソコンやノート型パソコンは、クライアントによく使われているコンピュータです。大規模システムのサーバとしては、メインフレームやワークステーションなどが採用されています。

4-10

解答　b

解説　目的に合ったWebページを探すときは、検索エンジンを利用します。
aは、インターネットの入口となるWebサイトのことです。
cは、Webページにアクセスすることなく、見たいWebページの更新情報を知ることができる技術のことです。
dは、Webページの構成要素の1つです。

4-11

解答　b

解説　DMZは、外部ともやり取りができるように、社外からもアクセスできるエリアをシステム的に区切って構成します。「非武装地帯」を意味し、DMZには通常Webサーバやメールサーバなどが置かれます。
aは、生体認証の説明です。
cは、ファイアウォールの説明です。
dは、プロキシサーバの説明です。

4-12

解答　b

解説　インターネット上で、情報を引き出すために使用されるのがURLで、HTTPとドメイン名で構成されています。また、キャッシュを利用すれば、Webページを一時的に保存しておくことができるので、Webページが表示されるまでの時間を短縮できます。

4-13

解答　d

解説　ファイアウォールは、企業や家庭のネットワークとインターネットの出入り口となり、監視して、不正な通信を遮断します。
クラッカーとは、不正にシステムに侵入し、情報を破壊したり改ざんしたりして違法行為を行う者のことです。
aは、コンピュータがインターネットにアクセスするときに通信を中継するコンピュータやソフトウェアのことです。
bは、指紋や静脈などの身体的特徴を識別する照合技術のことです。
cは、インターネットに接続するサービスを提供する企業です。

4-14

解答　d

解説　無線LANアクセスポイントは、障害物をある程度無視することができます。

第5章 ICTの活用

5-1

解答 **c**

解説 「出版」と「物流」のいずれかを含むWebページが検索されます。キーワードは「OR」で区切ります。
aは、「出版」で「物流」が含まれないWebページが検索されます。含まないキーワードに「-」を付けて入力します。
bは、「出版」と「物流」の両方を含むWebページが検索されます。単語は「AND」で区切ります。

5-2

解答 **c・d**

解説 「誤った情報や誤植の可能性」と記載されているので、管理者が情報の正確さを保証していません。
Webページから情報を収集する際、その情報の正確さや品質などはユーザー自身が判断しなければなりません。その際は、掲載されている情報がどこまで正しいのかや、1つ以上の情報源から確認できるかなども見極める際のポイントになります。

5-3

解答 **c**

解説 ショートメッセージサービスは、同じメーカー同士の携帯電話でメッセージを送受信できるサービスです。文字数に制限があったり、機種によっては表示できない文字があったりします。

5-4

解答 **b**

解説 複数のファイルを1つにまとめる処理のことをアーカイブといいます。電子メールにおいてアーカイブの機能を利用すると、目的の電子メールを探したり、長期保存したりするときに有効です。

5-5

解答 **b**

解説 フィッシング詐欺は、信用のあるWebサイトに誘い込み、個人情報を取得しようとするインターネット上の詐欺のことです。
aは、物事を批判的、客観的、論理的な観点で熟慮することです。
cは、不特定多数に送信される宣伝・広告などの迷惑な電子メールのことです。
dは、特定の電子メールアドレスからの通信を禁止する設定のことです。

5-6

解答 **a**

解説 電子メールアドレスは、「ユーザー名」と「ドメイン名」を@マークで区切って構成されます。ドメイン名は、メールサーバ名や組織名、組織種別、国際ドメインコードから構成されます。「johnson@aabbcc.go.jp」は、「aabbcc」という名前の日本の政府機関に属するユーザー名「johnson」の電子メールアドレスです。

5-7

解答 **d**

解説 Facebookは実名での登録が必須です。Instagram、LINE、Twitterは、実名でなくても登録が可能です。

5-8

解答 **c**

解説 返信の場合は件名に「RE:」が表示され、転送の場合は「FW:」が表示されます。CCに入れた宛先は、電子メールの受信者全員が見られますが、BCCに入れた場合は受信者に隠すことができます。

5-9

解答 b

解説 インスタントメッセージソフトは、リアルタイムで短い文字ベースのメッセージをやり取りするソフトです。質問や予定の確認など、ちょっとした会話の際に活用できます。

5-10

解答 d

解説 SSLは暗号化技術のことです。暗号化して第三者にわからないようにすることで、データの漏えいや改ざんを防げます。
aは、ワームの説明です。
bは、フリーソフトの説明です。
cは、ウイルス定義ファイルの説明です。

5-11

解答 c

解説 コンテンツフィルタは、不適切だと思われる内容をブロックする役割があります。そのため、業務とは無関係なWebページや、アダルトサイトなどのWebページの閲覧を制限できます。

5-12

解答 b

解説 個人の権利は個人情報保護法によって守られています。また、「個人識別符号が含まれるもの」という規定が追加され、顔や指紋、声紋などの個人の身体的特徴がデジタル化されたものも含まれます。従来では適用外だった小規模の企業や団体も含まれます。

5-13

解答 c

解説 多くの組織の使用指針などでは、プライベートな個人ファイルであっても、会社のコンピュータで作成したファイルは会社に権利が帰属すると定められています。

5-14

解答 b

解説 多くのウイルスは電子メールの添付ファイルを開くことで感染しますが、電子メールのプレビュー機能をオンにするだけで感染するウイルスもあります。
ウイルス対策としては、最新のOSの更新プログラムを適用したり、ウイルス対策ソフトを導入して常に稼働させたりします。

5-15

解答 b・c

解説 炎上させないためには、何についてどのような発言をするのかといったガイドラインを作ったり、避けるべき言葉や話題をリスト化したりしておくと安心です。また、公式アカウントの担当者だけでなく、社員全員に情報リテラシー教育を受けさせておくとことも有効です。

第6章 ICTと社会

6-1

解答 c

解説 ディープラーニングは、人間の脳細胞の仕組みをまねたニューラルネットワークを用いて、与えられたデータから答えを導き出す手法です。特徴量などのヒントを使わず、AIがデータと目標の誤差を繰り返し計算することで学習します。

6-2

解答 d

解説 aとbは、AIの事例の説明です。
cは、スマートスピーカーの説明です。

6-3

解答 c

解説 AIが発展することによって、従来から人間が行っている多くの仕事が取って代わられるという意見がありますが、現状ではAI技術者の人材不足が懸念されています。

6-4

解答 c

解説 デジタルトランスフォーメーションは、ICTの浸透が人々の生活や社会をよりよい方向に変化させるという考え方です。
aとbは、IoTの説明です。

6-5

解答 d

解説 IoTは、車や家電、時計、工場などの様々な機械や部品にセンサーが搭載され、情報を収集し、インターネットにつながって情報を送り合う仕組みです。
aは、IoTの実現のために設立された、アメリカの国際規模の団体のことです。
bは、クラウド上にあるサーバにデータを保存することで、複数の人とファイルが共有できるほか、様々なデバイスを使って同時にアクセスすることができるサービスの総称です。
cは、人間の脳細胞の仕組みを模したモデルのことで、ディープラーニングに用いられています。

6-6

解答 b・c

解説 IoTでは、情報の送受信が急激に増加するため、より高速なネットワークが必要です。現在、高速で大容量である第5世代通信システム「5G」の実証実験が進められています。また、IoTはネットワークにつながることから、セキュリティ問題が挙げられ、これに対してはセキュリティガイドラインの策定が進んでいます。

6-7

解答 ①c ②a ③b

6-8

解答 b

解説 バックアップのし忘れなどを防ぐために、手順はすべて自動化されていることが望ましいです。

6-9

解答 a・d

解説 長時間モニタを凝視したり、照明の位置が適切でなかったりすると、疲れ目やドライアイになる可能性があります。そのほか、疲れ目やドライアイにならないための対策として、高解像度のモニタを使用する、モニタ専用フィルターを貼るなどの方法があります。

索引

索引

記号

.bmp …… 114
.docx …… 114
.exe …… 114
.ini …… 114
.txt …… 114
.xlsx …… 114
@nifty …… 179

数字

1B …… 7
1GB …… 7
1GHz …… 11
1KB …… 7
1KHz …… 11
1MB …… 7
1MHz …… 11
1TB …… 7
2DD …… 16
2HD …… 16
2進数 …… 7
5G …… 297
106キーボード …… 17
109キーボード …… 17

A

Adobe After Effects …… 62
Adobe Dreamweaver …… 63
Adobe Illustrator …… 60
Adobe Photoshop …… 60
Adobe Premiere …… 62
ADSL …… 170
ADSLモデム …… 170
AI …… 295
AlphaGo …… 296
AMD社 …… 10
AND検索 …… 256
ASP …… 73
AutoCAD …… 69

B

BCC …… 216
BCP …… 299
BD …… 15
Bing …… 254
Bluetooth …… 25
bps …… 25
BYOD …… 277

C

CAD …… 69
CADソフト …… 69
CATV …… 170
CC …… 215
CD …… 14
CD-R …… 15, 300
CD-ROM …… 15
CD-RW …… 15, 300
Celeron …… 10
CNN.com …… 178
Cookie …… 42

Core i3 …… 10
Core i5 …… 10
Core i7 …… 10
Core i9 …… 10
Cortana …… 135, 254
CPU …… 9, 23
Cubase …… 63
CUI …… 86
Cドライブ …… 114

D

DaaS …… 186
DAT …… 300
DBMS …… 58
DIMM …… 43
DMZ …… 194
Dock …… 99
DRAM …… 11
DTPソフト …… 45, 60
DVD …… 14
DVD-R …… 14, 300
DVD-ROM …… 14
DVD-RW …… 14, 300
DVDドライブ …… 113
DVDやCDの清掃 …… 42
DVI …… 24

E

ESSID …… 196
EU …… 282
e-コマース …… 177, 207
eラーニング …… 64, 204

F

Facebook …… 180, 211, 260
Facebook Messenger …… 267
Facebook創始者 …… 260
FAT …… 87
Firefox …… 67
Flash Video形式 …… 62
FTP …… 174
FTTH …… 169

G

GDPR …… 282
GIF形式 …… 61
GitHub …… 268
Google …… 179, 254
Google Chrome …… 67
Googleハングアウト …… 211
Googleマップ …… 180
GPS …… 207
GPU …… 23
G Suite …… 69
GUI …… 86

H

HDMI …… 24
HTML …… 173
HTTPS …… 174
HUB …… 161

I

IaaS …… 186
iChat …… 211
ICT …… 203
ICTによる情報処理 …… 207
ICTを利用した活動 …… 203
ICTを利用したコミュニケーション …… 210
IEEE802.11 …… 168

IIC ……297
IMAPによる同期 ……227
iMessage ……67
Instagram ……180, 211, 262
IoT ……296
IPアドレス ……161, 174
IPアドレスの指定 ……248
IP電話 ……171
IrDA ……25
iTunes ……64
iTunes Store ……64
iWork ……68

J

JPEG形式 ……61
JUST Office ……68

L

LAN ……162
LANケーブル ……166
LANボード ……166
LCD ……20
LINE ……261
LINE WORKS ……265
LINEスタンプ ……261
LinkedIn ……263
Linux ……45, 86
LMS ……64
Logic Pro X ……63

M

macOS ……45, 86
MACアドレス ……196
Mapion ……180
Mastodon ……263
METAタグ ……254
microSD ……16
Microsoft Access ……58
Microsoft Edge ……67, 246
Microsoft Excel ……56
Microsoft Office ……68
Microsoft Outlook ……66
Microsoft PowerPoint ……57
Microsoft SQL Server ……58
Microsoft Word ……55
Microsoftアカウント ……93
MOV形式 ……62
MP3形式 ……63
MS-DOS ……86
MSN ……179
MySQL ……58

N

NOT検索 ……256
NTFS ……87

O

OCR ……19
Office 365 ……69
Opera ……67
Oracle Database ……58
OR検索 ……256
OS ……25, 53, 85
OSの種類 ……45

P

PaaS ……186
PC ……5
PC／AT互換機 ……45
PCI Express ……23

PCリサイクルマーク …… 48
PDCAサイクル …… 197
Pentium …… 10
People …… 231
PNG形式 …… 61
PostgreSQL …… 58
POSシステム …… 6, 205
Pro Tools …… 63
PS/2 …… 24

R

RAM …… 11
RJ-45 …… 24
ROM …… 11
RSS …… 176
Ryzen 3 …… 10
Ryzen 5 …… 10
Ryzen 7 …… 10

S

SaaS …… 74, 185
Safari …… 67
SDカード …… 16
SITE演算子 …… 257
Skype …… 211
Skype for Business …… 267
Skype for Windows 10 …… 67
Slack …… 67, 268
SMS+ …… 210
SNS …… 180, 211, 260, 285
S.O.DIMM …… 43
SRAM …… 11
SSD …… 13
SSDの処理能力 …… 13
SSDのトラブル …… 37
SSDの容量 …… 13
SSL …… 176, 271
STN …… 20
SWF形式 …… 62

T

TCP/IP …… 213
TFT …… 20
TIFF形式 …… 61
Twitter …… 263

U

UEFI …… 23
UNIX …… 45, 86
UPS …… 34
URL …… 174, 181, 248
URLの埋め込み …… 230
USB …… 24
USBポート …… 15
USBメモリ …… 15

V

VoIP …… 212
VPN …… 163, 190
VR …… 65

W

WAN …… 16, 162
WAVE形式 …… 63
Webアプリケーション …… 183
Web会議 …… 191, 266
Web会議ソフト …… 67
Webカメラ …… 19
Webサーバ名 …… 174

Webブラウザ …… 67, 175, 246
Webページ …… 173, 246, 284
Webページ作成ソフト …… 63
Webページの構成要素 …… 181
Wi-Fi …… 168
Wiki …… 176
Windows …… 45, 86
Windows 10 …… 91
Windows 10の画面構成 …… 98
Windows 10の起動 …… 92
Windows 10の終了 …… 94
Windows 10の特徴 …… 91
Windows 10の「メール」アプリ …… 66, 217, 219
Windows Update …… 150
Windowsのバージョン …… 133
Windowsビットマップ形式 …… 61
WPA2 …… 196
WWW …… 172

X

XML …… 173

Y

Yahoo! JAPAN …… 179
Yammer …… 264

あ

アーカイブ …… 118
アイコン …… 53, 99
アウトソーシング …… 191
アクションセンター …… 91, 144
アクセサリソフト …… 65
アクセス拒否 …… 90
アクセス権 …… 279
アクセス制限 …… 279
アクセス速度 …… 252
アップグレード …… 78, 151
アップデート …… 150
アップロード …… 16
アドレスバー …… 112, 247
アドレスバーによる検索 …… 257
アニメーションGIF …… 61
アプリケーションソフト …… 27, 53, 55
アプリケーションソフトの起動 …… 27
アプリケーションソフトの終了 …… 29
アルゴリズム …… 54
アンインストール …… 149
暗号化 …… 176
安全なWebページ …… 177

い

イーサネット …… 168
意匠権 …… 287
一太郎 …… 55
医療用機器 …… 205
インクジェットプリンター …… 21
インスタ映え …… 262
インスタントメッセージ …… 211
インスタントメッセージソフト …… 67, 267
インストール …… 75, 147
インターネット …… 163, 172
インターネットカフェ …… 274
インターネットサービスプロバイダー …… 158
インターネットのセキュリティ …… 176
インターネットのリスク …… 269
インダストリー4.0 …… 297
インテル社 …… 10
イントラネット …… 163
引用 …… 288

う

ウィジェット …… 65
ウイルス …… 79, 192, 239, 244, 269
ウイルス対策ソフト …… 65, 270
ウイルス定義ファイル …… 270
ウィンドウ …… 101
ウィンドウの移動 …… 105
ウィンドウの境界線 …… 102
ウィンドウの切り替え …… 106
ウィンドウの最小化 …… 103
ウィンドウのサイズ変更 …… 104
ウィンドウの最大化 …… 102
ウィンドウのサムネイルプレビュー …… 107
ウィンドウを左右に並べて表示 …… 109
ウィンドウを上下に並べて表示 …… 109
ウィンドウをすべて表示 …… 108
ウィンドウを閉じる …… 106

え

衛星利用測位システム …… 207
エクストラネット …… 163
エクスプローラー …… 111
エラーチェック …… 37
エラー表示 …… 252
エンコード …… 252
演算処理 …… 9
演算装置 …… 8
炎上 …… 289
エンターテインメントソフト …… 64

お

オーディオ …… 64
オーバーロード …… 298
大判プリンター …… 22
オープンソースソフトウェア …… 74
お気に入り …… 247, 250
お気に入りの追加 …… 251
オブジェクト …… 59
オプトアウト …… 281
オフライン情報源 …… 259
音楽制作ソフト …… 62
音声 …… 212
音声合成装置 …… 22
オンプレミス …… 185
オンボード …… 23
オンラインアプリケーション …… 74, 180
オンライン会議 …… 211
オンラインシステム …… 205
オンライン情報源 …… 259
オンラインショッピング …… 177
オンラインストレージ …… 16, 184
オンラインデータベース …… 177
オンライントレード …… 177
オンライン予約 …… 205
音量の設定 …… 138

か

カード決済 …… 205
会計王 …… 68
改ざん …… 276
階層型ディレクトリ構造 …… 88
階層構造 …… 112
ガイドライン …… 280
外部記憶装置 …… 8, 12
顔文字 …… 240
科学探査機 …… 20
科学用機器 …… 205
可逆圧縮方式 …… 61
隠しファイル …… 117

拡張子……61, 113
重ねて表示……109
ガジェット……65
仮想化……183
画像データ……114
仮想デスクトップ……98, 189, 278
仮想メモリ……12
肩こり……302
家電製品……205
画面の設定……137
画面ロック……278
環境感知器……20
勘定奉行……68
眼精疲労……302
ガントチャート……69

き

キーボード……17, 140
キーボードの清掃……41
キーボードの設定……140
キーボードのプロパティ……140
キーワード……255
記憶装置……8
機械学習……295
ギガビット・イーサネット……168
企業内SNS……264
気象予報……205
機密情報……275, 279
キャッシュ……175
キャッシュメモリ……11
休止状態……95
教育ソフト……64
強制終了……97
業務用オーダーメイドソフト……69
共有……158
金融機関のオンラインシステム……205

く

クイックアクセスツールバー……111
クエリ……59
組み込みOS……87
組み込みシステム……6
クライアント……5, 165
クライアントサーバ……163
クラウド……182
クラウドコンピューティング……182
クラッカー……192
グラフィックソフト……60
グラフィックボード……23
クリーニング……41
クリップボード……71
クリティカルシンキング……204
グループウェア……157, 191
グループウェアソフト……69
クレジットカード……205
クロック周波数……11

け

ケーブル接続……166
ケーブルの管理……32
ケーブルモデム……170
ゲームコントローラー……19
携帯型メディア……15
携帯型メディアの耐用年数……15
携帯情報端末……6
携帯電話……6
減価償却期間……48
健康障がい……301
検索サイト……256
検索エンジン……179, 254, 255

検索オプション……257
検索した情報の品質……258
検索ボックス……98, 112, 254
腱鞘炎……302

こ

光学式メディア……13
光学式メディアの耐用年数……14
公共サービス……209
工場の製造ライン……205
更新……79
更新とセキュリティ……135, 144
更新プログラム……47
互換性……45
国際ドメインコード……174, 214
個人情報データベース等不正提供罪……282
個人情報保護法……281
コネクテッドカー……297
コマンド……54
ごみ箱……99
コンテンツフィルタ……280
コンパクトフラッシュ……16
コンピュータ……5, 26
コンピュータゲーム……64
コンピュータゲームシステム……6, 171
コンピュータで使用する単位……7
コンピュータ内部の処理……26
コンピュータの安全対策……298
コンピュータの起動……27
コンピュータの携帯性……44
コンピュータの終了……29
コンピュータの購入……44

さ

サージプロテクター……33
サーバ……5, 164, 213
サーバソフト……164
サーバの仮想化……183
サービスパック……270, 276
災害用伝言板……208
再起動……94
最大化……102
在宅勤務……266
サイボウズ Office……69
財務会計ソフト……68
サインアウト……97
サインイン……90, 92
差し込み印刷……55
サテライトオフィス……266
サブスクリプションモデル……186
サポート契約……47
サムネイルプレビュー……104
産業機器……205

し

シェアウェア……74
磁気ストリップ……205
時刻……136
システムファイル……114
次世代電力量計……297
実行ファイル……114
実用新案権……287
自動車……205
社会的弱者……209
シャットダウン……94
ジャンクメール……244
周波数……11
従量制料金……187
受信トレイ……220
出力……54

出力装置……8, 20
ショートカット……99, 125
ショートカットの移動……127
ショートカットのコピー……128
ショートカットの削除……128
ショートカットの新規作成……125
ショートカットの名前の変更……126
ショートカットのプロパティ……126
ショートメッセージサービス……210
ジョイスティック……19
障がい者の支援……145
肖像権……289
商標権……287
情報の検索……254
情報の盗難……276
情報の破壊……276
情報リテラシー教育……289
情報漏えい……271, 275, 301
署名……234
署名の自動化……234
シンクライアント……189
シングルタスク……86
シングルユーザーライセンス……72
身体障害者の支援……208
診断プログラム……37

す

スキャナ……19
スクリーンセーバー……137
スクロールバー……102
スタートメニュー……98, 99
スタンドアロン……78, 157
スパイウェア対策ソフト……65
スパムメール……244
スピーカー……21
スプリッタ……170
スマートフォン……6, 171, 190
スマホ……6
スライドパッド……18
スライドショー……57
スリープ……95
スワッピング……12

せ

セーフモード……90
制御処理……9
制御装置……8
制御ロボット……22
生体認証……193
赤外線……25
セキュリティ……193, 253, 269, 277
セキュリティスロット……30
セキュリティ施錠金具……30
セキュリティ装置……19
セキュリティの状態の確認……144
セキュリティホール……276
セキュリティポリシー……197
絶対パス……89
設定……132
セットアッププログラム……147
全員に返信……216, 221
専用線……170

そ

ソーシャルエンジニアリング……196
ソースコード……74
組織名……174, 214
組織種別……174, 214
外付け型ハードディスク……12
ソフトウェア……8, 53

ソフトキーボード ……189

た

タイトルバー ……101
耐用年数…… 48
ダウンロード …… 16
タグ…… 63
タスク …… 43
タスクバー …… 98
タスクバーにピン留めされたアプリ…… 99
タスクビュー ……98, 108
多段階認証……277
タッチパッド …… 18
タッチパネル …… 19
タブ…… 111, 250
タブレット端末 ……6, 171, 189

ち

地図検索サイト ……180
チップ …… 9
知的財産権……286
チャット ……67, 211
チャットツール ……191
チャットボット……296
チャットルーム ……211
中央演算処理装置…… 9
著作権……287
著作権法…… 280, 287

つ

ツイート ……285
通常使うプリンター ……142
通信……213
通信暗号化機能……196
通信事業者……158
通知領域…… 99

て

データベースソフト …… 58
テーブル…… 59
ディープラーニング ……295
ディスクの暗号化 ……278
ディスクの最適化 …… 42
ディスクメンテナンスソフト …… 65
ディスプレイ …… 20
ディレクトリ …… 88
テキストエディタ …… 63
テキスト形式の書式くずれ ……238
テキストデータ ……114
テキストファイル……114
デジタルカメラ …… 18
デジタル証明書……176
デジタルスチルカメラ …… 18
デジタルトランスフォーメーション ……297
デジタルビデオカメラ …… 18
デスクトップ …… 98
デスクトップ型パソコン…… 5, 44
デスクトップ型パソコンの電源…… 34
デビットカード ……205
テレワーク ……189
テンキー …… 17
電子政府……209
電子ブックリーダー …… 6
電子マネー ……205
電子メール…… 210, 214
電子メールアドレス ……214
電子メールアドレスの登録 ……231
電子メールソフト …… 66
電子メールソフトの機能 ……216
電子メール内の検索 ……226

電子メールのアーカイブ …………… 227, 245
電子メールの受け取り拒否 ………………236
電子メールの管理 ………………………224
電子メールの検索 ………………………226
電子メールの構成要素 …………………215
電子メールの削除 ………………………226
電子メールの自動応答 …………………235
電子メールの受信 ………………………220
電子メールの書式 ………………………223
電子メールの新規作成 …………………219
電子メールの選択 ………………………225
電子メールの送信 ………………………219
電子メールの通信履歴 …………………210
電子メールの転送 ………………………221
電子メールの並べ替え …………………227
電子メールの返信 ………………………220
電子メールのリスク ……………………237
転送……………………………………216
電池交換…………………………………41
電卓…………………………………………6
添付ファイル ……………………… 228, 242
添付ファイルのセキュリティ …………243
添付ファイルの保存 ……………………230
添付ファイルの容量 ……………………242

と

トークン …………………………………277
動画…………………………………………64
動画配信…………………………………285
動画編集ソフト ……………………………62
統合ソフト …………………………………68
特殊キーボード ……………………………20
特徴量……………………………………296
特許権……………………………………287
ドメイン名 ……………………… 174, 214
ドライバ ……………………………………25
ドライブ ……………………………… 14, 112
ドライブアイコン ………………………112
トラックパッド………………………………18
トラックボール ……………………………18
トラブルシューティング ……………………35
トランザクション処理……………………184
ドローツール ………………………………60

な

内蔵型ハードディスク ……………………12
ナビゲーションウィンドウ ………………112
なりすまし ………………………… 253, 276

に

ニックネーム ……………………………238
ニューラルネットワーク …………………295
入力…………………………………………53
入力装置……………………………… 8, 17
認証機能…………………………………195
認証局……………………………………176

ね

ネットサーフィン…………………………248
ネットワーク ……………………………157
ネットワーク環境の設定変更 …………146
ネットワークドライブ ………………………16
ネットワークの監視 ……………………195
ネットワークの規格 ……………………168
ネットワークの規模 ……………………162
ネットワークの種類 ……………………163
ネットワークの接続形態 ………………163
ネットワークの通信方式 ………………169
ネットワークのリスク …………………192
ネットワークライセンス ……………………72

の

ノート型パソコン …… 5, 44, 189
ノート型パソコンの電源 …… 34

は

バーコードリーダー …… 19
パーソナルコンピュータ …… 5
パーソナルファイアウォールソフト …… 276
バーチャルリアリティ …… 65
パーティション …… 37
ハードウェア …… 8
ハードウェアの移動 …… 33
ハードウェアの故障 …… 31
ハードウェアの設置場所 …… 31
ハードウェアの盗難対策 …… 30
ハードウェアのトラブル …… 35
ハードウェアの保護 …… 30
ハードディスク …… 12, 300
ハードディスク／SSDドライブ …… 113
ハードディスクの種類 …… 12
ハードディスクの処理速度 …… 13
ハードディスクの処理能力 …… 13
ハードディスクの耐用年数 …… 12
ハードディスクのトラブル …… 37
ハードディスクの容量 …… 12
廃棄 …… 48
倍速 …… 15
バイナリ …… 7
バイオメトリクス認証 …… 193
バイト …… 7
ハイパーリンク …… 181
ハイブリッドクラウド …… 185
パスワード …… 193, 276
パソコン …… 5
バックアップ …… 288, 299
バックアップソフト …… 65
バックアップディスクの作成 …… 151
パッチ …… 79, 276
ハブ …… 161, 166
パブリッククラウド …… 185
バンドル …… 75
ハンドルネーム …… 273
反復性ストレス障がい …… 301

ひ

ピアツーピア …… 163
非可逆圧縮方式 …… 61
光ファイバー …… 169
日付 …… 136
ビット …… 7
ビット数 …… 10
ビットマップファイル …… 114
ビデオカード …… 23
ビデオ会議 …… 266
ビデオメモリ …… 11
表計算ソフト …… 56

ふ

ファイアウォール …… 160, 194, 276
ファイル …… 88, 111
ファイル圧縮解凍ソフト …… 65
ファイルウィンドウ …… 101
ファイルサイズ …… 7
ファイルシステム …… 87
ファイルの移動 …… 121
ファイルの管理 …… 111
ファイルの検索 …… 124
ファイルのコピー …… 122
ファイルの削除 …… 122
ファイルの種類とプロパティ …… 118

ファイルの新規作成 ……… 120
ファイルの選択 ……… 119
ファイルの並べ替え ……… 116
ファイルのバックアップ ……… 130
ファイルの表示 ……… 114
ファイルの表示方法 ……… 115
ファイルの復元 ……… 122
ファイルのプロパティ ……… 117
ファイルの保存 ……… 28
ファイル名 ……… 113
ファイルリスト ……… 112
ファイルを開く ……… 28
ファスト・イーサネット ……… 168
ファンクションキー ……… 17
フィッシング詐欺 ……… 253, 270
フィルター ……… 56
フィルタリング ……… 243
フォーム ……… 59
フォトプリンター ……… 22
フォルダ ……… 88, 111
フォルダの移動 ……… 121
フォルダの検索 ……… 124
フォルダのコピー ……… 122
フォルダの削除 ……… 122
フォルダの新規作成 ……… 120
フォルダの選択 ……… 119
フォルダの名前の変更 ……… 121
フォルダの表示方法 ……… 115
フォルダの復元 ……… 122
フォロワー ……… 285
不正アクセス ……… 144, 275
踏み台 ……… 276
プライバシー権 ……… 288
プライバシーの侵害 ……… 288
プライバシーポリシー ……… 273
プライバシーマーク ……… 282
プライベートクラウド ……… 185
フラグ ……… 225
プラグアンドプレイ ……… 25
プラグインプログラム ……… 253
フラッシュメモリ ……… 15
プラットフォーム ……… 45
フリーアドレス制 ……… 189
フリーソフト ……… 74
プリンター ……… 21, 141
プリンターの削除 ……… 143
プリンターの清掃 ……… 41
プリンターのトラブル ……… 39
プリンターの追加 ……… 142
プリンターの表示と変更 ……… 141
プレインストール ……… 46
プレスリリース ……… 286
プレゼンテーションソフト ……… 57
ブロードバンド ……… 169
プロキシサーバ ……… 194, 280
ブログ ……… 176, 180, 211
プログラム ……… 8
プログラムウィンドウ ……… 101
プログラムの起動 ……… 100
プロジェクター ……… 22
プロジェクト ……… 157
プロジェクト管理ソフト ……… 69
プロダクトキー ……… 147
プロッター ……… 22
フロッピーディスク ……… 16
プロトコル ……… 174, 213
プロパティの表示 ……… 118
文書作成ソフト ……… 55

へ

ペイントツール ……… 60

ヘッドマウントディスプレイ …… 65
変圧器 …… 34
返信 …… 216

ほ

ポータルサイト …… 179
ボード …… 23
ポート …… 24
ホームページ …… 173
ホームページ・ビルダー …… 63
ポインティングデバイス …… 18
防犯システム …… 207
補助記憶装置 …… 12
保証 …… 47
ポッドキャスト …… 176
ポップアップ広告 …… 253
ボリュームライセンス …… 72

ま

マイク …… 18
マイクロコンピュータ …… 206
マイクロソフトサポート …… 109
マイクロプロセッサ …… 9
マイナンバー …… 272
マウス …… 18, 139
マウスの清掃 …… 41
マウスの設定 …… 139
マウスのプロパティ …… 139
マウスポインター …… 99, 105
マクロ …… 59, 270
マザーボード …… 23
マルチタスク …… 12
マルチモニタ …… 137
マルチメディアの利用 …… 45

む

無線LANアクセスポイント …… 167
無線LANカード …… 167
無線インタフェース …… 25
無停電電源装置 …… 34

め

メーリングリスト …… 210
メール …… 66, 217
メールサーバ …… 213
メールサーバ名 …… 214
メールマガジン …… 285
名誉棄損 …… 288
迷惑メール …… 243
メインフレーム …… 164
メインボード …… 23
メインメモリ …… 8
メディア …… 13
メディアのトラブル …… 38
メディアファイル …… 231
メモリ …… 11
メモリカード …… 16
メモリースティック …… 16
メモリの種類 …… 11
メモリの処理能力 …… 11
メモリの増設 …… 43
メンテナンス …… 40, 47

も

文字コード …… 7
文字化け …… 252
モジュール …… 59
モデム …… 40
元に戻す（縮小） …… 102

モニタ …… 20
モニタのトラブル …… 38
モバイル …… 188
モバイル機器 …… 277
モバイル機器の使用制限 …… 277
モバイルコンピューティング …… 188
モバイル端末 …… 189

や

弥生会計 …… 68

ゆ

ユーザーID …… 193
ユーザーエージェント …… 212
ユーザー登録 …… 79
ユーザーの切り替え …… 97
ユーザーの認証 …… 193
ユーザー名 …… 214
ユーティリティソフト …… 65

よ

腰痛 …… 302
読み取り専用 …… 117

ら

ライセンス …… 47, 72

り

リサイクル …… 48
リソース …… 158
リフレッシュレート …… 20
リボンの展開 …… 111
リムーバブルディスクドライブ …… 113
リモートデータ消去 …… 278
リモコン …… 19
利用データ制限 …… 277
履歴 …… 251
履歴の消去 …… 252
リンク …… 248

る

ルータ …… 40, 161
ルーティング …… 161

れ

レーザープリンター …… 21
レポート …… 59

ろ

ローカルアカウント …… 93
ロジックボード …… 23
論理演算子 …… 256

わ

ワークグループ …… 161
ワークステーション …… 86, 164
ワーム …… 269
ワイヤレスインタフェース …… 25
ワイヤレス接続 …… 167
ワイヤレス接続のセキュリティ対策 …… 195
ワンタイムパスワード …… 277

よくわかる
ICTの知っておきたい基礎知識
(FPT1805)

2018年10月 1 日　初版発行
2021年10月25日　第 2 版第 2 刷発行

著作／制作：富士通エフ・オー・エム株式会社

発行者：山下　秀二

発行所：FOM出版（富士通エフ・オー・エム株式会社）
〒144-8588 東京都大田区新蒲田1-17-25
株式会社富士通ラーニングメディア内
https://www.fom.fujitsu.com/goods/

印刷／製本：アベイズム株式会社

表紙デザインシステム：株式会社アイロン・ママ

制作協力：有限会社リンクアップ

FOM出版のシリーズラインアップ

定番の よくわかる シリーズ

「よくわかる」シリーズは、長年の研修事業で培ったスキルをベースに、ポイントを押さえたテキスト構成になっています。すぐに役立つ内容を、丁寧に、わかりやすく解説しているシリーズです。

資格試験の よくわかるマスター シリーズ

「よくわかるマスター」シリーズは、IT資格試験の合格を目的とした試験対策用教材です。

■MOS試験対策

■情報処理技術者試験対策

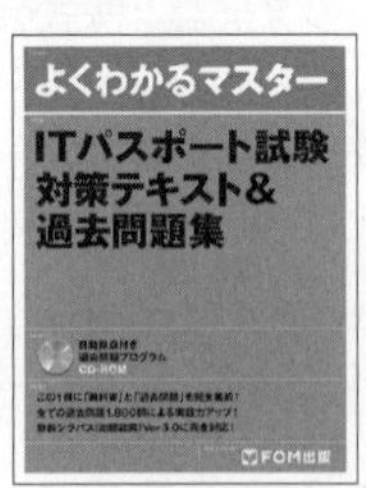

ITパスポート試験

基本情報技術者試験

FOM出版テキスト

最新情報のご案内

FOM出版では、お客様の利用シーンに合わせて、最適なテキストをご提供するために、様々なシリーズをご用意しています。

FOM出版 

https://www.fom.fujitsu.com/goods/

FAQのご案内

［テキストに関する よくあるご質問］

FOM出版テキストのお客様Q&A窓口に皆様から多く寄せられたご質問に回答を付けて掲載しています。

FOM出版　FAQ 

https://www.fom.fujitsu.com/goods/faq/